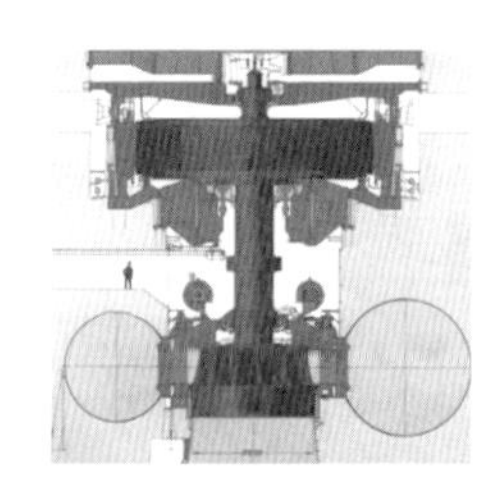

·湖北省学术著作出版专项资金资助项目·

水电科技前沿研究丛书　丛书主编 周建中 张勇传

水电机组故障诊断及状态趋势预测理论与方法

周建中 付文龙◎著

華中科技大學出版社
http://www.hustp.com
中国·武汉

内 容 简 介

本书针对水电机组状态监测与故障诊断研究面临的关键技术问题，围绕振动信号分析、非平稳故障特征提取、智能故障诊断以及状态趋势预测等开展了系统性研究工作。全书共分为8章，其中第2～5章为理论篇，主要介绍相关理论与方法；第6～8章为实践篇，主要介绍水电机组振动故障诊断及状态趋势预测模型与方法。

本书可以作为水电机组状态监测、信号处理、故障诊断、趋势预测等研究方向相关学科的高年级本科生、研究生学习参考，也可以作为水电机组运行管理人员、相关工程技术人员和研究人员的参考资料。

图书在版编目(CIP)数据

水电机组故障诊断及状态趋势预测理论与方法/周建中，付文龙著. —武汉：华中科技大学出版社，2020.11

(水电科技前沿研究丛书)

ISBN 978-7-5680-6689-1

Ⅰ.①水… Ⅱ.①周… ②付… Ⅲ.①水轮发电机-发电机组-故障诊断 Ⅳ.①TM312

中国版本图书馆 CIP 数据核字(2020)第219018号

水电机组故障诊断及状态趋势预测理论与方法
Shuidian Jizu Guzhang Zhenduan ji Zhuangtai Qushi Yuce Lilun yu Fangfa

周建中 付文龙 著

策划编辑：王汉江 姜新祺
责任编辑：陈元玉
封面设计：原色设计
责任校对：刘 竣
责任监印：徐 露
出版发行：华中科技大学出版社(中国·武汉) 电话：(027)81321913
武汉市东湖新技术开发区华工科技园 邮编：430223
录 排：武汉市洪山区佳年华文印部
印 刷：湖北恒泰印务有限公司
开 本：710mm×1000mm 1/16
印 张：12 插页：2
字 数：256千字
版 次：2020年11月第1版第1次印刷
定 价：69.80元

序

水电机组作为水电能源转换的关键设备，其安全运行涉及水力、电力、机械、结构等诸多方面，是一类多场耦合的复杂非线性动力学问题，迄今人们对其仍缺乏深入了解，尤其在大型水电机组安全、稳定、高效运行方面还有许多亟待研究的理论问题和急需解决的实践问题。

振动信号处理与故障诊断等相关技术问题是大型水电机组健康管理领域研究的热点与前沿问题。虽然国内外围绕此类问题开展了一些研究，但仍缺乏对机组水-机-电耦合系统复杂动力学行为机理的深刻认识，且随着大规模水电站群的不断建成和巨型水电机组的不断投运，以及我国能源结构调整下新能源的大量并网，对水电机组的运行与管理提出了更高的要求。因此，探索更适用的水电机组振动信号处理与故障诊断新理论与方法，具有重要的科学意义与应用价值。

华中科技大学周建中教授和三峡大学付文龙副教授长期从事水电机组故障诊断、状态评估与预测等方面的研究工作。本书不仅系统、深入地介绍了他们的理论研究成果和实践探索经验，而且更多地反映了当前水电机组故障诊断研究的动态以及他们在该研究领域独到的见解，提出的相关理论与方法更符合工程实际需求，部分成果在工程实践中得到了应用和检验，体现了他们宽广的学术视野和对前沿研究方向的把握能力。本书从水电机组振动故障机理的研究着手，围绕水电机组振动信号分析、非平稳故障特征提取、智能故障诊断以及状态趋势预测等开展了系统性的研究工作并进行了全面的论述，是一本理论结合实际的重要著作。

该书的出版不仅丰富和发展了水电机组安全、稳定运行理论研究的内涵和外延，而且是现代自然学科类交叉学科的重要著作，是一部面向基础研究、面向实践应用，以及介绍新理论、新进展、新趋势的专著，可为相关研究人员提供借鉴和指导。

中国工程院院士 張勇傳

2020 年 10 月

前　言

随着我国能源战略的不断调整，现代能源体系正迈入安全、清洁、高效的低碳时代。一方面，常规水电和抽水蓄能迎来新的发展机遇，装机规模快速增长；另一方面，为消纳风电、太阳能、海洋能等新能源并网时给电网带来的冲击，水电能源将承担更多的调峰、调频任务，同时，为切实解决新能源背景下的弃风、弃水、弃光等问题，对水电的运行与管理提出了更高的要求。而水电机组作为水电能源转换的关键设备，正朝着复杂化、巨型化方向发展，各部件间的耦合作用更加强烈，由此带来机组振动信号的非线性与非平稳性不断增强，尤其是故障与征兆间的映射关系更为复杂。对此，传统的状态监测与故障诊断方法已难以很好地满足新形势下的水电机组运行分析需求，迫切需要研究新的理论与方法，譬如在监测系统采集到的水电机组实际运行数据基础上，探索新的信号分析与故障诊断方法，以提高状态监测与故障诊断的分析精度，进而提升水电机组的运行稳定性。

本书在深入分析水电机组振动故障机理的基础上，针对水电机组振动信号处理与故障诊断中存在的若干问题，结合自适应信号处理、模型参数盲辨识、人工智能等交叉学科的理论与方法，围绕水电机组振动信号分析、非平稳故障特征提取、智能故障诊断以及状态趋势预测等展开了系统性的研究工作，相关结论可为水电机组的运行与管理提供一定的工程应用指导。全书共分为8章，其中第2～5章为理论篇，主要介绍相关理论与方法；第6～8章为实践篇，主要介绍水电机组振动故障诊断及状态趋势预测模型与方法。

第1章为绪论，围绕所要研究的主要内容论述了研究的背景与意义；阐述了水电机组在不同振源激励作用下的振动故障机理；结合工程实际应用中水电机组状态监测与故障诊断时的故障信号特点及分析需求，对当前较为常用的信号处理与特征提取方法的优势与不足做了详细分析；同时，对主流故障模式识别方法的优势和劣势也进行了综合性论述。

第2章为水电机组振动信号处理理论与方法，详细阐述了短时傅里叶变换、小波变换、经验模态分解、集成经验模态分解、局部均值分解、变分模态分解等非平稳信号处理方法，为后续故障诊断与状态趋势预测研究提供理论基础。

第3章为水电机组振动故障特征提取理论与方法，阐述了时域和频域特征提取、基于多种熵的特征提取，以及基于模型参数辨识的特征提取等方法，并进一步分析了基于主元分析的特征选择方法，以充分表征水电机组运行状态的特征信息。

第 4 章为水电机组智能故障诊断理论与方法，阐述了基于规则的诊断推理与基于数据驱动的故障模式识别方法，为后续故障诊断提供技术支持。

第 5 章为水电机组状态趋势预测理论与方法，阐述了时序分析、自适应神经模糊推理系统、支持向量回归、最小二乘支持向量机回归、极限学习机等预测方法，为后续章节的状态趋势预测提供理论基础。

第 6 章为水电机组振动信号降噪研究，探索了普通信号与噪声信号的自相关函数的特点，定义了归一化自相关函数的能量集中度指标，提出了基于经验模态分解(EMD)与自相关函数的水电机组振动信号降噪方法；同时提出了基于集成经验模态分解(EEMD)与近似熵的水电机组振动信号降噪方法；进一步为有效提升强背景噪声与复杂电磁干扰下水电机组振动信号的分析精度，引入 Hankel 矩阵变换与奇异值分解技术，提出了一种基于增强变分模态分解(VMD)相关分析的水电机组振动信号降噪方法，推求了有效模态分量选择的能量集中度指标边界，实现了水电机组振动信号的降噪分析。

第 7 章为水电机组振动故障诊断方法研究，针对水电机组多重激励耦合作用下故障类别与征兆间映射关系难以精确描述的问题，融合时序模型在处理复杂动力系统参数盲辨识时的优势与变分模态分解的非平稳信号处理能力，提出了一种基于多元自回归模型参数盲辨识的非平稳故障特征提取方法；进一步为提升故障诊断精度，提出了基于排列熵特征与混沌量子正弦余弦算法(SCA)优化 SVM 的故障诊断模型；针对水电机组故障诊断面临的样本分布不均匀与数量倾斜问题，充分融合支持向量数据描述(SVDD)的学习能力与 K 近邻方法的邻域刻画优势，引入考虑局部密度与各类样本规模的复合权重，构建了基于相对距离模糊阈值和 K 近邻的决策规则，提出了一种基于权重 SVDD 与模糊自适应阈值决策的故障诊断模型，有效提升了水电机组振动故障诊断的精度。

第 8 章为水电机组非线性状态趋势预测研究，分析了开展水电机组状态趋势预测研究的可行性，构建了基于频率与能量相似性的聚合策略，进而建立了基于集成经验模态分解与支持向量回归的预测模型；推求了预测建模下变分模态分解的最优分解参数，提出了一种基于最优变分模态分解与优化最小二乘支持向量机的水电机组状态趋势预测方法；进一步为充分减小分量非平稳性对预测结果的影响，结合奇异谱分解技术，提出了多尺度主导成分混沌分析策略，引入灰狼优化算法并对其进行自适应变异改进，提出了基于多尺度主导成分混沌分析与优化核极限学习机的预测模型，实现了水电机组状态趋势的准确预测。

本书作者华中科技大学周建中教授与三峡大学付文龙副教授所在团队长期

从事水电机组状态监测、信号处理、特征提取、故障诊断、趋势预测等课题的理论与应用研究。团队主持或承担了多项关系到我国大型流域水利水电工程运行与管理的理论探索与应用研究任务，其中一批成果在工程实际应用中发挥了重要作用。本书包含了研究团队在相关领域的重要研究成果。本书的出版对丰富和发展水电机组的安全、稳定运行理论研究的内涵与外延具有重要的文献价值，可为相关研究人员提供一定的指导与借鉴。

由于作者水平有限及完成时间较紧，书中难免有纰漏之处或值得商榷的地方，恳请广大专家同行和读者提出宝贵意见，以便再版时对相关内容进行调整与完善，甚为感谢。

作　者

2020 年 10 月

目　录

理论篇　故障诊断及状态趋势预测理论与方法

实践篇 水电机组振动故障诊断及状态趋势预测应用

第1章 绪　　论

1.1 水电机组故障诊断研究的背景与意义

能源是社会现代化的坚实基础与动力，能源战略直接关系着我国现代化建设的未来。在过去的工业现代化进程中，大量消耗化石能源后产生的废弃物不仅导致了温室效应，更使我国许多地区深受雾霾之害。为实现人类社会的可持续发展，构建安全、清洁、高效的低碳能源结构体系已迫在眉睫。水电能源作为一种清洁的可再生能源，其开发技术成熟，且无污染性排放，符合我国的能源战略发展需要。国务院《能源发展战略行动计划(2014—2020年)》中明确提出了要在西南地区积极有序地推进大型水电基地建设，因地制宜地发展中小水电，加强水资源的综合利用，力争常规水电装机在2020年达到3.5亿千瓦左右。由此可见，水电能源开发利用将迎来新的发展机遇。目前在我国的能源管理中，水电机组除承担基荷外，还是电网调峰、调频的关键设备。《能源发展战略行动计划(2014—2020年)》还指出，在大力发展风电与加快发展太阳能的同时，要提高可再生能源的利用水平，加强电源与电网的统筹规划，科学安排调峰、调频、储能配套能力，切实解决弃风、弃水、弃光问题。在此能源结构不断调整和优化的大背景下，为消纳高速发展的新能源并网时给电网稳定性带来的冲击，对水电的高效运行与管理赋予了更大使命。

作为水电能源转换的关键设备，水电机组的运行状态直接影响能源转换的效率，若发生异常或故障，将使电能输送质量下降及电网频率扰动，危害水电机组和电站的安全，严重时甚至会造成巨大的经济损失和人员伤亡。然而，在国内外电站的实际运行过程中，由于设备的劣化、外界及人为因素，导致水电机组运行故障或事故屡屡发生。水府庙水电站4号机7号导叶因外物卡死，水轮机进水不平衡诱发机组剧烈振动，导致7号导叶双连臂弯曲，并折断一边；葛洲坝水力发电厂曾因机组状态检修时的安装偏差导致出现摆度超标的故障，影响机组的运行稳定；仰山水电站因迷宫上部严重磨损，导致机组振动和尾水管弯管处噪声超标，迫使机组停机检修；安康水电站1号机和紧水滩水电站4号机均曾因非设计工况下运行时的尾水涡动诱发过强烈的机组振动；迄今为止最为严重的是俄罗斯萨扬-舒申斯克水电站事故，造成了机毁人亡的惨痛教训。为了最大限度地减少此类事故的再次发生，提升水电机组的运行稳定性，并创造更多的发电经济效益，亟须开展机组的状态监测、故障诊断与状态趋势预测等研究，进而指导水电机组的状态检修工作。

水电机组状态监测是开展状态检修的基础，其通过对水电机组的实时运行情况进行跟踪，保证其运行在健康状态，主要包括稳定性监测、压力脉动监测、空化监测与局放监测等，其中较为常见的是以振动信号分析为主的稳定性监测。水电机组运行时，由于受强背景噪声与复杂电磁干扰的影响，导致监测到的振动信号特征频带易被背景噪声湮没，难以反映出水电机组真实的运行状态。通过先进的信号处理方法对监测信号进行降噪分析，有助于准确获取信号的时域、频域特征，进而及时发现水电机组运行的异常。

故障诊断作为电站智能化建设的重要组成部分，即在监测系统全面采集水电机组运行数据的基础上，综合运用信号处理与模式识别技术，分析水电机组运行健康状态并诊断出可能存在的故障，最后给出决策建议，为状态检修提供指导和依据，进而避免发生重大运行事故。水电机组故障诊断在流程上包括特征提取和故障模式识别两步。其中，特征提取是提升故障准确率的关键，因此，如何从监测信号中提取能充分表征水电机组运行状态的特征信息，一直是备受关注的热点问题。由于水电机组变工况与启、停频繁，且在运行时受多重激励因素耦合作用，所以导致监测到的振动信号具有明显的非平稳性、非线性与非高斯性等特点。针对此类信号，探索能深刻反映水电机组这一复杂大型动力系统所蕴含变化规律的特征提取新方法，具有重要的理论与实际意义。此外，由于水电机组设备的特殊性，诊断时常面临样本分布不均匀与数量倾斜的情况，而传统诊断方法由于忽略了受样本分布的影响，易出现过学习。因此，亟须针对此类问题发展新的诊断方法，以提升故障模式识别精度。

尽管状态监测与故障诊断可提高水电机组的运行可靠性，但它们都是事后决策方式，即仅在故障或异常发生后才开展决策分析。然而，一旦发生具体故障，难免会影响机组的安全稳定运行。状态趋势预测作为一种事前决策技术，可有效弥补事后决策的不足。其基于监测采集的状态参数历史数据来确定水电机组当前的运行状态，预测水电机组下一时刻的状态发展趋势，有助于及时捕捉早期故障前兆，进而避免发生重大事故。结合现代信号处理技术与回归预测方法，实现对水电机组状态趋势的准确预测，不仅有助于及时发现机组早期的运行异常，更有助于科学合理地制订状态检修计划，进而提升电站的综合经济效益。

1.2 水电机组振动故障机理

由于设计、制造，以及安装与运行方面的原因，水电机组在实际运行中无法避免地存在振动现象，同时振动故障也是水电机组最常见的故障类型。因此，为了提升故障诊断水平，促进水电机组的安全稳定，有必要深入了解水电机组振动故障机理，掌握不同振源激励下的故障表现。从振源激励因素的角度，水电机组振动故障的激励源主要包括水力、机械和电磁等三种。

1.2.1 水力激励振动

水力激励振动是指引起水电机组振动的主要因素为水力因素。水电机组在理想状态下运行时，过流部件流态比较平稳，水力激励影响较小。然而在实际运行中，水流在流经导叶时常难以遵循最佳的流向，导致流场分布不均匀，由此产生的扰动力激励作用在机组上，就会使机组产生机械应力及振动，甚至引发功率摆动。当激励频率与机组的某部件或整机的固有振动频率相近时，会引发共振，从而严重危害水电机组的安全。水力激励振动的主要特点为其随工况变化而变化。按照引发原因的不同来分，水力激励主要包括尾水管涡带、卡门涡列与水力不平衡等。

1. 尾水管涡带

尾水管涡带是混流与轴流式水轮机振动的常见的激励源之一，其主要表现为非最优工况下水轮机转轮出口水流的圆周分速度不为0，使尾水管中出现涡流，引发压力脉动，且涡带形状与脉动幅值随工况变化而变化。当涡带压力脉动传至各过流部件和机组结构时，将引发机组振动、大轴摆动与出力摆动等问题。

2. 卡门涡列

卡门涡列是引发水电机组轮叶、导叶振动的因素之一，指的是水流绕流轮叶、导叶表面时，叶尾边界层脱流而产生旋转方向相反、不稳定的非对称漩涡。当叶片具有圆形出水边(钝尾)时，卡门涡列便会在出水边缘后形成，其脉动频率为

$$f=C\frac{w}{\delta} \tag{1-1}$$

式中：C为与雷诺数相关的系数，一般取0.2；w为叶片出口边缘流速；δ为叶尾边缘厚度。当该频率与叶片的固有频率接近时将引发共振，而剧烈的振动将使叶片疲劳甚至产生裂纹。

3. 水力不平衡

在转轮范围内，若水流失去轴对称性，将产生一个不平衡的水推力作用于转轮上而引起振动。通常使水流失去轴对称的因素有很多，如导叶开度、叶片开口的不均匀或不一致引起的水流不对称，涡流道中的杂物导致的转轮来流不对称，蜗壳的设计与安装误差造成蜗壳来流不对称。

1.2.2 机械激励振动

机械激励振动是指由水电机组的自身机械原因产生的激励力，从而导致水电机组的不稳定运行。水电机组作为大型旋转机械，部件众多，结构复杂，只有保证各机械部件的可靠性，才能保证机组整体的运行稳定。在设计、铸造、安装、检修过程中，

如果没有对各部件按相关标准严格执行操作，则将在运行时产生机械干扰力并导致机组振动。机械激励振动的主要特点是其振动频率多为转频或转频的倍数，主要激励源包括机组轴线不正或对中不良、转子质量不平衡、动静碰摩等。

1. 机组轴线不正或对中不良

机组轴线不正或对中不良包括水轮机轴与发电机轴的轴心不成一条直线、转轴弯曲或偏心、导轴承不对中等。机组轴线不正主要表现为轴线与推力轴承底平面不垂直，此时转子受到的轴向推力偏离推力轴承中心，即存在偏心力矩，且该力矩随着转子旋转的同时会产生对支柱螺栓的脉动力，其脉动频率与转频相同，转子也将随之产生振摆。机组轴线对中不良时，导轴承将会影响大轴承的自由旋转，若此弹性力传至支撑结构，则会引发机组振动。

2. 转子质量不平衡

转子质量不平衡包括静不平衡与动不平衡。其中，静不平衡是指由于设计制造或检修安装时存在偏差，使得转子重心不在中心线上，形成质量偏心；动不平衡是指转子在转动过程中存在质量偏心。由转子质量不平衡产生的不平衡离心力会引起转子弓状回旋，诱发机组振动，甚至引发破坏性事故。对于特定机组，振动强度与离心力正相关，离心力计算公式为

$$F=\frac{G}{g}e\omega^2=\frac{G}{g}e\ (2\pi f_n)^2\approx 4.02Gef_n^2 \tag{1-2}$$

式中：ω 为机组旋转角速度；e 为实际质心与轴系旋转中心的偏差；G 为转子质量；g 为重力加速度；f_n 为机组转频。

3. 动静碰摩

动静碰摩是指在机组运行时，转子与静止支撑部件间发生局部碰撞、摩擦的非正常接触，常由部件松动、不对中或不平衡等原因引起，是诱发转子失稳的重要因素。一旦碰摩发生，会诱使转轴产生弓形回转振动，且随着碰摩强度的增加，将造成转轴磨损甚至永久弯曲。动静碰摩激励下的水电机组振动响应频谱丰富，包含转频、高次谐波和低次谐波等成分。

1.2.3 电磁激励振动

由电磁方面原因而引发的振动即为电磁激励振动。从水能到电能的转换过程中，机组除受水力与机械激励作用外，还受电磁激励作用。电磁激励振动的主要特点为其振动强度随电流大小变化而变化，主要包括负序电流、定子铁芯冲片松动、磁拉力不平衡等。

1. 负序电流

当定子发生单相接地或两相短路故障时，将出现三相负荷不对称，此时绕组中会产生负序电流，从而引发负序旋转磁场。该负序旋转磁场将在定子、转子间产生大小交替变化的作用力，使定子铁芯产生驻波式振动。振动幅值与负序电流的大小正相

关，振动主频为二倍极频，极频的计算公式如下：

$$f=\frac{3000}{60}k=50k\ (\mathrm{Hz}),\quad k=1,2,3,\cdots \tag{1-3}$$

2. 定子铁芯冲片松动

发电机运行时定子铁芯会受热膨胀，而由于定子机座的约束会将漆膜压薄，加上漆膜的老化收缩，冲片间的紧密度将会下降并产生松动。在电磁力作用下，冲片松动会诱使发电机振动。振动幅值与励磁电流大小有关，振动主频为二倍极频。

3. 磁拉力不平衡

水电机组正常运行时，转子在磁场中受均匀磁拉力的作用。若转定间气隙不均匀、转子质量不平衡或轴线不正，会使气隙磁场不均匀，此时转子将受周期性的交变磁拉力作用，从而引发机组振动。

1.3 水电机组信号处理与特征提取研究方法综述

1.3.1 信号处理方法

通过对水电机组振动故障机理的分析可知，诱发水电机组振动的振源激励众多且彼此间存在一定耦合，导致故障信号呈现较强的非线性与非平稳性。同时，由于受强背景噪声与复杂电磁干扰的影响，使得监测到的振动信号难以准确反映机组的真实运行状态。在机组状态监测与故障诊断的实际工程应用中，为提取出最具表征性的故障特征，进而提升诊断分析精度，关键的一步是对振动信号进行处理。由于水电机组振动信号的强非平稳性，传统的基于平稳性假设的信号处理方法难以取得满意的分析效果，而目前较为常用的非平稳信号处理方法包括短时傅里叶变换、小波变换、经验模态分解、局部均值分解、变分模态分解、奇异值分解等。

1. 短时傅里叶变换

短时傅里叶变换(short time fourier transform，STFT)也叫窗式傅里叶变换，即把非平稳信号看成一组短时平稳(伪平稳)信号的叠加，而短时性可采用沿时间轴滑动加窗的方式实现。通过对加窗信号进行傅里叶变换，STFT 实现了信号的局部化分析，同时反映出信号的时域、频域特征，突破了传统傅里叶变换仅能在单一域内分析的局限。胡晓依等从信号滤波的角度对 STFT 的解调原理、实质及影响因素进行了严格的理论分析，提出了基于峭度最大化准则的调制信号序列选择方法，并有效检测出了仿真与实际轴承故障信号中的故障特征成分；郭远晶等为实现机械振动信号降噪，对其 STFT 时频谱模大小先按软、硬阈值函数进行谱系数收缩，然后采用改进风险函数估计最优阈值以重新收缩谱系数，最后由 STFT 反变换重构信号，取得了较好的降噪效果；Gao 等将 STFT 与非负矩阵分解相结合，有效识别出滚动轴承的不同故障类别和严重程度；Zhong 等通过小波变换计算信号的瞬时频率，再由瞬时频率梯度度量信号局部平稳的长度得到STFT滑动窗口的宽度，进而实现自适应STFT的时频表示，并通过算例证明其与其他自适应时频表示方法相比的优越性。然而，STFT在分析时，窗口长度一旦确定，即保持恒定的时频分辨率，就会使其在处理强非线性与非平稳的变尺度信号时性能受到一定制约。

2. 小波变换

小波变换是基于傅里叶变换的信号局部化思想，最早由Haar提出的一种自适应信号分析方法。因为对突变信号具有较强的识别能力，所以小波变换能有效去除信号噪声并提取有用成分。小波变换通过引入可调的时间窗与频率窗，弥补了傅里叶变换难以在时域、频域进行局域化的不足，广泛应用于信号分析与故障诊断领域。Donoho提出基于软阈值消噪的小波分析方法，实现了有用信号的最优重构；苏立等提出一种改进阈值策略的小波降噪方法，有效均衡了传统阈值函数在抑制噪声污染与保留信号细节间的选择，并将其用于水电机组的振动监测分析；林京针对工程中概率密度稀疏的信号，构建了基于最大似然准则的降噪策略并推广至非正交小波变换，同时通过齿轮箱振动脉冲信号的分析验证了其有效性；李郁侠等为捕捉水电机组监测信号中的奇异特征，采用小波包对故障信号进行伸缩、平移的多尺度细化分析，实现了对动静碰摩和转子不平衡故障信号的降噪分析。虽然小波变换已被广泛用于非平稳、带噪信号的分析与检测，但存在小波基选择的局限。在分析过程中，一旦小波基选定即无法更改，就会使其时频分辨性能在处理局部时频尺度不同的信号时受到制约，且目前尚无小波基选择的统一标准。

3. 经验模态分解

针对小波变换在处理非平稳信号时的不足，Huang等提出了经验模态分解(empirical mode decomposition，EMD)的自适应时频信号处理方法，并与Hilbert谱相结合组成Hilbert-Huang变换。EMD通过循环迭代将给定信号中不同尺度的信号成分逐级分解开来，在处理非平稳、非线性信号时表现出一定的优越性，因此一经提出，即得到国内外研究学者的广泛关注。于德介等系统研究了EMD在机械故障信号分析与故障诊断领域的应用；Jenitta和Li等将EMD用于医学领域的信号降噪分析；赵志宏等结合阈值降噪与Savitzky-Golay滤波，提出了一种改进的EMD降噪方法，并通过仿真试验验证了其优越性；Saidi等将EMD与双谱分析相结合，对滚动轴承非平稳振动信号进行分解，有效检测出了故障信号；Van等将EMD与非局部均值去噪、包络分析相结合，成功提取出滚动轴承故障信号中的脉冲特征。虽然EMD在信号处理领域已取得大量研究成果，但缺乏数学理论基础，且存在模态混叠、端点效应的问题，在实际应用中仍有待改进。

4. 局部均值分解

局部均值分解(local mean decomposition，LMD)是Smith提出的一种自适应时频信号分解方法，可以将信号分解为一系列乘积函数(product function，PF)，其本质是从信号中分离出纯调频信号和纯调幅信号，每一个PF分量由两者相乘得到。

LMD方法能够完整体现原始信号的时频分布,准确反映信号的特征情况。由于水电机组振动信号的采集受到诸多环境噪声的影响,所以使用EMD会出现一定程度的端点效应和模态混叠现象,而LMD可以有效缓解端点效应和减少迭代次数。李康研究了数据融合与LMD在滤波过程中的特点,利用LMD在滤除环境噪声保留有效信息完整性方面的优势,构建出一种适用于水电站厂房的组合动参数识别流程;尹召杰等应用LMD对信号进行自适应分解,并利用相关性分析筛选能反映真实信号信息的PF分量,并根据分量的能量值组成特征向量,有效地提取了原始振动信号的故障特征;张亢采用LMD将信号分解为若干个PF分量,然后对各分量进行频谱分析,从而判断故障的类型,试验结果表明该方法能有效应用于变转速工况下的滚动轴承故障诊断;唐贵基等利用所提峭度准则对LMD分解后的PF分量进行筛选,并对其包络信号进行切片分析,取得了良好的特征提取效果。

5. 变分模态分解

为从根本上解决EMD数学理论缺乏的问题,Dragomiretskiy等基于经典维纳滤波、Hilbert变换以及频率混合等原理,提出变分模态分解(variational mode decomposition, VMD)的自适应准正交信号分解新方法,通过在变分框架内采用交替方向乘子法递归地求解变分问题,最终得到一系列有限带宽的模态分量和相应的中心频率。VMD理论基础扎实,且具有较好的自适应性和噪声鲁棒性,自提出以来已被迅速应用到旋转机械信号分析与故障诊断相关领域并取得了较好的效果。刘长良等采用VMD对滚动轴承故障信号进行分解并提取奇异值特征向量后,与模糊C均值聚类相结合进行故障分类,在同负荷与变负荷情况下均取得了满意的诊断效果;唐贵基等利用粒子群优化算法对VMD的模态数和惩罚参数进行搜索优化,并基于最优参数对轴承早期故障信号进行变分模态分解,应用在微弱故障仿真与实测信号中,均成功捕捉到故障特征频率成分;An等对EMD与VMD进行对比分析,验证了VMD的模态混叠抑制能力,并将VMD用于水轮机尾水管的非平稳压力脉动信号处理,得到了清晰的时频谱图;An等提出一种基于VMD与近似熵的水电机组振动信号降噪方法,通过对变分模态分解结果计算近似熵,然后基于预设阈值筛选有效模态分量并重构信号,最后以工程实例验证了其有效性。

6. 奇异值分解

上述信号处理方法主要在时(频)域进行信号处理,奇异值分解(singular value decomposition, SVD)与之不同,其主要通过高维空间内的矩阵分解和基于有效奇异值的信号重构实现非线性滤波,在低信噪比下仍具有一定的微弱故障特征信号分离能力。孙丽玲等为强化异步电动机转子断条故障对应的特征频率分量,采用SVD滤除定子电流信号的背景噪声、基频分量,并通过仿真与试验验证了其波形畸变抑制效果;陈恩利等采用SVD滤除信号中的混合噪声,并对去噪信号进行盲源分离,提高了滚动轴承的故障诊断效果;Yang等提出奇异熵的概念,分析了带噪信号与纯信号分解后的奇异熵规律,最后采用基于奇异熵确定最优降噪阶的方式,取得了满意的平稳与非平稳振动信号降噪效果；Ashtiani 等针对局放信号背景噪声强的特点，提出一种自适应 SVD 方法，通过对奇异值的自适应分组并进行信号重构，实现了局部放电脉冲信号的有效分离。对于给定信号，SVD 的降噪性能受矩阵构造与有效阶次选择的影响，然而，在处理强噪声与非平稳的故障信号时，仅通过矩阵构造与阶次选择将难以实现故障信号的有效分离。为此，Jiang 和 Cheng 等采用经验模态分解与 SVD 相结合的信号处理方式提取故障特征并用于旋转机械故障诊断分析，取得了一定的效果，但却忽略了经验模态分解本身的端点效应与模态混叠问题。在处理水电机组振动故障信号分析这一强噪声、非平稳、非线性问题时，如何将 SVD 理论与其他非平稳信号处理方法进行高效结合，仍有待进一步研究。

1.3.2 特征提取方法

对从监测系统得到的水电机组振动信号进行信号分析后，还要从中提取故障特征才能用于诊断推理。只有挖掘出振动信号中蕴含的最敏感、最有用的特征信息，才能得到真实可靠的监测信息与诊断结果。不同特征提取方法将从不同角度展示系统内在的变化规律，目前较为常用的特征提取方法包括时域、频域特征提取，基于信息熵的特征提取与基于模型参数辨识的特征提取等。

1. 时域、频域特征提取

(1) 时域特征提取。

时域分析是应用最早的特征提取方法，主要包括统计分析、自相关分析与互相关分析等。其中统计分析是最为常用的时域特征提取方法，即通过对时域波形信号进行数学统计，算得均值、标准差、峰值、峭度、冲击因子等指标；自相关分析用于提取信号中的周期分量，通过计算自相关函数来滤除随机噪声，进而从监测信号中获得有用的特征成分，在处理强随机噪声下的降噪问题时具有一定优势；互相关分析则用于实现不同信号间的相似性描述，通过各波形变量间的趋势变化关系来确定故障特征。

(2) 频域特征提取。

频域分析是基于傅里叶变换的特征提取方法，自傅里叶变换问世以来已被广泛应用于包括水电机组故障诊断在内的众多领域。在不同的振源激励作用下，水电机组振动故障信号的特征频率成分也存在一定的差异。通过对振动信号进行频域分析，可清楚地展示信号中包含的各种频率成分，进而反映故障特征以完成诊断过程。常用的频域分析方法包括频谱分析、倒频谱分析、全息谱分析等。其中频谱分析即通过离散傅里叶变换，对故障特征信息进行频域展示；倒频谱分析通过对功率谱的对数值进行傅里叶逆变换，增强故障特征频率的识别能力；全息谱分析通过融合多种频谱信息，得到更全面的故障特征。

2. 基于信息熵的特征提取

信息熵是度量信号不确定程度的有效指标，通过将不同的信号处理方法与信息熵理论进行有机结合，可实现不同尺度上的故障信号特征提取。为此，前人开展了大量的研究工作。Fei 等基于过程功率谱熵与支持向量机对转子故障进行定量诊断分析，成功识别出不平衡、不对中、碰摩与松动等四种故障；Bafroui 等为监测变转速工况下齿轮箱的振动，采用小波变换进行振动信号分解，并根据能量与信息熵的比值来选择小波的最佳分解尺度，进而由小波系数的统计参数以及能量与信息熵构成特征向量，最后采用将前馈多层感知神经网络作为分类器，取得了较好的诊断效果；赵荣珍等结合相关分析与能量法，先从转子故障信号局部均值分解结果中选出主要故障分量，再由此在时域、频域、时频域内共计算四种信息熵并构成熵带特征量，试验结果表明该方法的特征提取效果较好；孙健等对形态非抽样小波融合进行信号重构，并将 SVD 分解后的奇异熵作为特征向量，准确提取出液压泵性能退化时的振动信号特征。

3. 基于模型参数辨识的特征提取

通过对振动信号进行时间序列建模并辨识模型参数，可得到凝聚了系统状态的重要信息，在处理多因素强耦合下的信号特征提取问题时具有一定的优势。王猛等以局部放电脉冲形波的自回归模型参数作为特征向量，并结合前馈神经网络实现局部放电模式的有效识别；张玲玲等采用小波包分解变速器轴承振动信号并进行各频段信号重构，然后对重构信号进行自回归谱估计，有效提取出不同磨损下的故障特征；贾嵘等结合 EMD 与自回归分析，对 EMD 分解得到的各模态分别建立自回归模型，并将辨识得到的模型参数作为故障特征矢量，最后运用该方法准确提取出水轮机尾水管压力脉动信号特征；李健宝等对非平稳振动信号建立时变自回归模型，并以模型参数均值作为故障特征，试验结果表明该方法可准确识别滚动轴承的运行状态。尽管基于模型参数辨识的特征提取方法可反映系统状态的变化并具有一定的敏感性，但此类方法主要用于处理线性问题，对于强非平稳、非线性的水电机组振动信号，其状态特征表征能力难以保证。在水电机组故障诊断的实际工程应用中，通过将参数化特征提取与非平稳性信号处理方法相结合，有望取得满意的效果。

1.4 水电机组智能故障诊断研究方法综述

随着电站智能化水平的不断提升，针对水电机组这一大型复杂动力系统的强非线性与故障演化的不确定性，结合第 1.3 节中的相关信号处理与特征提取方法得到故障特征后，根据机组的故障样本特征资料，建立高效、强鲁棒的水电机组故障诊断推理模型，是工程实际中急需开展的研究工作。以往电站在运行时主要依赖人工经验进行诊断分析，该方式主观性强，且不同的运行人员间存在认知差异，难以保证诊断效果。近年来，随着计算机与机器学习技术的高速发展，许多智能分析方法被应用于各种机械设备的故障诊断中，并取得了一定的应用效果。这些方法主要分为三种：基于规则的诊断推理、基于数据驱动的故障模式识别、基于序列建模的故障预测。

1.4.1 基于规则的诊断推理

基于规则的诊断推理以知识的表达与处理为基础，通过将诊断知识以语义或框架的形式进行描述，并结合模糊推理、逻辑推理、产生式规则推理等方式进行推理分析，实现故障诊断的智能化。此类诊断方法主要包括故障树分析法与专家系统法。

1. 故障树分析法

故障树分析法是在设备健康管理领域得到广泛认可的一种诊断方法，其依据系统各层故障间的因果关系并根据布尔逻辑建立树状的故障层次结构，其中最不希望发生的系统级故障作为顶事件，元部件故障作为底事件。故障树诊断分析时结合一定的规律沿着树结构进行逻辑运算，通过定性分析与定量分析计算可能发生的故障及其概率。其推理过程正确反映了顶事件与根本原因之间的内在关系，因而得到许多研究学者的认可与应用。Purba 对故障树和模糊集理论在核电站健康评估中的应用进行了综述性分析；Hurdle 等为满足复杂系统的诊断需要，将有向图引入故障树分析法中并由此建立一种新的诊断方法；Zhang 等基于动态故障树建模与蒙特卡洛仿真分析，对广域测量系统中的 PMU 测量单元进行可靠性评级，并通过仿真分析与对比算例验证其有效性；于德介等结合本体知识表示方法与故障树的理论优势，建立了基于本体的故障树决策方法，在知识共享与重用的基础上快速定位故障并成功应用于鼓风机的故障诊断。虽然基于故障树的诊断分析方法在推理时因果关系明确，但准确诊断的前提是建立正确的树状结构，一旦节点描述与实际系统不符，就会得出错误结论。

2. 专家系统法

故障诊断专家系统是人工智能在工业控制领域最引人关注的应用之一，其以知识库和推理机为核心，通过计算机程序模仿行业的专家进行故障分析，基于一系列规则定位可能发生的故障并给出决策建议。随着当代人工智能的飞速发展，专家系统法已被广泛应用于机械设备的故障诊断。Nan 等采用基本趋势元构成知识库，建立了基于模糊逻辑推理的故障分析专家系统，并通过工业仿真与实测数据验证了该系统的有效性；Yang 等为提升风机齿轮箱检修效率，结合故障树定性与定量分析，建立了面向 Web 故障诊断专家系统；Wu 等建立了基于小波包变化与人工神经网络的内燃机故障诊断专家系统；邢立坤等在水电机组状态监测的基础上，构建了基于产生式规则的振动故障分析专家系统。专家系统法在处理无法用数学模型描述的问题时具有先天的优势，但难点在于知识库的构建。专家系统法只有具备了应用范围内高质量的相关知识，才能准确推理并给出相应的决策建议。此外，专家系统在运行时的自学能力也有待进一步研究。

1.4.2 基于数据驱动的故障模式识别

水电机组结构极其复杂且部件众多，对其开展故障诊断时难以建立准确的数学或物理模型，而基于数据驱动的故障诊断则无需精确的数学模型，仅依据已有历史故障样本特征数据和当前监测所得运行数据的特征量，并结合一定的数学方法即可识别故障类别。常用的数据驱动类故障模式识别方法主要包括神经网络、支持向量机、支持向量数据描述、极限学习机等。

1. 神经网络

神经网络是根据人脑的组织结构和运行机理抽象出的一种智能学习方法，具有联想分析和推理记忆的功能。通过多层神经元结构的训练学习，神经网络较好地解决了非线性模式识别问题，使其在故障诊断领域得到了广泛的应用并取得了显著的成果。Castejón 等提出了基于信号多尺度分析与神经网络相结合的滚动轴承故障诊断方法；符向前等将径向基函数神经网络用于轴心轨迹不变性矩的训练学习，实现了转子轴心轨迹的自动识别；彭文季等结合频谱分析与小波神经网络，提出了一种水电机组振动故障诊断方法；陈林刚等针对水电机组监测不完善、智能化欠缺的问题，开发了基于神经网络的水电机组智能故障诊断系统。虽然神经网络具有较强的学习与记忆能力，但基于经验风险最小化的本质迫使其需要大量的训练样本，而水电机组运行中带标签的故障样本常较少，制约了其在水电机组故障诊断中的应用。

2. 支持向量机

支持向量机(support vector machine，SVM)是 Vapnik 等提出的基于结构风险最小化的模式识别新方法，其通过在样本空间最大化分类间隔得到分类超平面，可有效实现小样本下的故障分类，同时 SVM 通过引入核变换技术将样本空间映射到高维线性特征空间，以解决非线性分类问题。SVM 的小样本与非线性处理能力使其一经提出即被广泛应用于旋转机械的故障诊断。张孝远等结合粗糙集的基本思想，采用上、下近似和边界描述 1-v-1SVM 的分类结果，并根据描述结果进行样本分类，提升了水电机组振动故障诊断精度；彭文季等提出了基于最小二乘 SVM 与信息融合诊断技术并用于水电机组振动故障诊断；Salahshoor 等将 SVM 与自适应神经模糊推理系统(adaptive neuro fuzzy inference system，ANFIS)有机融合，并由此构建了新的工业汽轮机故障监测与诊断框架；Liu 等提出了一种基于切片谱与聚类二叉树 SVM 的风机故障诊断方法。尽管 SVM 有着诸多优势，但直接将其用于故障诊断时仍存在不足之处，如模型参数选择、不确定信息识别等。此外，在处理不平衡分类问题时，SVM 的分类准确率也难以保证。

3. 支持向量数据描述

支持向量数据描述(support vector data description,SVDD)是由 Tax 等基于 SVM 理论发展出的一种单值分类方法,其通过在样本空间或特征空间内对目标类数据建立超球体,使其包含最多的样本,并同时使半径最小。在求得超球体模型后,根据待分样本到超球体的距离即可判别其是否为目标类。SVDD 具有计算速度快、分类效果好、可处理小样本及鲁棒性强等优势,且建模时仅需一类目标样本即可,因而被广泛应用于语音识别、工业过程监测、系统入侵检测等单分类模式识别领域。为解决多分类模式识别问题,Zhu 等将单分类 SVDD 推广到多分类;袁胜发等将 SVDD 用于转轴碰摩位置的识别;Cui 将 SVDD 用于电路故障诊断,并使用 1-v-1SVM 对 SVDD 分类盲区进行故障分类;Zhang 等提出了基于概率 C 均值聚类的权重 SVDD 并用于旋转机械的故障诊断;Wang 等采用 EMD 分别与自回归、SVD 相结合提取滚动轴承振动信号特征,并基于改进 SVDD 实现了滚动轴承性能退化度的准确分类。SVDD 用于单分类时效果较好,但当用于多分类模式识别时,若存在样本分布不均匀或数量倾斜的情况,那么其分类性能将受到一定制约。为提升 SVDD 的分类准确性,需结合实际情况充分考虑各样本的重要度并将其融入模型训练过程。此外,多分类 SVDD 在超球体交叠区的决策规则也有待进一步研究。

4. 极限学习机

极限学习机(extreme learning machine,ELM)是一种新颖的单隐层神经网络算法。与传统的前馈神经网络相比,ELM 的创新在于输入层和隐层的连接权值、隐层的阈值可以随机设定,且设定完后不再调整,隐层和输出层之间的连接权值也不需要迭代调整,而是通过解方程组一次性确定,显著减少了训练的计算量。在保证学习精度的同时,ELM 具有更快的训练速度和更好的泛化性能。Mao 等对比了传统机器学习方法与 ELM 的特征提取能力,提出了基于自动编码和 ELM 的高速诊断方法;Shao 等以 ELM 为分类器,将小波函数捕获的信号特征输入其中,准确识别了不同类型的轴承故障;Liang 等提出了一种基于集成局部特征尺度分解和 ELM 的滚动轴承诊断方法,以灵敏度指标为特征输入 ELM 以识别故障类型;黄勤芳等针对滚动轴承振动信号具有非平稳性、非线性和影响因素相互影响、相互作用的特点,引入结构风险最小化原则对 ELM 进行了改进,并建立了性能优异的滚动轴承故障诊断模型;皮骏等运用改进的遗传算法优化 ELM 网络的输入权值和隐层阈值,提高了诊断模型的识别率。鉴于 ELM 的各项优点,现其已被广泛应用于机械故障诊断领域。然而,ELM 的结构设计还有待完善,同时隐层节点的设置大多是依赖于人为经验,这些在一定程度上制约了其应用的推广。

1.4.3 基于序列建模的故障预测

基于规则推理与数据驱动的诊断方式均为事后决策方式,即故障发展到一定程度才进行决策分析。为在故障发展早期及时捕捉到相关征兆，还需开展故障预测研究。通过对机组历史运行状态数据进行序列建模和准确预测，有助于及时发现机组运行异常，以合理安排检修工作。基于序列建模的故障预测方法主要包括回归分析、神经网络、支持向量回归、极限学习机等。

1. 回归分析

回归分析即采用数理统计中的自回归系列模型对历史观测数据进行建模并估计参数，在得到确定性数学模型后再对未来值进行预测。该方法计算简单、速度快，因而得到了相关研究学者的关注。Marcellino 等对迭代多步 AR 模型的预测效果进行了对比分析；Gan 等将径向基网络与 AR 模型相结合，提升了非线性时间序列的预测精度；徐峰和杨皓等将 AR 模型用于振动信号的趋势预测；吴庚申等将 ARMA 用于汽轮机转子故障序列的预测。然而，回归分析只有在时间序列满足平稳性假设时才能取得满意的预测精度，且主要用于解决线性问题。

2. 神经网络

在智能预测领域，神经网络是一种性能优良的预测方法，其通过非线性建模有效提高了预测模型的精度。Álvarez-Vigil 等利用人工神经网络预测爆炸传播速率和振动频率；Azadeh 等提出了一种基于人工神经网络与遗传算法的电能消耗预测方法；练继建等将尾水脉动和水电机组振动数据作为神经网络的输入，用于预测厂房的结构振动响应；田源等为准确预测水电机组不同部位的振动峰峰值序列，对广义神经网络参数进行果蝇优化，取得了比 BP 神经网络更好的预测效果。神经网络预测方法虽具有一定的应用潜力，但其训练时易出现过学习的问题仍未得到很好解决。

3. 支持向量回归

支持向量回归(support vector regression，SVR)是 SVM 在回归应用领域的推广，继承了 SVM 的强非线性处理能力与基于结构风险最小化的特点，可有效处理各种数据序列分布的预测问题，因而在故障预测领域得到了广泛应用。Soualhi 等用 Hilbert-Huang 变换对轴承振动信号进行健康指标提取，并结合单步 SVR 模型估计轴承的剩余寿命；Yaqub 等提出了一种基于最优参数化小波包变换与多步 SVR 的剩余寿命预测模型，并用仿真与实测振动数据验证了其有效性；邹敏等将最小二乘支持向量机用于预测水电机组振动序列峰峰值；周叶等基于监测系统采集的实时数据，应用时间加权因子和 SVR 模型实现了对水电机组轴系故障特征数据的实时预测。

4. 极限学习机

在趋势预测领域，ELM 是一种表现优异的回归学习方法。毛成等针对水轮机组振动保护定值整定依赖于试验数据和技术人员经验的现象，提出一种以历史数据为基础的分析方法，并通过 ELM 建立新型预测模型，实现了灵活准确设置整定值的目的；郑近德等结合变量预测模型与 ELM 回归模型各自的优势，提出一种基于 ELM 的变量预测混合模型，并将该方法成功应用于滚动轴承劣化状态预测；王付广等提出一种基于多频率尺度模糊熵和 ELM 的滚动轴承剩余寿命预测方法，对变分模态分解出的分量计算模糊熵值并构成特征向量，然后利用 ELM 得到预测模型；王新等对滚动轴承信号序列进行变分模态分解并提取其趋势项，然后实现了 ELM 对趋势项的预测；何群等将改进的多变量 ELM 用于轴承剩余寿命的预测，实现了更高的预测精度和稳定性；Liu 等为了评估滚动轴承的退化程度，将经过多重提取的特征输入 ELM 训练预测模型，模型可以有效预测轴承的剩余寿命。

理论篇　故障诊断及状态趋势预测理论与方法

水电机组故障诊断及状态趋势预测作为一个系统性和工程性较强的研究方向，旨在通过对电站监测系统采集到的机组运行数据进行分析与处理，及时了解和掌握机组运行的实际状态，并能在早期发现故障及其原因，同时预测故障发展的趋势。开展水电机组故障诊断及状态趋势预测研究，有助于电站运行人员科学合理地制订状态检修计划，提升机组的安全稳定性与电站的综合经济效益。如何实现水电机组运行故障的准确诊断，从而提升电站运行管理水平，是当前学术界与工程界的研究热点。随着相关技术的发展，故障诊断已成为一种跨学科的综合信息处理技术，包括故障信号分析、故障特征提取与选择、故障模式识别等。本篇重点研究与水电机组信号分析和故障诊断相关的非平稳信号处理、特征提取与选择、智能故障诊断，以及状态趋势预测理论与方法，为后续章节的分析研究奠定基础。

第 2 章 水电机组振动信号处理理论与方法

信号的分析与处理是进行故障诊断的关键，关系到故障诊断的准确性与故障早期预报的可靠性。由绪论中对水电机组振动故障机理的分析可知，诱发机组振动的振源激励众多且彼此间存在一定耦合，导致故障信号呈现较强的非线性与非平稳性。同时，由于受强背景噪声与复杂电磁干扰的影响，因此监测到的振动信号难以准确反映机组的真实运行状态。在机组状态监测与故障诊断的实际工程应用中，为提取出最具表征性的故障特征，进而提升诊断分析精度，关键的一步是对振动信号进行信号处理。由于水电机组振动信号的强非平稳性，传统基于平稳性假设的信号处理方法难以取得满意的分析效果，而目前较为常用的非平稳信号处理方法包括短时傅里叶变换、小波变换、经验模态分解、集成经验模态分解、局部均值分解、变分模态分解等。本章将围绕上述非平稳信号处理方法展开论述，为后续章节的应用提供理论基础。

2.1 短时傅里叶变换

短时傅里叶变换(STFT)采用沿时间轴滑动加窗的方式把非平稳信号视为一组短时平稳(伪平稳)信号的叠加。通过对加窗信号进行傅里叶变换，STFT 把原来进行傅里叶变换的信号在时间轴(时域)上不断地分段(加窗函数)，实现了信号的局部化分析，同时反映出信号的时(频)域特征，突破了传统傅里叶变换仅能在单一域内分析的局限。假设进行分段的光滑窗函数为 $\omega(t)$，通过在时域上移动把原来的非平稳信号转变成窗口内平稳的信号段，再对分成的多段进行傅里叶变换，则可求得原信号在窗口时间段内的 STFT 局部谱，最后将各时间段的频谱结合起来可得到 STFT 在整个时域上的变化。STFT 的表达式为

$$G(t,f)=\int_R x(\tau)\omega^*(\tau-t)\mathrm{e}^{-\mathrm{j}2\pi f\tau}\mathrm{d}\tau \tag{2-1}$$

式中：$x(\tau)$ 为原信号；$\omega(t)$ 为窗函数；* 表示函数的复共轭。

在实际工程应用中，所得到的多为离散数据，而式(2-1)中 STFT 处理的为连续

信号，即需要进行离散化操作。信号的离散 STFT 可表示为

$$G(n\Delta t, f) = \sum_{k} x(k)\omega^{*}(k - n\Delta t)e^{-j2\pi fk}, \quad k \in (-\infty, +\infty) \tag{2-2}$$

式中：$\Delta t = 1/f_s$，f_s 为采样频率。

STFT 具有以下基本性质。

1）线性特性

STFT 具有线性特性，具体表现如下：

$$x(t) = ax_1(t) + bx_2(t) \tag{2-3}$$

由式(2-3)可推断出：

$$G(t, f) = aG_1(t, f) + bG_2(t, f) \tag{2-4}$$

2）频移和时移特性

STFT 的频移特性为

$$G(t, f) = G_1(t, f - f_0) \tag{2-5}$$

STFT 的时移特性为

$$G(t, f) = e^{-j2\pi ft_0} G_1(t - t_0, f) \tag{2-6}$$

3）共轭对称性

STFT 具有共轭对称性，具体表现如下：

$$G(t, f) = G_1(t, -f) \tag{2-7}$$

STFT 分析时，时域窗口的宽窄程度决定了所观察到的频率高低，它们之间为反比关系，即窄的时域窗口可以观察到高频，宽的时域窗口则可以观察到低频。窗口长度一旦确定，就只能保持恒定的时频分辨率，使 STFT 的性能受到一定制约。

2.2　小波变换

与短时傅里叶变换相比，小波变换不仅拥有多分辨率分析的特性，在时域和频率分布上也都具有较好的表征局部的分析能力。在进行小波变换时，其窗口尺寸不变，改变的是窗口的形状，即时间窗和频率窗能够随意变动。1910 年，Haar 首次提出了正交小波基这个概念，被称为 Haar 正交基；1938 年，Littlewood 和 Paley 建立了 L-P 理论，它是多尺度分析最早的来源之处；1975 年，Calderon 给出了抛物形空间上 H^1 的原子分解。当用再生核公式求解时，它的离散形式已经是小波变换的雏形，但是还不知道它们是具有正交性的；1984 年，法国科学家 Morlet 和 Grossman 在对地震波数据进行检测时，发现采用傅里叶分析的预期效果会受限，于是首次提出了小波变换的概念；1986 年，Meyer 提出了具有衰减性能的光滑小波正交基；1987 年，Mallat 将多尺度的分析思想带入小波函数构造中，提出对信号重新分解和组合的算法——Mallat 算法。随着学者们对小波变换研究的不断深入，小波分析相关理论得到逐步

完善。

2.2.1 小波和小波变换

信号的小波分解过程是将信号向空间中的高频和低频进行映射，将它从高频开始进行逐层分解。因而，被分解后的信号在高频段的时间分辨率较高，频率分辨率较低，反映的是信号的具体细节；而在低频段，被分解后的信号具有较低的时间分辨率和较高的频率分辨率，反映的是信号的大致轮廓。给定函数空间 $L^2(R)$，任何小波从理论上都可对构成的 $L^2(R)$ 进行分解，得到的闭子空间 W_j 可视为函数 $\varphi_{j,k}$ 的集合，有

$$L^2(R)=\bigoplus_{k\in\mathbf{Z}} W_k=\cdots\oplus W_{-1}\oplus W_0\oplus W_1\oplus\cdots \tag{2-8}$$

整个 $L^2(R)$ 空间被分成高频和低频两个部分，其中高频所在的区域称为 W_j 空间，即小波空间；而低频所在的区域称为尺度空间，即 V_j。生成小波函数的前提为具有合适的尺度方程，其是在尺度函数的基础上产生的。尺度函数的分解满足：

(1) $V_k=\cdots\oplus W_{k-2}\oplus W_{k-1},\quad k\in\mathbf{Z}$；

(2) $\cdots\subset V_{-1}\subset V_0\subset V_1\subset\cdots$；

(3) $\bigcup_{k\in\mathbf{Z}} V_k=L^2(R)$；

(4) $\bigcap_{k\in\mathbf{Z}} V_k=\{0\}$；

(5) $V_{k+1}=V_k\oplus W_k$；

(6) $f(x)\in V_k\Leftrightarrow f(2x)\in V_{k+1}$。

小波变换的空间是指 R 上平方可积函数构成的函数空间，即 $f(t)\in L^2(R)\Leftrightarrow \int_R |f(t)|^2\mathrm{d}t<+\infty$，亦称平方可积空间。对小波变换进行定义，假设 $\psi(t)$ 满足以下条件：① $\psi(t)\in L^2(R)$；② $\int_R |\hat{\psi}(\omega)|^2/|\omega|\mathrm{d}\omega<+\infty$，其中，$\hat{\psi}(\omega)$ 表示 $\psi(t)$ 的傅里叶变换。$C_\psi=\int_R(|\hat{\psi}(\omega)|^2/|\omega|)\mathrm{d}\omega<+\infty$ 被称为“允许性”条件，把满足这种条件的 $\psi(t)$ 称为基础小波或者母小波。

设函数 $\psi(t)\in L^1(R)\cap L^2(R)$，并且 $\hat{\psi}(0)=0$，即 $\int_R\psi(t)\mathrm{d}t=0$，对母小波 $\psi(t)$ 做伸缩和平移，得：

$$\psi_{a,b}(t)=\frac{1}{\sqrt{a}}\psi\left(\frac{t-b}{a}\right),\quad a,b\in R,a>0 \tag{2-9}$$

式中：a 为收缩因子；b 为平移因子；称 $\psi_{a,b}(t)$ 为小波函数，简称小波。系数 $\sqrt{a}$ 确保了在取不同的值时，母小波的整体能量值处于稳定状态。变量 a 反映了函数的尺

度，变量 b 用于检测小波函数在 t 轴上的平移位置。随着时间轴的移动，$\psi(t)$ 在 $\omega=0$ 附近波动，与水平轴不在一条直线上，因此对其进行伸缩和平移，从而使其满足 $\int_R |\psi_{(a,b)}(t)|^2 \mathrm{d}t < +\infty$。这说明 $\psi(t)$ 逐渐衰减，并有减弱至“零”的趋势，故称为“小”，同时考虑到 $\psi(t)$ 在时间轴上来回像波浪一样“振荡”，故称为“波”，小波变换由此而来。

无论参数 (a,b) 取何值，根据定义可知：$\int_R |\psi_{(a,b)}(t)| \mathrm{d}t = 0$ 是必然的，振荡的幅度大小取决于参数 a 如何变化。在工程应用中，常假设 $a > 0$，此时分为两种情况：当 $0 < a < 1$ 时，$\psi_{(a,b)}(t)$ 在 t 轴上被拉长，虽然存在有较为明显的波动，但波动范围较小；当 $a \geqslant 1$ 时，小波函数的变化范围与 $0 < a < 1$ 正好相反，且其变换频率缓慢。小波的持续时间随 a 的增大而增长，幅度与 $\sqrt{a}$ 成反比减小，但小波的形状保持不变。式(2-9)中 $1/\sqrt{a}$ 的作用是使具有不同 a 值的小波 $\psi_{a,b}(t)$ 的能量保持相等。

1. 连续小波变换

设 $\psi(t)$ 是基本小波，$\psi_{a,b}(t)$ 是式(2-9)定义的连续小波函数。对于 $f(t) \in L^2(R)$，其连续小波变换定义为

$$\mathrm{WT_f}(a,b) = |a|^{-\frac{1}{2}} \int_{-\infty}^{+\infty} f(t)\psi^*\left(\frac{t-b}{a}\right)\mathrm{d}t = \int_{-\infty}^{+\infty} f(t)\psi_{a,b}^*(t)\mathrm{d}t \tag{2-10}$$

式中：$a(\neq 0)$、b、t 均为连续变量；$\psi^*(t)$ 为 $\psi(t)$ 的复共轭。连续小波变换 $\mathrm{WT_f}(a,b)$ 是围绕尺度与时移展开的，其在分解过程中不断地调整时域上的窗口长度和尺度，再乘以信号并在整个 $L^2(R)$ 空间上进行积分运算。对上述小波变换的系数进行逆变换可得：

$$f(t) = \frac{1}{C_\psi}\int_{-\infty}^{+\infty}\int_{-\infty}^{+\infty}\frac{1}{a^2}\mathrm{WT_f}(a,b)\psi_{a,b}(t)\mathrm{d}a\mathrm{d}b \tag{2-11}$$

连续小波变换是线性的，即当含有若干个分量时，可对分量进行小波变换后再叠加，同时还具有平移不变性、伸缩共变性和尺度转换等性质。无论是在高频、中频或者低频区域，信号的频率与时间窗口的长度成反比，但与频率窗口的高度呈正比。连续小波变换时，时移和长度之间有较大的相关性，为了提升信号分析的准确度，降低小波变换的相关性，可以进行离散小波变换。这样，不仅不会丢失信息，同时还可以重新构造出原始信号 $f(t)$。

2. 离散小波变换

在连续小波变换中，令参数 $a=2^{-j}$，$b=k2^{-j}$，其中 $j,k \in \mathbf{Z}$，则离散小波为

$$\psi_{2^{-j},k2^{-j}} = 2^{j/2}\psi(2^j t - k) \tag{2-12}$$

常将 $\psi_{2^{-j},k2^{-j}}(t)$ 记作 $\psi_{j,k}(t)$，与其对应的离散小波变换为

$$\mathrm{WT_f}(j,k) = \langle f,\psi_{j,k}\rangle = 2^{j/2}\int_{-\infty}^{+\infty} f(t)\psi^*(2^j t - k)\mathrm{d}t \tag{2-13}$$

通过调整 j 值，可实现窗口大小固定、形状可变的时频局部化功能，但是不具有

平移不变性性质。

3. 二进小波变换

当小波函数 $\psi(t)$ 满足条件：

$$A \leqslant \sum_{-\infty}^{+\infty} \left| \hat{\psi}(\omega) \right|^2 \leqslant B \tag{2-14}$$

且 A、B 均为常数，$0<A\leqslant B<+\infty$ 时，式(2-14)在任何条件下基本都成立；当 $A=B$ 时，整个小波达到最稳定状态，我们将 $\psi(t)$ 称为二进小波。在连续小波变换中，可把尺度参数的值取为 $a=2^j, j\in \mathbf{Z}$，而参数 b 仍取连续值，则有二进小波：

$$\psi_{2^j,b}(t)=2^{-j/2}\psi[2^{-j}(t-b)] \tag{2-15}$$

这时，$f(t)\in L^2(R)$ 的二进小波变换定义为

$$\mathrm{WT_f}(2^j,b) = 2^{-j/2}\int_{-\infty}^{+\infty} f(t)\psi^*[2^{-j}(t-b)]\mathrm{d}t \tag{2-16}$$

二进小波的逆变换为

$$f(t) = \sum_{-\infty}^{+\infty} 2^{-j}\int_R \mathrm{WT_f}(2^j,b) \times \tau_{(2^j,b)}(t)\mathrm{d}b \tag{2-17}$$

式中，函数 τ 满足：

$$\sum_{-\infty}^{+\infty} \hat{\psi}(2^{-j}\omega)\hat{\tau}(2^{-j}\omega) = 1 \tag{2-18}$$

2.2.2 常见的小波基函数

实际分析中，可选择不同的基函数，使小波变换过程具有更强的灵活性。因为小波基函数具有多样性，所以对于同一信号，可得到不同的小波谱。在进行小波基函数选择时尚无统一标准，针对不同的应用领域，选择不尽相同，主要根据以下特性综合考虑。

(1) 正交性。避免了小波信号变换时出现频率混乱的现象，变换后的结果更接近信号自身。

(2) 紧支性。若小波具有紧支集，则称这个小波具有紧支性。对于变化缓慢的信号，采用支集宽度宽的小波函数；对于变化较为明显的信号，则采用支集宽度窄的小波函数。

(3) 对称性。该性能直接关系到所得结果会不会产生失真问题。

(4) 正则性。正则性的高低直接决定了函数的光滑程度，且两者之间成正比。

(5) 消失矩。对小波施加消失矩条件，使尽量多的小波系数为零或者产生尽量少的非零小波系数，利于数据压缩和消除噪声。

下面介绍几种典型的小波基函数。

1. Haar 小波

Haar 小波是最早被提出的，同时也是最简单的一种正交小波。其尺度函数可表

示为

$$\psi(t)=\begin{cases}1\text{ 或 }-1, & 0\leqslant t<1\\ 0, & \text{其他}\end{cases} \tag{2-19}$$

Haar小波在变换过程中易达到实际效果,其速度较快且容易理解,适用于高速脉冲信号的检测。其优点在于它是短支集小波,当遇到离散信号时,在开始阶段对信号的分析会更加精细与准确,相比长支集小波,其效果会更明显;其缺点为不具有连续性。Haar函数在频域上变换时,考虑到其自身的简单性和突变性,导致进行频域局部分析时存在一定局限。

2. Morlet 小波

Morlet小波是1982年以法国地球物理学家Morlet为首提出来的,定义为 $\mathrm{morl}(x)=\exp(-x^2/2)^*\cos(5x)$,是一种高斯包络下的单频复正弦函数,其只有小波函数,没有尺度函数,也不具有正交性,因此不能重新构建被分解后的信号,也不能进行正交小波变换。为避免在滤波和重构信号时的失真问题,可用Morlet小波的实部来构造滤波器,其时域表达式为

$$\psi(t)=\frac{1}{\sqrt{\pi f_{\mathrm{b}}}}\mathrm{e}^{-t^2/f_{\mathrm{b}}}\mathrm{e}^{2\pi\mathrm{i}f_{\mathrm{c}}t} \tag{2-20}$$

频域表达式为

$$\phi(f)=\mathrm{e}^{-\pi^2 f_{\mathrm{b}}(f-f_{\mathrm{c}})^2} \tag{2-21}$$

以上两式中:f_{c} 表示小波中心频率;f_{b} 表示宽带参数。

3. Mexican Hat 小波

Mexican Hat小波是高斯函数的二阶导数,即

$$\psi(t)=a(1-t^2)\mathrm{e}^{-\frac{t^2}{2}} \tag{2-22}$$

式中:$a=2/\sqrt{3}\cdot\pi^{\frac{1}{4}}$。Mexican Hat小波与Morlet小波类似,没有尺度函数,所以不具有正交性,在整个时域和频域区间上满足 $\int_{-\infty}^{+\infty}\psi(t)=0$。

4. Meyer 小波

Meyer小波有较快的收敛速度,且基本符合小波基所拥有的特性。其正交性使分解后的信号可避免频率混乱,良好的对称性可使相位具有较好的线性,紧支集和任意的正则性可允许其在时域和频域有很好的局部性。Meyer函数是通过频域来定义的,即

$$\psi(\omega)=\begin{cases}(2\pi)^{-\frac{1}{2}}\mathrm{e}^{\frac{\mathrm{i}\omega}{2}}\sin\left[\frac{\pi}{2}v\left(\frac{3}{2\pi}|\omega|-1\right)\right], & \frac{2\pi}{3}\leqslant\omega\leqslant\frac{4\pi}{3}\\ (2\pi)^{-\frac{1}{2}}\mathrm{e}^{\frac{\mathrm{i}\omega}{2}}\cos\left[\frac{\pi}{2}v\left(\frac{3}{2\pi}|\omega|-1\right)\right], & \frac{4\pi}{3}\leqslant\omega\leqslant\frac{8\pi}{3}\\ 0, & \text{其他}\end{cases} \tag{2-23}$$

式中：$v(x)$为构造 Meyer 小波的辅助函数。

小波变换弥补了傅里叶变换难以在时域、频域进行局域化分析的不足，已被广泛应用于非平稳信号处理与故障诊断领域，但其局部时频尺度表达性能在选定小波基下将受到制约，且小波基的选择尚无统一标准。

2.3 经验模态分解与集成经验模态分解

2.3.1 经验模态分解

经验模态分解(EMD)从信号自身的时间尺度特性出发，通过循环迭代的方式将频率成分复杂的原始信号分解成一系列具有不同特征尺度的有限个本征模态函数(intrinsic mode function，IMF)，实现了信号的平稳化处理，克服了短时傅里叶变换和小波变换在处理非平稳信号时的不足。EMD 算法分解时仅基于信号本身的特点，无需为分解预先设置基函数，体现了良好的自适应性。分解所得 IMF 分量均满足如下两个约束条件：① 分量代表的序列在整个时段内，局部极值点与过零点的个数只能相等，或者最多相差一个数；② 在整个时段内的任意时间点上，由局部极大值与局部极小值形成包络的平均值必须为 0，即上、下包络关于时间轴对称。

EMD 算法在分解过程中基于局部极大值与局部极小值的包络平均实现分量的筛选。首先，在得到给定信号序列的所有局部极值后，采用三次样条插值函数对所有局部最大值进行插值拟合，得到序列的上包络，同样对所有局部最小值进行插值拟合，得到序列的下包络。记上、下包络的均值为 $m_1(t)$，将给定信号 $x(t)$与包络均值 $m_1(t)$相减，即得到 $h_1(t)$：

$$x(t)-m_1(t)=h_1(t) \tag{2-24}$$

在上述筛分过程后，若 $h_1(t)$同时满足 IMF 的两个约束条件，则其为第一个 IMF 分量，否则将 $h_1(t)$作为新的给定信号，采用插值计算其上、下包络均值 $m_{11}(t)$，并进行新的筛分：

$$h_1(t)-m_{11}(t)=h_{11}(t) \tag{2-25}$$

为了去除驻波并使分量更加对称，进行 k 次筛分，直至得到满足约束条件的第一个 IMF 分量 $h_{1k}(t)$：

$$h_{1k}(t)=h_{1(k-1)}(t)-m_{1k}(t) \tag{2-26}$$

令 $c_1(t)=h_{1k}(t)$，进而有下式成立：

$$x(t)=c_1(t)+r_1(t) \tag{2-27}$$

通常情况下，$r_1(t)$中仍包含有较多的模态分量，可以参照 $c_1(t)$的求解过程，基于 $r_1(t)$求得第二个 IMF 分量 $c_2(t)$。重复该迭代求解过程直至残余项小于设定阈值，或者残余分量为一个无法继续迭代分解的单调函数。假定重复循环 n 次后，得到了原始信号的 n 个满足约束条件的IMF分量，则有：

$$
\begin{cases}
r_1(t)-c_2(t)=r_2(t)\\
r_2(t)-c_3(t)=r_3(t)\\
\qquad\vdots\\
r_{n-1}(t)-c_n(t)=r_n(t)
\end{cases}
\tag{2-28}
$$

最终，原始信号 $x(t)$ 被分解为一系列本征模态分量和一个残余分量，即

$$
x(t)=\sum_{i=1}^{n}c_i(t)+r_n(t) \tag{2-29}
$$

上述即为EMD算法的迭代求解过程。EMD算法流程如图2-1所示。

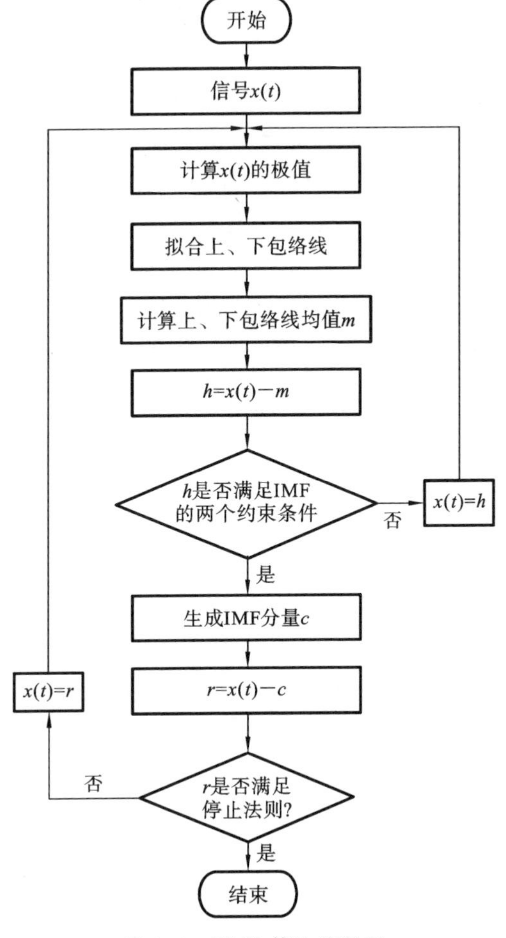

图2-1　EMD算法流程图

理想情况下，EMD得到的模态分量是对原始信号的一种自适应、正交和完备的表达，因此，一经提出即得到相关学者的关注，已被广泛应用于机械故障诊断领域，但

仍存在数学理论基础缺乏、模态混叠、端点效应等问题。

2.3.2 集成经验模态分解

在 EMD 实际求解过程中，若信号本身包含一些异常因素，则会影响局部极值点的选择，进而使上、下包络线的计算产生偏差。实际求得的包络为异常因素的局部包络和实际信号包络的混合体，由此循环迭代得到的本征模态函数则包含固有模式与异常因素模式，或者包含不同时间尺度的固有模式，即产生模态混叠。此外，在对信号两端进行边界包络计算时，端点无法同时具有极大值或极小值，即信号上、下包络边界数据发散，且这种发散会随着迭代逐步向内传播，最终使得到的本征模态函数失真，即产生端点效应。为了解决此类问题，学者们开展了大量研究工作，提出了很多鲁棒版本，其中效果最好的是 Wu 等提出的噪声辅助分解方法，即集成经验模态分解(ensemble empirical mode decomposition，EEMD)。

EEMD 的基本思想为：借助白噪声可均匀填充整个时频空间的特性，将信号中不同频率尺度的成分投影到由白噪声所建立的均匀空间的对应频率尺度上，并在多次重复 EMD 分解后，通过对分解结果取平均来去除外加白噪声成分，进而实现信号所含本征模态函数的分离。EEMD 的具体分解步骤如下。

步骤 1：给定信号 $x(t)$、初始化模态数 N，以及外加白噪声强度。

步骤 2：对给定信号 $x(t)$ 添加服从高斯分布$(0,(\alpha\sigma)^2)$的白噪声 $n_i(t)$，其中 $\sigma=\text{std}(x(t))$为待分解信号的标准差，α 为噪声强度，所得信号如下：

$$x_i(t)=x(t)+n_i(t) \tag{2-30}$$

式中：$n_i(t)$为第 i 次添加的白噪声；$x_i(t)$为第 i 次添加白噪声后所得到的新信号，$i=1,2,\cdots,N$。

步骤 3：对新信号 $x_i(t)$进行标准 EMD 分解，得到一组 IMF 分量：

$$x_i(t)=\sum_{k=1}^{K}c_{i,k}(t)+r_{i,s}(t) \tag{2-31}$$

式中：K 为本征模态分量的个数；$r_{i,s}(t)$为残差；$c_{i,k}(t)$是采用标准 EMD 对第 i 次添加白噪声后的信号进行分解得到的第 k 个模态分量，$k=1,2,\cdots,K$，$i=1,2,\cdots,N$。

步骤 4：重复步骤 2 与步骤 3 共 N 次，得到以下模态集合：

$$[\{c_{1,1}(t),\cdots,c_{1,K}(t)\},\cdots,\{c_{M,1}(t),\cdots,c_{M,K}(t)\}] \tag{2-32}$$

步骤 5：计算在所有噪声辅助下 EMD 分解结果中对应分量的集合均值，即得到最终的模态分量：

$$c_k(t)=\frac{1}{N}\sum_{i=1}^{N}c_{i,k}(t) \tag{2-33}$$

式中：$k=1,2,\cdots,K$。

EEMD 算法流程如图 2-2 所示。

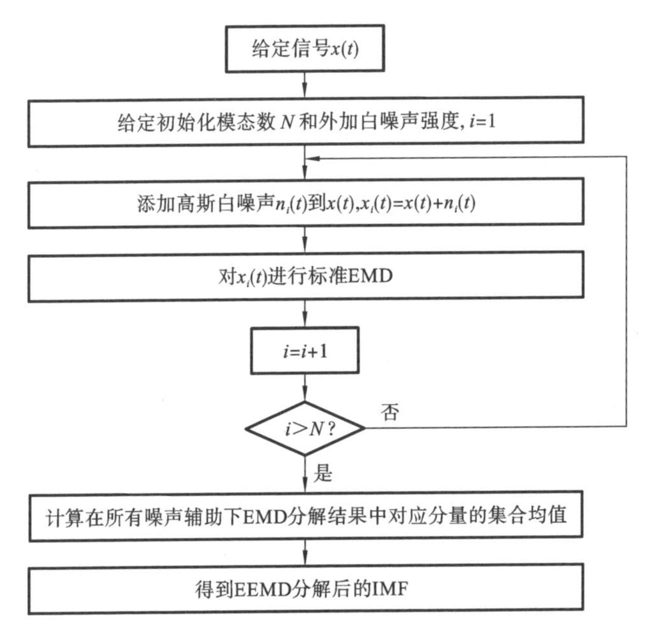

图2-2 EEMD分解算法流程图

2.4 局部均值分解

局部均值分解(LMD)可自适应地将非平稳信号分解成若干个乘积函数(PF)分量之和,其中每个PF分量由一个包络信号和一个纯调频信号相乘得到,包络信号对应该PF分量的瞬时幅值,而PF分量的瞬时频率则可由纯调频信号直接求出。进一步将所有PF分量的瞬时频率和瞬时幅值进行组合,便可得到原始信号完整的时频分布。对于给定信号 $x(t)$,LMD分解过程如下。

(1) 找出信号 $x(t)$ 的所有局部极值点,求出所有相邻局部极值点的平均值:

$$m_i=\frac{n_i+n_{i+1}}{2} \tag{2-34}$$

将所有相邻平均值点用直线连接起来,然后采用滑动平均法进行平滑处理,则可得到局部均值函数。

(2) 求出包络估计值:

$$a_i=\frac{|n_i-n_{i+1}|}{2} \tag{2-35}$$

将所有相邻两个包络估计值用直线连接起来,然后采用滑动平均法进行平滑处理,则可得到包络估计函数。

(3) 将局部均值函数 $m_{11}(t)$ 从原始信号 $x(t)$ 中分离出来,得到:

$$h_{11}(t)=x(t)-m_{11}(t) \tag{2-36}$$

(4) 用 $h_{11}(t)$ 除以包络估计函数 $a_{11}(t)$ 以对 $h_{11}(t)$ 进行解调，即

$$s_{11}(t)=\frac{h_{11}(t)}{a_{11}(t)} \tag{2-37}$$

对 $s_{11}(t)$ 重复上述过程即可得到 $s_{11}(t)$ 的包络估计函数 $a_{12}(t)$，假如 $a_{12}(t)$ 不等于1，则说明 $s_{11}(t)$ 不是一个纯调频信号，需要重复上述迭代过程 n 次，直至为一个纯调频信号，也就是 $s_{1n}(t)$ 的包络估计函数 $a_{1(n+1)}(t)$，则有

$$\begin{cases} h_{11}(t)=x(t)-m_{11}(t) \\ h_{12}(t)=s_{11}(t)-m_{12}(t) \\ \quad\vdots \\ h_{1n}(t)=s_{1(n-1)}(t)-m_{1n}(t) \end{cases} \tag{2-38}$$

式中：

$$\begin{cases} s_{11}(t)=h_{11}(t)/a_{11}(t) \\ s_{12}(t)=h_{12}(t)/a_{12}(t) \\ \quad\vdots \\ s_{1(n-1)}(t)=h_{1(n-1)}(t)/a_{1(n-1)}(t) \end{cases} \tag{2-39}$$

迭代终止条件为 $\lim\limits_{n\to\infty}a_{1n}(t)=1$，实际应用中，在不影响分解效果的前提下，为了减少迭代次数，缩短运算时间，可以采用 $a_{1n}(t)\approx 1$ 作为迭代终止条件。

(5) 把迭代过程中产生的所有包络估计函数相乘便可得到包络信号（瞬时幅值）函数：

$$a_1(t)=a_{11}(t)a_{12}(t)\cdots a_{1n}(t)=\prod_{q=1}^{n}a_{1q}(t) \tag{2-40}$$

(6) 将包络信号和纯调频信号相乘便可得到原始信号的第一个 PF 分量：

$$\mathrm{PF}_1(t)=a_1(t)s_{1n}(t) \tag{2-41}$$

其包含原始信号中的最高频率成分，是一个单分量的调幅-调频信号，其瞬时幅值就是包络信号，其瞬时频率 $f_1(t)$ 则可由纯调频信号求出，即

$$f_1(t)=\frac{1}{2\pi}\frac{\mathrm{d}[\arccos(s_{1n}(t))]}{\mathrm{d}t} \tag{2-42}$$

(7) 将第一个 PF 分量从原始信号 $\mathrm{PF}_1(t)$ 中分离出来，得到一个新的信号 $u_1(t)$，将 $u_1(t)$ 作为原始数据重复以上步骤，循环 k 次，直到 u_k 为一个单调函数为止。

$$\begin{cases} u_1(t)=x(t)-\mathrm{PF}_1(t) \\ u_2(t)=u_1(t)-\mathrm{PF}_2(t) \\ \quad\vdots \\ u_k(t)=u_{k-1}(t)-\mathrm{PF}_k(t) \end{cases} \tag{2-43}$$

由所有 PF 分量和 u_k 即可重构原始信号 $x(t)$：

$$x(t)=\sum_{p=1}^{k}\mathrm{PF}_p(t)+u_k(t) \tag{2-44}$$

考虑到局部包络函数在端点处存在一段未知信号，LMD分解时会自动给这部分信号添加一些虚假信息，即产生端点效应。端点效应会使LMD分解得到的各分量在端点附近产生变形，然后随着迭代过程不断向内部扩散，并使结果不易满足循环终止条件，增加了循环次数，严重时会导致分解结果产生严重失真。为了减小受端点效应的影响，在LMD分解前要对端点进行一定的处理，应用最多的处理方法为镜像延拓算法，即在端点以外延拓一段信号。实际分析时，信号两端一般不是极值点，这时可采用镜像延拓算法进行拓展。

LMD是在EMD的基础上发展起来的，其优越性主要体现在以下几个方面。

(1) LMD的结果为一系列由包络信号与纯调频信号相乘的PF分量之和。从纯调频信号中计算得到的瞬时频率是连续的，具有物理意义。而EMD方法是先得到IMF分量，然后对IMF分量进行Hilbert变换以求得瞬时频率和瞬时幅值，这样有可能产生无法解释的负频率。

(2) LMD方法采用平滑处理法形成局部均值函数和局部包络函数，因此可以避免EMD方法中采用三次样条函数形成上、下包络线时产生的过包络、欠包络现象。

(3) 相比EMD，LMD的端点效应轻得多，作用范围也较小，主要体现在三个方面：① LMD在信号端点附近，未知包络线的长度比EMD的短；② 存在特殊的信号，经LMD分解后不受端点效应的影响，如端点为极值的调幅-调频信号；③ LMD端点效应的扩散速度比EMD的慢。

与EMD相比，LMD也存在局限，主要局限在于计算量较大。这是因为LMD在计算局部均值函数和局部包络函数时采用的是滑动平均算法，而滑动平均算法是一种循环方式，需要多次迭代，因此LMD算法是一个三重循环过程；而EMD分解相对应的求包络平均值的过程是通过三次样条插值完成的，因此只需两重循环即可完成，计算量相对较小。

2.5　变分模态分解

变分模态分解(VMD)与循环筛分求解的EMD不同，其在变分框架内通过递归地求解变分问题来实现信号分解，具有数学的严谨性特征，由变分问题的最优解即可确定各分量的中心频率和有限带宽。其求解过程具有较好的自适应性，突出了信号的局部特征，避免了EMD的模态混叠问题。VMD的求解过程包括变分问题的构造与求解两步，涉及经典维纳滤波、Hilbert变换和频率混合等概念。首先构造变分问题，假设VMD将给定信号分解为K个具有中心频率和有限带宽的模态分量，则变分问题的优化目标即寻求各模态分量的估计带宽之和最小。

对于第k个模态分量$m_k(t)$，为得到其单边频谱，可通过Hilbert变换将其转换为解析信号：

$$\left(\delta(t)+\frac{\mathrm{j}}{\pi t}\right)*m_k(t) \tag{2-45}$$

将 $m_k(t)$ 的解析信号与一中心频率 ω_k 相混合,并使其频谱调制到相应的基频带:

$$\left[\left(\delta(t)+\frac{\mathrm{j}}{\pi t}\right)*m_k(t)\right]\mathrm{e}^{-\mathrm{j}\omega_k t} \tag{2-46}$$

通过计算上述解调信号梯度的平方 L^2 范数即可估计出分量 $m_k(t)$ 的带宽。假设在信号分解过程中,$m_k(t)$ 为待分解信号 $x(t)$ 的第 k 个模态时域信号,同时对应的 ω_k 为信号的中心频率,则对它们的约束变分问题描述如下:

$$\begin{aligned}&\min_{m_k,\omega_k}\left\{\sum_k\left\|\partial_t\left[\left(\delta(t)+\frac{\mathrm{j}}{\pi t}\right)*m_k(t)\right]\mathrm{e}^{-\mathrm{j}\omega_k t}\right\|_2^2\right\}\\&\mathrm{s.t.}\sum_{k=1}^{K}m_k(t)=x(t),\quad k=1,2,\cdots,K\end{aligned} \tag{2-47}$$

式中:K 为分解得到的模态总数。在式(2-47)中,$\delta(t)$ 代表单位脉冲函数;* 表示对前后两个函数进行卷积计算;∂_t 表示对函数进行求偏导。

为求解该变分问题,引入二次惩罚项和拉格朗日乘子。其中二次惩罚项用于降低高斯噪声的干扰,以保证重构信号的精确度;而拉格朗日乘子用于增强约束的严格性,增广变分问题如下:

$$\begin{aligned}L(m_k,\omega_k,\beta)=&\ \alpha\sum_k\left\|\partial_t\left[\left(\delta(t)+\frac{\mathrm{j}}{\pi t}\right)*m_k(t)\right]\mathrm{e}^{-\mathrm{j}\omega_k t}\right\|_2^2\\&+\left\|f(t)-\sum_k m_k(t)\right\|_2^2+\left\langle\beta(t),f(t)-\sum_k m_k(t)\right\rangle\end{aligned} \tag{2-48}$$

式中:α 为惩罚参数。

利用基于对偶分解和拉格朗日法的交替方向乘子方法(alternating direction method of multipliers,ADMM)对约束变分问题进行求解,对 m_k、ω_k 与 β 进行交替迭代寻优,可得如下更新迭代公式:

$$m_k^{n+1}=\frac{f(\omega)-\sum_{i\neq k}m_i(\omega)+\dfrac{\beta(\omega)}{2}}{1+2\alpha(\omega-\omega_k)^2} \tag{2-49}$$

$$\omega_k^{n+1}=\frac{\int_0^\infty\omega\,|m_k(\omega)|^2\mathrm{d}\omega}{\int_0^\infty|m_k(\omega)|^2\mathrm{d}\omega} \tag{2-50}$$

$$\beta^{n+1}=\beta^n+\tau\left(f-\sum_i m_i\right) \tag{2-51}$$

式中:n 表示迭代次数。对于给定求解精度 ε,满足下式时停止迭代:

$$\sum_k\|m_k^{n+1}-m_k^n\|_2^2<\varepsilon \tag{2-52}$$

VMD 的具体迭代求解过程如下。

步骤 1：初始化 m_k^1、ω_k^1、β^1 与最大迭代次数 N，$n=1$。

步骤 2：根据式(2-49)、式(2-50)来更新 m_k、ω_k。

步骤 3：根据式(2-51)来更新 β，$n=n+1$。

步骤 4：根据式(2-52)来判断收敛性，若不收敛且 $n<N$，则重复步骤 2，否则停止迭代，得到最终模态函数 m_k 和中心频率 ω_k。

VMD 算法流程如图 2-3 所示。

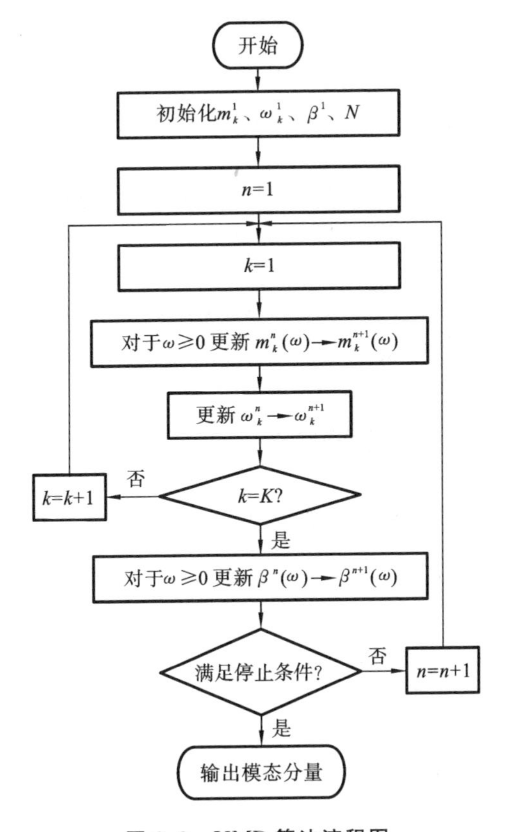

图 2-3　VMD 算法流程图

第3章 水电机组振动故障特征提取理论与方法

对水电机组振动信号进行特征提取的目的是获得能表征机组运行状态的特征信息，并用于故障分类器的诊断分析，而特征选择则有助于从所有特征量中选出最有用的特征信息，提升故障诊断的精度与效率。为此，本章将围绕时域、频域特征提取，基于信息熵的特征提取与基于模型参数辨识的特征提取等方法展开论述，并进一步分析基于主元分析的特征选择方法。

3.1 时域、频域特征提取

传统的信号时域、频域特征提取方法因能全面、直观地反映振动信号的原始信息，且具有计算简便、快速的特点，被广泛应用于水电机组的状态监测与故障诊断。

3.1.1 时域特征

信号时域特征指标是对时域波形进行直接计算的结果，包括有量纲和无量纲指标。其中，有量纲指标不仅与机组的运行状态有关，还与机组的转速与载荷等运行参数有关，包括均值、标准差、均方根、峰值等；无量纲指标仅与机组的运行状态有关，包括时域斜度、时域峭度、峰值系数、余隙系数、形状因子、冲击因子等。假定 $x(n)$ 为待分析信号，$n=1,2,\cdots,N$，N 为采样点数，下面对 $x(n)$ 的时域分析主要特征指标做具体分析。

1. 均值

均值是一组数据中的所有数据之和除以数据的个数所得结果。均值是表示一组数据集中趋势的量数，是反映数据集中趋势的一项指标。信号的均值则反映信号的静态部分，一般对诊断不起作用，但对计算其他参数的影响大。因此，一般在分析时应先对数据去均值化，保留对诊断有用的动态部分。其数学表达式为

$$\mathrm{TF}_1 = \frac{1}{N}\sum_{n=1}^{N} x(n) \tag{3-1}$$

2. 标准差

标准差又称均方差，是方差的算术平方根，能反映一个数据集的离散程度。均值

相同的两组数据，标准差未必相同。其数学表达式为

$$\mathrm{TF}_2 = \sqrt{\frac{1}{N}\sum_{n=1}^{N}[x(n)-\mathrm{TF}_1]^2} \tag{3-2}$$

3. 均方根

先将所有值的平方求和，再求其均值，最后开平方，即得到均方根。均方根常用于噪声分析。其数学表达式为

$$\mathrm{TF}_3 = \sqrt{\frac{1}{N}\sum_{n=1}^{N}x^2(n)} \tag{3-3}$$

4. 峰值

峰值即在某个时间段内幅值的最大值。由于它是一个时不稳参数，不同时刻的变动很大，因此常用于振动冲击检测。其数学表达式为

$$\mathrm{TF}_4 = \max|x(n)| \tag{3-4}$$

5. 时域斜度

时域斜度应用信号的三阶矩进行分析，其数学表达式为

$$\mathrm{TF}_5 = \frac{1}{N}\sum_{n=1}^{N}\left[\frac{x(n)-\mathrm{TF}_1}{\mathrm{TF}_2}\right]^3 \tag{3-5}$$

6. 时域峭度

时域峭度应用信号的四阶矩进行分析，此时高的幅值被凸显，而低的幅值被抑制。当系统出现初期故障时，有效值的变化还不大，但峭度值已有明显增加，因此它比测量有效值更能提供早期的表征。其数学表达式为

$$\mathrm{TF}_6 = \frac{1}{N}\sum_{n=1}^{N}\left[\frac{x(n)-\mathrm{TF}_1}{\mathrm{TF}_2}\right]^4 - 3 \tag{3-6}$$

7. 峰值系数

峰值系数为峰值与均方根的比值，其数学表达式为

$$\mathrm{TF}_7 = \frac{\mathrm{TF}_4}{\mathrm{TF}_3} \tag{3-7}$$

8. 余隙系数

余隙系数与峰值有关，其表达式为

$$\mathrm{TF}_8 = \frac{\mathrm{TF}_4}{\left[\frac{1}{N}\sum_{n=1}^{N}|x(n)|^{\frac{1}{2}}\right]^2} \tag{3-8}$$

9. 形状因子

形状因子即均方根与绝对均值之比，其数学表达式为

$$\mathrm{TF}_9 = \frac{\mathrm{TF}_3}{\frac{1}{N}\sum_{n=1}^{N}|x(n)|} \tag{3-9}$$

10. 冲击因子

冲击因子即峰值与绝对均值之比，与峰值指标一样都是用来检测信号中是否存在振动冲击。其数学表达式为

$$\mathrm{TF}_{10} = \frac{\mathrm{TF}_4}{\frac{1}{N}\sum_{n=1}^{N}|x(n)|} \tag{3-10}$$

3.1.2 频域特征

与时域特征指标类似，频域中的有量纲与无量纲指标包括频率均值、频率中心值、频率均方根、频率标准差、平均频率值、稳定因子、变化系数、频域斜度、频域峭度、频域均方根比率等。假定 $s(k)$ 为频谱序列，$k=1,2,\cdots,K$，K 为谱线数，f_k 为第 k 条频谱线对应的频率值。下面对频域的主要特征指标做具体分析。

1. 频率均值

频率均值即样本频率分布的均值，其数学表达式为

$$\mathrm{FF}_1 = \frac{\sum_{k=1}^{K}s(k)}{K} \tag{3-11}$$

2. 频率中心值

信号的功率谱反映了信号中的频率成分以及各频率成分对应的能量大小。当信号中各频率成分的能量比例发生变化时，功率谱的频率中心值将向低频或高频方向移动。通过观察功率谱的频率中心值的变化，可较好地反映信号频域的总体特征变化情况。其数学表达式为

$$\mathrm{FF}_2 = \frac{\sum_{k=1}^{K}f_k s(k)}{\sum_{k=1}^{K}s(k)} \tag{3-12}$$

3. 频率均方根

频率均方根的数学表达式为

$$\mathrm{FF}_3 = \sqrt{\frac{\sum_{k=1}^{K}f_k^2 s(k)}{\sum_{k=1}^{K}s(k)}} \tag{3-13}$$

4. 频率标准差

频率标准差用来描述信号相对于其频率均值的波动情况，反映的是信号频率分布的离散程度。其数学表达式为

$$\mathrm{FF}_4 = \sqrt{\frac{\sum_{k=1}^{K}(f_k-\mathrm{FF}_1)^2 s(k)}{K}} \tag{3-14}$$

5. 平均频率值

平均频率值的数学表达式为

$$FF_5 = \sqrt{\frac{\sum_{k=1}^{K} f_k^4 s(k)}{\sum_{k=1}^{K} f_k^2 s(k)}} \tag{3-15}$$

6. 稳定因子

稳定因子的数学表达式为

$$FF_6 = \sqrt{\frac{\sum_{k=1}^{K} f_k^2 s(k)}{\sum_{k=1}^{K} s(k) \sum_{k=1}^{K} f_k^4 s(k)}} \tag{3-16}$$

7. 变化系数

变化系数即频率标准差与频率均值的比值，其数学表达式为

$$FF_7 = \frac{FF_4}{FF_1} \tag{3-17}$$

8. 频域斜度

频域斜度与时域斜度的定义类似，其数学表达式为

$$FF_8 = \frac{\sum_{k=1}^{K} (f_k - FF_1)^3 s(k)}{KFF_4^3} \tag{3-18}$$

9. 频域峭度

频域峭度与时域峭度的定义类似，其数学表达式为

$$FF_9 = \frac{\sum_{k=1}^{K} (f_k - FF_5)^4 s(k)}{KFF_6^4} \tag{3-19}$$

10. 频域均方根比率

频域均方根比率的数学表达式为

$$FF_{10} = \frac{\sum_{k=1}^{K} \sqrt{f_k - FF_5}\, s(k)}{K\sqrt{FF_6}} \tag{3-20}$$

3.2　基于熵的特征提取

熵作为一种度量，可表示系统混乱无序的状态或者物体信息的丰富性。系统越是混乱无序，则熵越大；系统的状态较为平稳，则熵较小。熵最早是由德国物理学家克劳修斯为了解决热力学问题而提出的。经过百余年的发展，熵已逐渐成为度量信

号不确定程度的有效指标，通过将不同的信号处理方法与熵理论进行有机结合，可实现不同尺度上的故障信号特征提取。以下对几种常见的熵理论展开论述。

3.2.1 信息熵

1948年，贝尔实验室的Shannon对熵的概念进行了新的定义，把熵引入信息理论中，并发表论文《通信的数学理论》来论证信息熵的定义，即系统中的信息源输出后，所对应的系统中的每个信息会存在不同的状态以及这种状态下对应的概率大小。信息熵又称边缘熵，用于描述随机变量中所包含的不确定性。设 X 为任意离散随机变量，其可能事件取值为 x_i，$i=1,2,\cdots,n$，对应取值概率为 p_i，则可表示为

$$X:\begin{vmatrix} x_1 & x_2 & \cdots & x_n \\ p_1 & p_2 & \cdots & p_n \end{vmatrix} \tag{3-21}$$

式中：p_i 满足条件 ① $0\leqslant p_i\leqslant 1$，② $\sum_{i=1}^{n} p_i = 1$。

信息熵定义为自信息的数学期望，即信号来源的平均量：

$$H=-k\sum_{i=1}^{n} p_i \log_b p_i \tag{3-22}$$

式中：b 为底数，根据应用场景的不同可取不同值，不同的底数仅影响系数。为了计算方便，通常取底数为2、e等；k 为常数，一般取1。以 $b=\mathrm{e}, k=1$ 为例，此时：

$$H=-\sum_{i=1}^{n} p_i \ln p_i \tag{3-23}$$

信息熵具有下列基本性质。

(1) 有界性：$0\leqslant H(X)\leqslant \ln n$。

(2) 非负性：信息熵 H 的取值恒大于0。

(3) 对称性：当将事件的概率分布任意调换位置后，得到新概率的分布为$(p'_1, p'_2,\cdots,p'_n)$，则信息熵 $H'=H$，即概率事件的信息熵与事件顺序无关。

(4) 极值性：当 $p_i=1/n$ 时，信息熵最大。

(5) 上凸性：熵函数 H 是上凸函数。

3.2.2 能量熵

信息熵也可以能量的形式描述，即能量熵。能量熵作为以能量特征构建出来的一种熵，反映了系统内能量的分布情况。当设备发生故障时，在采集到的振动信号中会出现某种周期频率成分，因此会使得振动信号的不同频段上的能量分布趋于一定的规律，即能量分布的不确定性减弱，此时其能量熵值会相应变小。在故障诊断领域，通常将能量熵与不同特性的信号处理方法相结合，进而构建故障特征量。下面以EMD(EEMD)能量熵为例进行说明。

设振动信号 $x(t)$ 经 EMD(EEMD) 分解后得到 n 个本征模态函数(IMF 分量)

$c_1(t), c_2(t), \cdots, c_n(t)$和一个残余量 r_n，n 个 IMF 分量的能量分别为 $E_1, E_2, \cdots, E_n$，其中，$E_i = \int_{-\infty}^{+\infty} |c_i(t)|^2 \mathrm{d}t, i = 1,2,\cdots,n$。因此，以能量为元素可以构造出特征向量 $\boldsymbol{T}$：

$$\boldsymbol{T}=[E_1 \quad E_2 \quad \cdots \quad E_n] \tag{3-24}$$

一般应对 $\boldsymbol{T}$ 进行归一化处理：

令

$$E = \left(\sum_{i=1}^{n} |E_i|^2\right)^{\frac{1}{2}} \tag{3-25}$$

则有

$$\boldsymbol{T}'=[E_1/E \quad E_2/E \quad \cdots \quad E_n/E] \tag{3-26}$$

式中：$\boldsymbol{T}'$ 即为归一化后的本征模态函数能量特征。

基于上述能量特征的 EMD(EEMD)能量熵定义如下：

$$H_{\mathrm{EN}} = -\sum_{i=1}^{n} p_i \ln p_i \tag{3-27}$$

式中：$p_i = E_i/E_p$ 为第 i 个 IMF 分量的能量占整个信号能量的百分比，$E_p = \sum_{i=1}^{n} E_i$。

EMD(EEMD)的能量熵 H_{EN}是对分布在各个 IMF 上的能量紊乱程度或不确定程度的一种度量。当机组转动部分发生某种故障时，会在振动信号中出现某种周期性冲击分量，这一冲击分量使得信号的能量在各个 IMF 上的分布趋于规律化，这时 EMD(EEMD)能量熵值会下降。因此，EMD(EEMD)能量熵可以用来判断振动信号中是否有故障发生。

3.2.3 近似熵

近似熵是 1991 年由 Pincus 提出来的，可用于度量信号序列的复杂程度以及计算信号中产生新模式概率的大小。近似熵从统计学的角度来描述信号的不规则性和复杂性，进而反映动力系统的变化。用近似熵表达信号序列的复杂性时，产生新模式的概率越大，序列越复杂，对应的近似熵值就越大；反之，如果系统有较强的规律性，则对应的近似熵值较小。计算近似熵所需要的数据量不大，多数现场获取或仿真模拟的信号序列都能够满足其计算要求，得到的结果可靠性高，可作为状态监测和故障诊断的一种无量纲指标。近似熵的计算步骤如下：

(1) 给定长度为 n 的一维信号序列$\{x(i), i=1,2,\cdots,n\}$。

(2) 给定维数 m，对信号序列进行重构：$\boldsymbol{X}_i=[x(i), x(i+1), \cdots, x(i+m-1)]$，$i=1,2,\cdots,n-m+1$。

(3) 定义向量 $\boldsymbol{X}_i$与向量 $\boldsymbol{X}_j (i \neq j)$之间的距离为两向量对应元素之间差值的最大值，即

$$d_{ij} = \max|x(i+k) - x(j+k)|, \quad k=0,1,\cdots,m-1 \tag{3-28}$$

此时，对每一个 i 值，计算向量 $\boldsymbol{X}_i$ 与向量 $\boldsymbol{X}_j(i \neq j)$ 之间的距离。

（4）给定阈值 r，对每一个 i 值，统计满足条件 $d_{ij} \leqslant r$ 的向量个数 $n_{ij}(r)$ 以及此数目与向量总数 $n-m+1$ 的比值，记作 $C_i^m(r)$，即

$$C_i^m(r)=\frac{n_{ij}(r)}{n-m+1} \tag{3-29}$$

（5）取 $C_i^m(r)$ 的对数，然后对所有 i 计算 $C_i^m(r)$ 并求其平均值，即

$$\Phi^m(r)=\frac{\sum_{i=1}^{n-m+1} \ln C_i^m(r)}{n-m+1} \tag{3-30}$$

（6）将重构维数变成 $m+1$，重复步骤（2）～步骤（5），得：

$$\Phi^{m+1}(r)=\frac{\sum_{i=1}^{n-m} \ln C_i^{m+1}(r)}{n-m} \tag{3-31}$$

（7）时间序列 $\boldsymbol{X}_i$ 的近似熵为

$$\mathrm{ApEn}(n,m,r)=\lim_{n \to \infty}[\Phi^m(r)-\Phi^{m+1}(r)] \tag{3-32}$$

一般而言，这样一个极限值是以概率值为 1 的状态存在的。在实际计算中，信号的序列个数 n 不可能为无穷大，按上述步骤计算得到的是序列长度为 n 时的近似熵估计值，并记为

$$\mathrm{ApEn}(n,m,r)=\Phi^m(r)-\Phi^{m+1}(r) \tag{3-33}$$

由以上分析可见，近似熵的计算结果与 n、m、r 有关，只有选取了合适的参数，所求得的近似熵才具有实际意义，因而 m 和 r 的取值通常都需要预先选定。为使近似熵与其所要反映的时间序列之间的关联性更大，r 一般取 $(0.1 \sim 0.25)\delta$（δ 为时间序列的标准差）。这是由于：如果 r 取值过大，则会存在大量模式符合序列的相似条件，使得近似熵所表征的有用信息特性会夹杂其他信息，导致部分有用信息得不到体现；反之，若 r 取值过小，则符合序列相似条件的模式会太少，导致达不到统计计算的数据个数标准。通常当 $r=(0.1 \sim 0.25)\delta$ 时，样本熵的统计特性相对而言最为有效。嵌入维数 m 表示近似熵计算时的窗口长度，一般取 2。当 $m>2$ 时，为了得到好的估计结果，选取的 r 值就会相应增大，而 r 值过大会导致有用信息的流失；再者，为保证近似熵所刻画的序列状态具有相似性，所需序列的数据信息会增多，从而导致运算量增加，影响计算效率。通常情况下，当 $m=2$，$r=(0.1 \sim 0.25)\delta$ 时，近似熵计算结果对 n 的依赖程度最小，呈现出理想的统计特征，即

$$\mathrm{ApEn}(n,2,r) \approx \mathrm{ApEn}(2,r) \tag{3-34}$$

近似熵在衡量时间序列的复杂性方面具有一定的意义，既可分析随机信号，也可分析确定性信号，并具有较好的抗干扰能力。因保留了原始信号序列中的时间序列信息，所以近似熵能有效地提取故障信号中的特征信息。此外，近似熵只需较少的数据点，就可对信号序列进行统计学分析。相关研究表明，当 n 取 100～5000 时，近似

熵能比较有效地估计出信号序列的统计特性,且有较小的分析误差。

3.2.4　样本熵

样本熵是由 Richman 提出的一种近似熵的改进。近似熵的计算以对数为基础,且需要考虑对数的真数不能为零的情况,为此,近似熵通过比较自身的数据段来修正或者避免真数为零的情况,因此存在一定的偏差,导致近似熵不能完整地感应到复杂的微小波动。针对近似熵的自身匹配所引起的偏差问题,样本熵的计算模型改进为以和的对数为基础,其算法中不包含自身数据段的比较,弥补了近似熵的不足。与近似熵一致,样本熵同样是用来刻画时间序列的复杂度,可反映时间序列维数发生变化时产生新模式的概率:时间序列的复杂度越高,其值就越大;熵值越小,序列的自我相似度越高。样本熵的计算步骤如下。

(1) 给定长度为 n 的一维时间序列 $\{x(i), i=1,2,\cdots,n\}$。

(2) 给定维数 m,对原信号序列进行重构:$\boldsymbol{X}_i=[x(i),x(i+1),\cdots,x(i+m-1)]$。

(3) 定义向量 $\boldsymbol{X}_i$ 与向量 $\boldsymbol{X}_j(i\neq j)$之间的距离为两向量对应元素之间差值的最大值,即

$$d_{ij}=\max|x(i+k)-x(j+k)|,\quad k=0,1,\cdots,m-1 \tag{3-35}$$

此时,对每一个 i 值,计算向量 $\boldsymbol{X}_i$ 与向量 $\boldsymbol{X}_j(i\neq j)$之间的距离。

(4) 给定阈值 r,对每一个 i 值,统计 $d_{ij}\leqslant r$,求出在阈值内满足条件的向量个数 $n_{ij}(r)$以及此数目与向量总数 $n-m$ 的比值,记作 $B_i^m(r)$,即

$$B_i^m(r)=\frac{n_{ij}(r)}{n-m} \tag{3-36}$$

(5) 对所有 i 计算 $B_i^m(r)$并求其平均值,即

$$B^m(r)=\frac{\sum_{i=1}^{n-m+1}B_i^m(r)}{n-m+1} \tag{3-37}$$

(6) 将重构维数变成 $m+1$,重复步骤(2)~步骤(5),得到:

$$B^{m+1}(r)=\frac{\sum_{i=1}^{n-m}B_i^{m+1}(r)}{n-m} \tag{3-38}$$

(7) 理论上,该时间序列的样本熵为

$$\text{SampEn}(m,r)=\lim_{n\to\infty}\left[-\ln\frac{B^{m+1}(r)}{B^m(r)}\right] \tag{3-39}$$

在实际工程中,n 值不可能为无限大,所以对于有限长度序列的样本熵,计算公式可简化为

$$\text{SampEn}(m,r,n)=-\ln\frac{B^{m+1}(r)}{B^m(r)} \tag{3-40}$$

与近似熵类似，通常情况下，取 $m=2, r=(0.1\sim0.25)\delta$ 时，得到的样本熵与所要反映的时间序列有明显的关联性。样本熵作为对近似熵在算法上的改进，保留了近似熵的优点，其具有以下特性：① 样本熵算法不会对自身数据段进行比较，减少了对数据长度的依赖性，克服了近似熵存在的自匹配问题；② 样本熵具有较好的一致性，若某一时间序列比另一时间序列的样本熵值大，那么，即使选取不一样的 m 和 r 值，对样本熵而言，也依然存在这样的大小关系；③ 样本熵有一定的抗数据丢失能力，通常只要丢失的数据不超过原始数据的 1/3，样本熵的计算值变化就不大。

3.2.5 排列熵

排列熵是由 Bandt 等提出的一种衡量一维时间序列复杂程度的新兴熵，也是用来刻画时间序列混乱度的参数。排列熵能够准确地捕捉到系统的突变信息，具有良好的特征提取性能，且计算简单，适应性强，抗噪性能好，因此被广泛应用于状态监测与故障诊断领域。排列熵的计算步骤如下。

（1）给定长度为 n 的一维时间序列 $\{x(i), i=1,2,\cdots,n\}$。

（2）给定嵌入维数 m、延迟时间 τ，对原信号序列进行重构：

$$\boldsymbol{X}_i=[x(i), x(i+\tau), \cdots, x(i+m\tau-\tau)] \tag{3-41}$$

（3）将 $\boldsymbol{X}_i$ 的 m 个重构分量按照升序的方式重新进行排列，得到：

$$x[i+(j_1-1)\tau]\leqslant x[i+(j_2-1)\tau]\leqslant\cdots\leqslant x[i+(j_m-1)\tau] \tag{3-42}$$

如果存在相等的元素，即 $x[i+(j_1-1)\tau]=x[i+(j_2-1)\tau]$，则按照 j 的大小进行排列；若 $j_1\leqslant j_2$，则 $x[i+(j_1-1)\tau]\leqslant x[i+(j_2-1)\tau]$。因此，对于任意的向量 $\boldsymbol{X}_i$，都能对应一组符号序列：

$$\boldsymbol{A}(l)=[j_1, j_2, \cdots, j_m], \quad 1\leqslant l\leqslant n-m+1 \tag{3-43}$$

（4）$[j_1, j_2, \cdots, j_m]$ 中有 m 个不同的符号，存在 $m!$ 种不同排列方式的符号序列，$\boldsymbol{A}(l)$ 为其中一种符号序列。用 $P_1, P_2, \cdots, P_k$ 分别表示每一种符号序列出现的概率，根据信息熵的理论，可以演算出时间序列 $\{x(i), i=1,2,\cdots,n\}$ 的 k 种符号序列所对应的排列熵为

$$H(m)=-\sum_{j}^{k}P_j\ln P_j \tag{3-44}$$

（5）当式(3-44)中的 $P_j=1/m!$ 时，$H(m)$ 的最大值为 $\ln(m!)$。为方便对 $H(m)$ 进行归一化处理，得到：

$$H=\frac{H(m)}{\ln(m!)} \tag{3-45}$$

时间序列 $\{x(i), i=1,2,\cdots,n\}$ 的复杂程度可由排列熵的大小体现出来：该时间序列越规则，复杂性越小，则排列熵值越小；反之，该时间序列的随机程度越高，复杂性越大，则排列熵值越大。如果时间序列中发生细微的变化，则可以通过排列熵的变化来反映并进行放大。排列熵的计算结果与序列长度、嵌入维数 m 和延迟时间 τ 有

关。多项试验数据表明，排列熵的精确度不需要太多的样本数量支持，一般情况下只需保证样本数量在200以上即可，体现了排列熵在计算速度和对样本数量需求方面的优势。对于嵌入维数 m，通过控制变量法，固定延迟时间 τ 为1，随着嵌入维数 m 的增大，为达到理想精确度，所需要的样本数量也随之增多，尤其是当嵌入维数 $m>7$ 时，所需样本数量急剧增多，故 Bandt 等建议嵌入维数 m 的最佳选择范围为 $1\leqslant m\leqslant 7$。同时，当固定嵌入维数 m 时，只要样本数量足够，延迟时间 τ 的改变并不会对排列熵的大小有较为显著的影响。故一般情况下，选延迟时间 τ 为1。

排列熵用于系统信号特征提取时，具有计算简便、运算速度快、抗干扰能力强、极易捕捉突变信号信息等优点，且有很好的适应性。但排列熵在刻画系统特征时，仅对时间序列的结构信息进行了提取，大部分时间序列的幅度信息并没有被提取，即其所使用的映射算法会对幅度信息产生丢失现象，而从排列熵的计算原理可知，时间序列各点之间存在的幅度差有利于提高排列熵的计算精度。此外，对排列熵自身而言，其并没有处理信号能力，且无论是正常信号还是故障信号，都可能存在噪声。因此，排列熵必须同其他信号处理方法相结合，才能够保证排列熵的特征提取效果。

3.2.6 多尺度熵

多尺度熵是 Costa 等在样本熵的研究基础上提出的，其克服了样本熵仅能在单一尺度下衡量时间序列复杂性的局限，且有较强的抗干扰和抗噪能力。多尺度熵的计算主要包括：① 信号粗粒化过程；② 针对不同的尺度信号，计算不同的样本熵。其具体计算步骤如下。

(1) 给定长度为 N 的离散序列 $\{u_1,u_2,\cdots,u_N\}$，记作 $\{u(i)\}$，按照式(3-46)构造粗粒化的时间序列 $\{y^{\tau}(j)\}$，其中 τ 表示尺度因子，$\tau=\{1,2,\cdots,s_{\max}\}$。

$$y^{\tau}(j)=\frac{1}{\tau}\sum_{i=(j-1)\tau}^{j}u(i),\quad 1\leqslant i\leqslant\frac{N}{\tau}\tag{3-46}$$

(2) 给定嵌入维数 m、阈值 r，构造 m 维向量 $\boldsymbol{U}(i)$：

$$\boldsymbol{U}(i)=[u(i)\ u(i+1)\ \cdots\ u(i+m-1)],\quad i=1,2,\cdots,N-m+1\tag{3-47}$$

(3) 定义向量 $\boldsymbol{U}_i$ 与向量 $\boldsymbol{U}_j\,(i\neq j)$ 之间的距离为两向量对应元素之间差值的最大值，即

$$d_{ij}=\max|u(i+k)-u(j+k)|,\quad k=0,1,\cdots,m-1\tag{3-48}$$

(4) 根据给定的阈值参数 $r(r>0)$ 以及上述的 i 值，统计出 $d_{ij}<r$ 的数目，其中 $i,j=1,2,\cdots,N-m+1$ 且 $i\neq j$，并将其与向量个数 $N-m$ 的比值记作 $C_i^m(r)$：

$$C_i^m(r)=\frac{\text{count}(d_{ij}<r)}{N-m}\tag{3-49}$$

式中：$C_i^m(r)$ 表示在尺度因子为 τ、嵌入维数为 m 以及相似系数为 r 的情况下，以 $\boldsymbol{U}(i)$ 为中心，$\boldsymbol{U}_i$ 和 $\boldsymbol{U}_j$ 之间的距离 $d_{ij}<r$ 的概率，即 $\boldsymbol{U}_i$ 和 $\boldsymbol{U}_j$ 之间的相关程度，也为矢量序列 $\boldsymbol{U}(i)$ 的规律性程度。

(5) 基于式(3-49)计算不同 i 下的平均值 $B^m(r)$：

$$B^m(r)=\frac{1}{N-m+1}\sum_{i=1}^{N-m+1}C_i^m(r) \tag{3-50}$$

同样地，对于维度为 $m+1$ 的矢量，重复上述计算步骤，可得：

$$B^{m+1}(r)=\frac{1}{N-m}\sum_{i=1}^{N-m}C_i^{m+1}(r) \tag{3-51}$$

(6) 该尺度下的样本熵估计值为

$$\mathrm{SampEn}(m,r)=\lim_{N\to\infty}\left[-\ln\frac{B^{m+1}(r)}{B^m(r)}\right] \tag{3-52}$$

当序列为有限长度时，有

$$\mathrm{SampEn}(m,r)=-\ln\frac{B^{m+1}(r)}{B^m(r)} \tag{3-53}$$

(7) 基于上述步骤求得不同尺度 τ 下的样本熵后，将其绘制成尺度因子的函数图像，即为多尺度熵分析。

与样本熵类似，多尺度熵在计算的过程中，首先要解决的就是参数的选取问题。一般情况下，粗粒化过程中嵌入维数 m 取 2，阈值 r 取序列标准差的 10%～0.25%。

3.3 基于模型参数辨识的特征提取

通过对振动信号进行时序建模并辨识模型参数，可得到凝聚了系统状态的重要信息，在处理特征提取问题时具有一定的优势。常见的时序模型为自回归(AR)模型，其物理意义为：系统在 t 时刻的输出 y_t 可由前 p 个时刻的值与 t 时刻的白噪声线性组合求得，公式化描述为

$$y_t=c+\varphi_1 y_{t-1}+\varphi_2 y_{t-2}+\cdots+\varphi_p y_{t-p}+\varepsilon_t \tag{3-54}$$

式中：c 为常数项；$\varphi_i(i=1,2,\cdots,p)$ 为模型的自回归系数；ε_t 为白噪声序列。我们称上述方程为 p 阶自回归模型，记为 AR(p)。

尽管基于模型参数辨识的特征提取方法可反映系统状态的变化并具有一定的敏感性，但此类方法主要用于处理线性问题，对于非平稳、非线性的水电机组振动信号，其状态特征表征能力难以保证。在水电机组故障诊断的实际工程应用中，通过将参数化特征提取与非平稳信号处理方法相结合，有望取得满意的效果。振动信号经过小波变换或 EMD 等非平稳信号处理方法分解后，为消除原信号幅值对模型残差的影响，AR 建模前需先对所得分量 $c_i(t)$ 分别进行能量归一化处理：

$$c'_i(t)=\frac{c_i(t)}{\sqrt{\int_{-\infty}^{\infty}c_i^2(t)\mathrm{d}t}} \tag{3-55}$$

对能量归一化所得分量 $c'_i(t)$ 建立 AR 模型如下：

$$c'_i(t)+\sum_{k=1}^{p}\alpha_{ik}c'_i(t-k)=e_i(t) \tag{3-56}$$

式中：p 为模型 AR(p)的阶数；α_{ik}($k=1,2,\cdots,p$)为模型的自回归系数；$e_i(t)$是均值为0、方差为 δ^2 的白噪声。

AR 建模时的定阶准则包括最终预测误差(FPE)准则和贝叶斯信息准则(BIC)等，其中常用的 BIC 函数如下：

$$\mathrm{BIC}(p)=N\lg\delta_a^2+\frac{p\lg N}{N} \tag{3-57}$$

式中：$\delta_a^2=\sum_{n=p+1}^{N}\delta(n)/(N-p)$，$N$ 为数据长度，p 为模型阶数，最佳模型阶数为使 BIC 值最小的 p。

考虑到自回归系数 α_{ik} 体现了振动信号的固有特性，而模型残差方差 δ^2 则与振动信号的输出特性有关，通过结合自回归系数 α_{ik} 和方差 δ^2 即可形成故障特征矢量。

3.4 基于主元分析的特征选择

故障模式识别时，理论上将所有提取到的特征输入分类器，即可得到诊断结果。但为了简化计算，同时减小噪声样本对诊断结果的影响，并提升效率，常将样本由维数较少的有效特征来表示，即特征选择。而基于数据驱动的主元分析(principal component analysis，PCA)则是应用最广泛的特征选择方法之一。作为一种解决多变量问题的无监督数据降维方法，PCA 可将高维线性相关的样本转化为具有正交特性的低维样本。假定样本集为 $\boldsymbol{X}$，$\boldsymbol{X}\in\mathbf{R}^{m\times n}$，为避免受量纲影响，需先对 $\boldsymbol{X}$ 进行如下规范化操作：

$$\bar{\boldsymbol{X}}=\frac{\boldsymbol{X}-\mathrm{mean}(\boldsymbol{X})}{\mathrm{std}(\boldsymbol{X})} \tag{3-58}$$

式中：mean($\boldsymbol{X}$)为 $\boldsymbol{X}$ 的均值；std($\boldsymbol{X}$)为 $\boldsymbol{X}$ 的标准差。

规范化后，$\bar{\boldsymbol{X}}$ 各维度的均值为0，方差为1。$\bar{\boldsymbol{X}}$ 的协方差 Cov 为

$$\mathrm{Cov}=\frac{1}{n-1}\bar{\boldsymbol{X}}^{\mathrm{T}}\bar{\boldsymbol{X}} \tag{3-59}$$

对 Cov 进行特征值分解，得到的特征值 λ_i 满足 $\lambda_1\geqslant\lambda_2\geqslant\cdots\geqslant\lambda_n>0$，对应的特征值矩阵 $\boldsymbol{U}=[\boldsymbol{p}_1\quad\boldsymbol{p}_2\quad\cdots\quad\boldsymbol{p}_n]$，$\boldsymbol{U}\in\mathbf{R}^{n\times n}$。定义第 k 个主元的贡献率为特征值 λ_i 与所有特征值之和相除，即

$$V_k=\frac{\lambda_k}{\sum_{i=1}^{n}\lambda_i} \tag{3-60}$$

PCA 的降维主要通过主元的选取实现，要求用尽可能少的数据维数保留尽可能多的数据信息。因此，主元个数的选取是否恰当，直接影响 PCA 分析和数据处理效

果。常见的主元选取方法有交叉验证法、累计贡献率法等。其中累计贡献率法最为常用,前 k 个主元的累计贡献率法即为前 k 个主元的贡献率之和:

$$\mathrm{CV}_k=\sum_{j=1}^{k}\frac{\lambda_j}{\sum_{i=1}^{n}\lambda_i}=\frac{\sum_{i=1}^{k}\lambda_i}{\sum_{i=1}^{n}\lambda_i} \tag{3-61}$$

假定给定累计贡献率阈值后保留了前 k 个主元,则降维后的样本矩阵表示为

$$\hat{\boldsymbol{X}}=\bar{\boldsymbol{X}}\boldsymbol{P}\boldsymbol{P}^{\mathrm{T}} \tag{3-62}$$

式中:$\boldsymbol{P}$ 对应前 k 个特征向量组成的矩阵,即 $\boldsymbol{P}=[\boldsymbol{p}_1\quad \boldsymbol{p}_2\quad \cdots\quad \boldsymbol{p}_k]$。

第4章　水电机组智能故障诊断理论与方法

由于水电机组结构复杂、振动激励因素多，因此故障多有耦合发生，难以准确建立故障与征兆之间的映射关系，且随着机组结构的日趋复杂、单机容量的不断增加，以及水电站智能化程度的不断提高，单纯依靠技术人员或工程师从海量监测数据中找到有用信息，对机组的运行状况或故障进行分析诊断比较困难。近年来，随着信号分析技术、人工智能算法等技术的发展，许多智能故障诊断方法被提出并广泛应用于水电机组的智能故障诊断中，取得了显著的诊断效果。这些方法主要有：基于规则的诊断推理、基于数据驱动的故障模式识别。本章将对这些方法分别展开论述。

4.1　基于规则的诊断推理

基于规则的诊断推理方法主要包括故障树分析法、专家系统法等。

4.1.1　故障树分析法

故障树分析（fault tree analysis，FTA）法最早于1961年由美国贝尔实验室提出，经过多年的发展，已成为一种重要的可靠性分析技术。FTA主要包括顶事件、底事件、中间事件及逻辑门。顶事件位于故障树的顶端，是不希望发生事件的位置；底事件位于故障树的底端，即输入事件，与逻辑门相连；中间事件则是除顶事件与底事件以外的其他事件。图4-1所示的为构建故障树的基本符号。

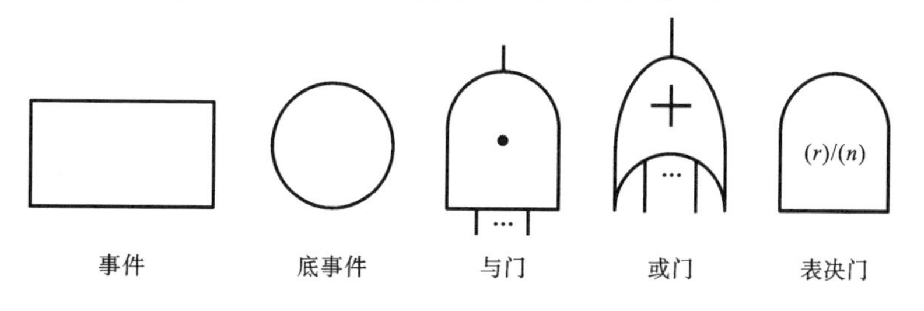

图4-1　构建故障树的基本符号

故障树的构建首先需要明确待分析系统的失效顶事件以及关乎基本事件选取的系统边界(底事件)。顶事件的选取决定了故障树的分析方向,系统边界(底事件)的选取决定了故障树分析的粒度。从顶事件出发逐步寻找导致上一层事件发生的原因,并根据原因的组合特性,以合适的逻辑门将这些事件连接在一起,由此逐层深入地分析原因直至分析到系统边界(原因均为基本事件)为止,最后得到一棵完整的故障树。利用故障树分析法可通过整棵故障树的结构直观地查看失效点的位置所在。在 FTA 中,导致顶事件发生故障的基本事件的组合称为割集;而导致故障顶事件发生的最小基本事件的组合则称为最小割集,即最小割集的任意子集均不能引发顶事件。

4.1.2 专家系统法

专家系统法以知识库和推理机为核心,通过计算机程序模拟行业专家进行故障分析,基于一系列推理规则定位到可能发生的故障并给出决策建议,是近几年人工智能研究中最为重要的应用领域之一。随着现代人工智能与计算机技术的飞速发展,专家系统法已被广泛应用于机械设备的故障诊断。专家系统法通过运用专家知识和推理决策并结合先进智能计算机程序来解决只有领域专家才能够解决的实际问题,尤其适用于庞大、系统资料和操作规范繁多、系统故障原因多变的非线性复杂系统。

专家系统的基本功能是对知识的理解、处理和运用,具体而言是解决如何获取知识、表示知识和充分利用知识。根据实际应用情况的不同,专家系统的知识表示方式有框架表示、逻辑表示、产生式规则表示等多种方法。在组成结构方面,专家系统通常由人机界面、知识获取机构、推理机、解释器、知识库、数据库等 6 个基本部分组成,实用的专家系统还包括很多其他中间环节。专家系统的基本结构如图4-2 所示。

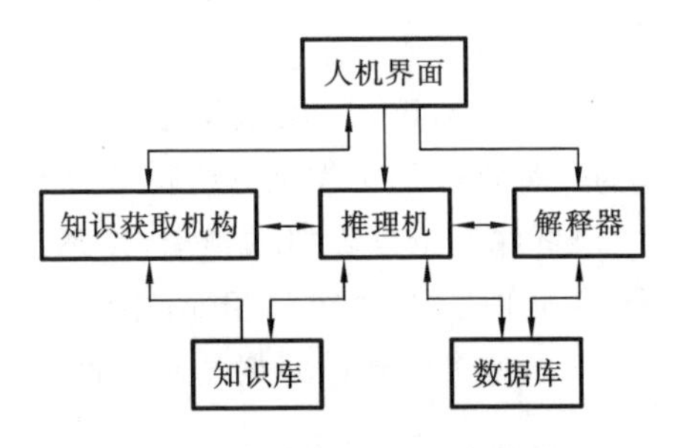

图 4-2　专家系统的基本结构

(1) 人机界面。人机界面是使用人员与专家系统交互的中心环节,主要分为向内传输和向外传输。向内传输是将专家或者用户的信息提供给系统本身,计算机将输入的信息转换成计算机代码从而保证系统能够接受;向外传输即为专家系统本身所包含的信息在界面上进行显示,从而让用户能够很好地理解,通常使用便于交流的自然语言作为媒介。

(2) 知识获取机构。当把知识输入知识库时，需要一组程序负责维护知识的一致性和完整性并建立性能良好的知识库。专家系统会利用知识获取机构不断地丰富知识库的内容，从而提升专家系统解决问题的能力。

(3) 推理机。作为专家系统的核心部分之一，推理机是实现专家系统控制策略的重要程序，其职责是控制整个专家系统按照设定的逻辑推理方式协调各部分的工作。推理机基于本身所拥有的数据或信息，不断地与知识库中相对应的内容进行匹配，力求通过专家的推荐或者策略选取适当的知识进行推理，得出最优的结论。

(4) 解释器。解释器充当了整个求解中的说明器，根据用户给出的信息，向用户解释系统故障诊断的依据和推理过程。通过解释器提供的具体说明，用户将更容易理解专家系统的诊断结果。

(5) 知识库。知识库是专家系统的另一个核心部分，内部汇集了领域内众多专家提供的经验知识。知识库作为存储库，它的存储量以及质量直接决定了专家系统的性能，是整个专家系统的灵魂。知识库一般包含有基本信息、规则等知识，并且配有相应的知识管理系统，会对知识进行组织、检索以及维护等。

(6) 数据库。在进行推理的过程中，数据库作为专家系统的工作存储器，可以用来存放用户回答的事实、已知的事实和由推理得到的中间结果及结论。数据库同样配有相应的数据管理系统，会对数据进行组织、检索以及维护等。

4.2　基于数据驱动的故障模式识别

4.2.1　神经网络

神经网络在一定程度和层次上模仿了人脑神经系统的信息处理、存储及检索功能，因而具有学习、记忆和计算等智能处理能力。人工神经元是神经网络的基本单元，其是对生物神经元的模拟和抽象。根据生物神经元的结构和工作原理，构造的人工神经元模型如图4-3所示。

图4-3中，$x_1, x_2, \cdots, x_n$ 是神经元的输入值；$w_1, w_2, \cdots, w_n$ 为输入权值，反映各输入对输出的影响程度；y 为神经元的输出值；θ 为阈值；$\sum w_i x_i$ 为激活值，若激活值大于阈值 θ，则该神经元被激活；$f(\cdot)$ 表示神经元中输入值与输出值之间的函数关系，又称传递函数。人工神经元可描述为

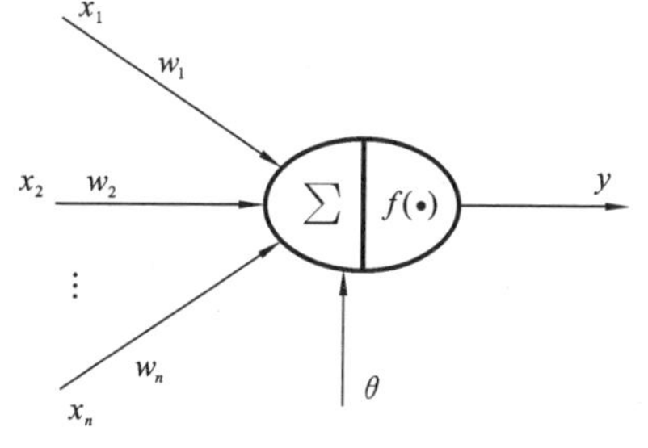

图4-3　人工神经元模型

$$y = f\left(\sum_{i=1}^{n} w_i x_i - \theta\right) \tag{4-1}$$

通常采用的激活函数有 Sigmoid、tanh、ReLU 等。

1. Sigmoid 函数

Sigmoid 函数是人工神经网络中最常用的非线性激活函数之一，也称 S 型函数，其定义为

$$f(t)=\frac{1}{1-e^{-\alpha t}} \tag{4-2}$$

式中：α 是 S 型函数的斜率参数，通过调整 α，可以获取不同斜率的 S 型函数。

2. tanh 函数

tanh 函数的图形与 Sigmoid 函数的类似，不同的是，它把输入压缩到[−1, 1]的范围，解决了 Sigmoid 函数的输出不是 0 均值的缺点。其公式如下：

$$f(t)=\frac{e^{t}-e^{-t}}{e^{t}+e^{-t}} \tag{4-3}$$

3. ReLU 函数

ReLU 函数是近年来很常用的一种激活函数，其实质是取最大值。ReLU 函数的主要特点在于解决了梯度消失问题，且在线性区间内不会饱和。因为不存在指数计算，其计算速度也较 Sigmoid、tanh 函数的快。ReLU 函数定义为

$$f(t)=\max(0,t) \tag{4-4}$$

根据神经元之间连接的拓扑结构的不同，可将人工神经网络分为前馈神经网络和反馈神经网络。其中，前馈神经网络可用一个有向无环路图表示，内部没有反馈，各神经元接受前一级的输入，并输出到下一级，其信息处理能力来自简单非线性函数的多次复合。应用较广泛的前馈神经网络模型包括反向传播(BP)神经网络与径向基函数(RBF)神经网络。而反馈神经网络是一种从输出到输入具有反馈连接的神经网络，其结构要比前馈神经网络的结构复杂得多。其中 Elman 神经网络是最为典型的反馈神经网络之一。

1) BP 神经网络

BP 神经网络即采用误差反向传播(error back propagation)算法训练的神经网络，具有前馈神经网络的基本结构特征。典型的 BP 神经网络结构如图 4-4 所示。

BP 神经网络通常包含一个或多个隐层，隐层神经元采用 S 型传递函数，输出层神经元采用线性传递函数。BP 网络学习过程主要体现在两个方面。

(1) 工作信号正向传播：指的是输入信号从输入层经隐层神经元传向输出层，在输出端产生输出信号。在信号前向传递过程中权值是固定不变的，每一层神经元的状态只影响下一层神经元的状态。如果在输出层不能得到期望的输出，则转入误差信号反向传播。在图 4-4 中，设 BP 神经网络的输入层有 n 个节点，隐层有 q 个节点，输出层有 m 个节点，输入层与隐层之间的权值为 v_{ik}，隐层与输出层之间的权值为 w_{kj}，隐层的传递函数为 $f_1(\cdot)$，输出层的传递函数为 $f_2(\cdot)$，则隐层节点的输出可表示为

$$h_k = f_1\left(\sum_{i=1}^{n} v_{ik}x_i\right),\quad k=1,2,\cdots,q \tag{4-5}$$

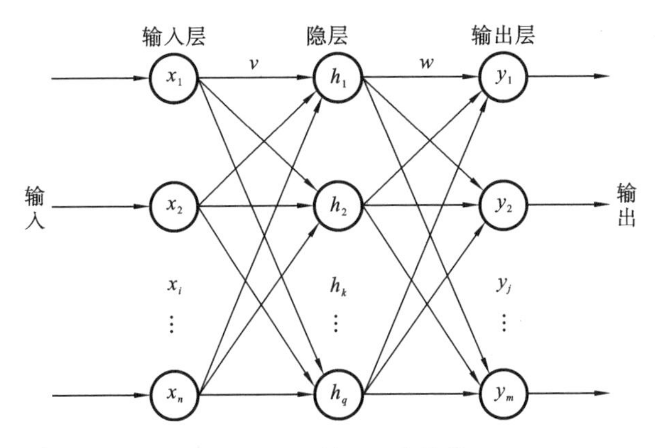

图 4-4 BP 神经网络结构

输出层节点的输出可表示为

$$y_j = f_2\left(\sum_{k=1}^{q} w_{kj} x_k v_{ik}\right), \quad j = 1,2,\cdots,m \tag{4-6}$$

(2) 误差信号反向传播:网络的实际输出与期望输出之间的差值即为误差信号,误差信号由输出端开始逐层向前传播即为误差信号反向传播。设输入的学习样本为 $\boldsymbol{X}=[x^1, \cdots, x^p, \cdots, x^P]$,第 p 个样本输入网络后得到输出 y_j^p,于是此样本的均方误差 E_p 为

$$E_p = \frac{1}{2}\sum_{j=1}^{m}(t_j^p - y_j^p)^2 \tag{4-7}$$

式中:t_j^p 为期望输出。

在此过程中,网络的权值由误差信号反馈进行相应的调节。通过权值的不断修正,网络的实际输出更接近期望输出,最终得到隐层各神经元的权值调整公式:

$$\Delta v_{ik}^{(k)} = -\eta \frac{\partial E_p}{\partial v_{ik}^{(k)}} \tag{4-8}$$

2) RBF 神经网络

RBF 神经网络是一种三层前馈神经网络,输入层由信号源节点构成,起到传递数据信息的作用。隐层,即径向基层,对输入信息进行空间映射变换。输出层,即线性网络层,对隐层神经元输出的信息进行线性加权后再输出,得到整个神经网络的输出结果。典型的 RBF 神经网络结构如图 4-5 所示。

常用径向基函数有高斯函数、多二次函数、小波函数等,其中最常用的是高斯函数。以高斯函数作为径向基函数(即隐层激活函数)时,RBF 神经网络第 i 个隐层节点的输出响应表示为

$$\varphi_i(\boldsymbol{x}) = \mathrm{e}^{-\frac{\|\boldsymbol{x}-\boldsymbol{c}_i\|^2}{2\sigma_i^2}}, \quad i=1,2,\cdots,m \tag{4-9}$$

式中:$\boldsymbol{c}$ 表示径向基函数的中心;$\|\cdot\|$ 表示范数,一般选取欧几里得范数的形式;σ_i 表示第 i 个以向量 $\boldsymbol{c}_i$ 为中心的高斯函数的宽度;$\varphi(\cdot)$ 为隐层神经元的激活函数。

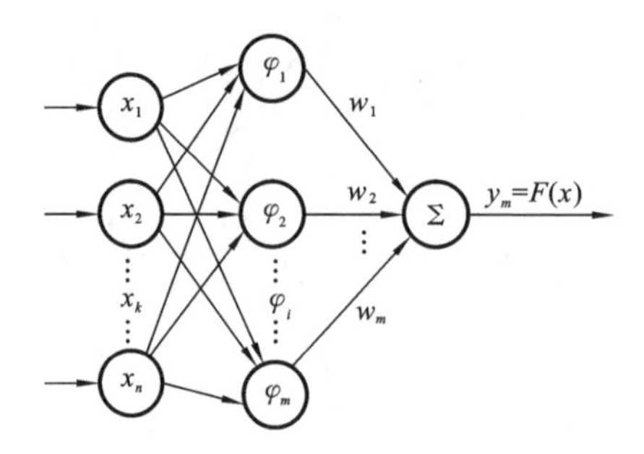

图 4-5 RBF 神经网络结构

RBF 神经网络输出层选择函数为 F,网络的输出为

$$F(x)=\sum_{i=1}^{m}w_i\varphi(\parallel \boldsymbol{x}-\boldsymbol{c}_i\parallel) \tag{4-10}$$

式中:w_i 为连接权值;$\varphi(\parallel \boldsymbol{x}-\boldsymbol{c}_i\parallel)$表示为 m 个径向基函数的集合,整个式子即为函数 F 用径向基函数 φ 的线性组合进行逼近。

由此可知,在 RBF 神经网络中,从输入空间到隐层空间的映射是非线性的,而从隐层空间到输出层空间的映射则是线性的。

3) Elman 神经网络

Elman 神经网络是一种四层结构的动态反馈网络。与 BP 神经网络相比,Elman 神经网络除输入层、隐层和输出层外,还在隐层后多一个承接层。承接层作用于隐层内或各层间的反馈联结,其结果是使网络的输入和输出之间有了延迟,这样可以将隐层前一时刻的输出在经过延迟后应用到当前时刻的计算中,使网络具有了记忆功能。Elman 神经网络结构如图 4-6 所示。

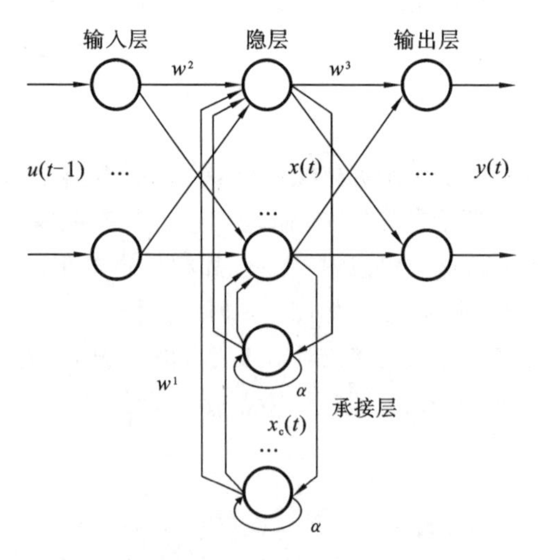

图 4-6 Elman 神经网络结构

Elman 神经网络的承接层只对前馈连接权值进行修正，而递归部分是固定的。由图 4-6 可知，网络在 k 时刻的输出值是隐层在 $t-1$ 时刻的 α 倍，其可以表示为

$$x_{ck}(t)=\alpha x_{ck}(t-1)+x_k(t-1),\quad k=1,2,\cdots,q \tag{4-11}$$

式中：$x_k(t)$、$x_{ck}(t)$分别表示 t 时刻第 k 个隐层神经元的输出和第 k 个承接层神经元的输出，隐层和承接层各含 q 个神经元；α 为自反馈因子，当 $\alpha=0$ 时，网络为标准 Elman神经网络。Elman 神经网络的数学模型表示为

$$\begin{cases}x(t)=f(w^1x_c(t)+w^2u(t-1))\\x_c(t)=\alpha x_c(t-1)+x(t-1)\\y(t)=g(w^3x(t))\end{cases} \tag{4-12}$$

式中：w^1、w^2、w^3 分别为承接层到隐层、输入层到隐层、隐层到输出层的连接权值；$x(t)$、$x_c(t)$分别为 t 时刻隐层和承接层的输出；$f(\cdot)$、$g(\cdot)$分别为隐层和输出层的激活函数。

4.2.2 支持向量机

支持向量机(SVM)是 Vapnik 等基于统计学习理论提出的模式识别方法。与常规基于经验风险最小化的机器学习方法不同，SVM 在求解过程中综合考虑了经验风险与置信风险的结构风险最小化准则，有效避免了出现过学习或学习不充分的情况，实现了小样本下的故障分类，同时通过引入核变换技术将样本空间映射到高维线性特征空间，解决了非线性分类问题。因 SVM 具有优异的分类性能，已被广泛应用于包括故障诊断在内的模式识别领域。

1. 二分类 SVM

对于二分类模式识别问题，设$\{\boldsymbol{x}_i,i=1,2,\cdots,n\}$为训练样本，对应的类别标签 y_i 分别为$+1$ 与-1。若两类样本线性可分，则存在分类超平面 $H:\boldsymbol{w}\cdot\boldsymbol{x}+b=0$，可将两类样本完全分开，对应的超平面称为该识别问题的最优分类超平面，此时有

$$y_i(\boldsymbol{w}\cdot\boldsymbol{x}_i+b)-1\geqslant 0 \tag{4-13}$$

式中：$\boldsymbol{w}$ 为超平面的法向量；b 为偏置项。

二分类模式识别问题的求解可视为寻找与超平面 H 平行的两个超平面 H_1：$\boldsymbol{w}\cdot\boldsymbol{x}+b=+1$、$H_2$：$\boldsymbol{w}\cdot\boldsymbol{x}+b=-1$，在保证 H_1、H_2 之间没有样本的同时，最大化这两个超平面的间隔。两类样本的分类间隔为 $2/\|\boldsymbol{w}\|$，为使间隔最大，从而得到最优超平面，需要求解如下优化问题：

$$\begin{cases}\min f=\dfrac{1}{2}\|\boldsymbol{w}\|^2\\ \text{s.t.}\ \ y_i(\boldsymbol{w}\cdot\boldsymbol{x}_i+b)-1\geqslant 0\\ i=1,2,\cdots,n\end{cases} \tag{4-14}$$

上式主要用于解决线性可分的问题，若线性不可分，则需要引入松弛因子，求取广义最优超平面的优化问题变为

$$\begin{cases} \min f = \dfrac{1}{2}\ \|\boldsymbol{w}\|^2 + C\sum\limits_{i=1}^{n}\xi_i \\ \text{s. t.}\ \ y_i(\boldsymbol{w}\cdot\boldsymbol{x}_i + b) - 1 + \xi_i \geqslant 0 \\ \xi_i \geqslant 0, \quad i = 1,2,\cdots,n \end{cases} \tag{4-15}$$

式中：ξ_i 为松弛变量；C 为惩罚因子。

上述优化问题的本质即寻找函数集中最小 VC 维的凸二次规划问题，可转化为求解下面的拉格朗日(Lagrange)函数：

$$L = \frac{1}{2}\ \|\boldsymbol{w}\|^2 + C\sum_{i=1}^{n}\xi_i - \sum_{i=1}^{n}\alpha_i[y_i(\boldsymbol{w}\cdot\boldsymbol{x}_i + b) - 1 + \xi_i] - \sum_{i=1}^{n}\beta_i\xi_i \tag{4-16}$$

式中：α_i 和 β_i 为拉格朗日乘子，且有 $\alpha_i \geqslant 0$、$\beta_i \geqslant 0$。

由微积分原理可知，拉格朗日函数最小值对应的 $\boldsymbol{w}$ 和 b 应满足如下条件：

$$\frac{\partial L(\boldsymbol{w},b,\alpha)}{\partial \boldsymbol{w}} = 0, \quad \frac{\partial L(\boldsymbol{w},b,\alpha)}{\partial b} = 0 \tag{4-17}$$

将 L 对 $\boldsymbol{w}$、b、ξ_i 分别求偏导，并令其为 0，可得：

$$\boldsymbol{w} = \sum_{i=1}^{n}\alpha_i\boldsymbol{x}_i y_i, \quad \sum_{i=1}^{n}\alpha_i y_i = 0, \quad 0 \leqslant \alpha_i \leqslant C \tag{4-18}$$

将式(4-18)代入式(4-17)中，可将式(4-14)中的优化问题转化为其对偶问题：

$$\begin{cases} \max L = \sum\limits_{i=1}^{n}\alpha_i - \dfrac{1}{2}\sum\limits_{i,j=1}^{n}\alpha_i\alpha_j y_i y_j(\boldsymbol{x}_i\cdot\boldsymbol{x}_j) \\ \text{s. t.}\ \sum\limits_{i=1}^{n}\alpha_i y_i = 0, \quad 0 \leqslant \alpha_i \leqslant C, \quad i = 1,2,\cdots,n \end{cases} \tag{4-19}$$

假定该优化问题的最优解为 α_i^*，则对应的分类决策函数为

$$g(x) = \text{sgn}\left\{\sum_{i=1}^{n}\alpha_i^* y_i(\boldsymbol{x}_i\cdot\boldsymbol{x}) + b\right\} \tag{4-20}$$

式中：sgn{・}为符号函数。

若引入松弛变量，样本仍不可分，则需要通过核变换将样本映射到特征空间，且选择适当的核函数将有助于提升 SVM 分类器的泛化能力。常见的核函数主要包括以下几种。

(1) 线性核函数：

$$K(\boldsymbol{x}_i,\boldsymbol{x}_j) = \boldsymbol{x}_i\cdot\boldsymbol{x}_j \tag{4-21}$$

(2) 径向基核函数：

$$K(\boldsymbol{x}_i,\boldsymbol{x}_j) = \exp\left\{-\frac{|\boldsymbol{x}_i - \boldsymbol{x}_j|^2}{\sigma}\right\} \tag{4-22}$$

(3) 多项式核函数：

$$K(\boldsymbol{x}_i,\boldsymbol{x}_j) = (r\boldsymbol{x}_i\cdot\boldsymbol{x}_j + d)^q \tag{4-23}$$

(4) Sigmoid 核函数：

$$K(\boldsymbol{x}_i,\boldsymbol{x}_j) = \tanh(r\boldsymbol{x}_i\cdot\boldsymbol{x}_j + d) \tag{4-24}$$

引入核变换后，在特征空间中原优化问题的对偶问题变为

$$\begin{cases} \max L = \sum_{i=1}^{n} \alpha_i - \frac{1}{2} \sum_{i,j=1}^{n} \alpha_i \alpha_j y_i y_j K(\boldsymbol{x}_i, \boldsymbol{x}_j) \\ \text{s.t.} \quad \sum_{i=1}^{n} \alpha_i y_i = 0, \quad 0 \leqslant \alpha_i \leqslant C, \quad i = 1, 2, \cdots, n \end{cases} \tag{4-25}$$

相应地，特征空间中的决策函数为

$$g(x) = \text{sgn}\left\{ \sum_{i=1}^{n} \alpha_i^* y_i K(\boldsymbol{x}_i, \boldsymbol{x}) + b \right\} \tag{4-26}$$

SVM 分类模型的原理结构如图 4-7 所示。

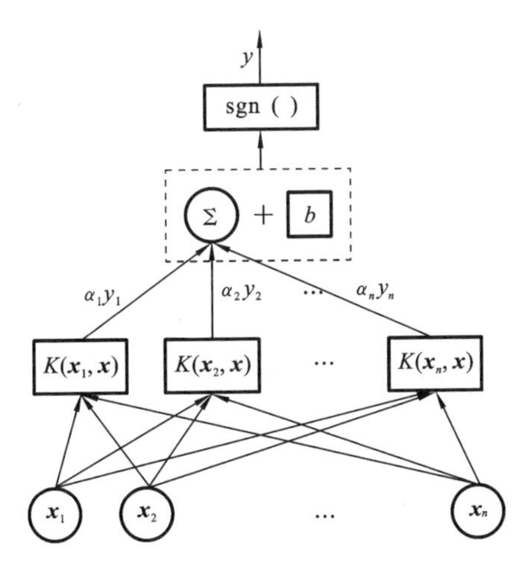

图 4-7　SVM 分类模型的原理结构

2. 多分类支持向量机

标准支持向量机(SVM)仅能解决二分类问题，而水电机组故障诊断的实际工程应用为多分类问题，因此需要用到多分类 SVM。多分类 SVM 主要分为两种：一对一 SVM、一对多 SVM。

(1) 一对一 SVM：对于有 M 个类别的分类问题，对所有类别进行两两组合，即构造 $M(M-1)/2$ 个子分类器，最后采用投票机制确定分类结果，得票最多的类别即为所求。一对一 SVM 结构如图 4-8 所示。

一对一 SVM 方法的运算效率及分类准确率都较一对多 SVM 方法的高，然而，一对一 SVM 方法对于 M 类问题需构造 $M(M-1)/2$ 个 SVM 模型，当类别数较大时，其计算效率不高。

(2) 一对多 SVM：对 M 类样本，构造 M 个子分类器，在第 j 个分类器的输出值中，第 j 类为正，其余为负，各分类器输出值最大的类别即为所求。一对多 SVM 结构如图 4-9 所示。

一对多 SVM 方法的分类过程清晰，但存在如下不足：① 采用一对多 SVM 方

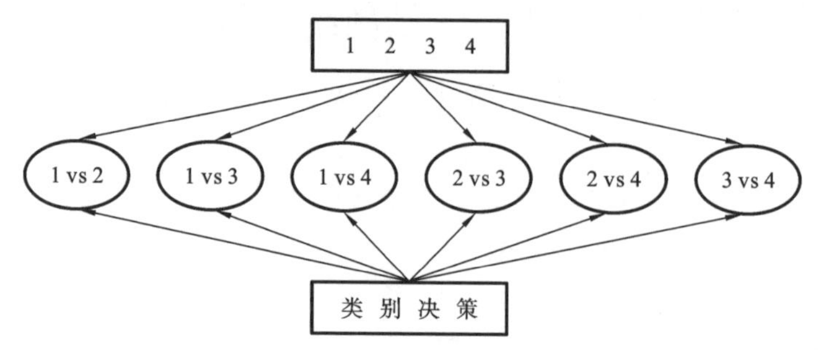

图 4-8 一对一 SVM 结构

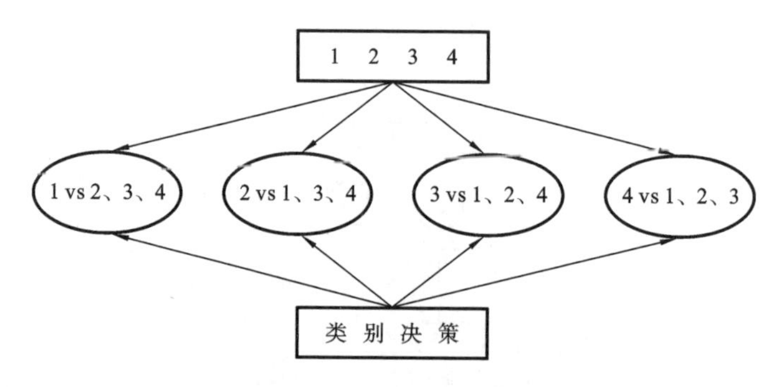

图 4-9 一对多 SVM 结构

法，每个分类器的正样本数量一般远远小于负样本数量，即存在样本数据倾斜，会降低分类准确率；② 每个 SVM 模型的训练都要用到所有的训练样本，计算效率较低。Hsu 与 Lin 在研究中指出，一对一 SVM 较一对多 SVM 具有更高的分类准确率，因此后续章节中用到 SVM 分类时均采用一对一 SVM 方法。

4.2.3 最小二乘支持向量机

为了解决标准 SVM 应用时存在的超平面参数选择，以及二次规划（QP）求解中矩阵规模受训练样本数目的影响很大而导致求解规模过大的问题，学者们开展了大量的研究工作。其中，Suykens 等提出的最小二乘支持向量机（least squares support vector machine，LSSVM）从机器学习损失函数着手，在其优化问题的目标函数中使用二次损失函数即误差的二范数，并利用等式约束条件代替 SVM 标准算法中的不等式约束条件，使得 LSSVM 的求解变为通过 Kuhn-Tucker 条件得到的一组线性方程组的求解。LSSVM 具有与 SVM 算法相似的性能，但其求解过程更加快速、高效。给定二分类问题的训练样本集如下：

$$S=\{(\boldsymbol{x}_i,y_i),i=1,2,\cdots,n\},\quad \boldsymbol{x}_i\in\mathbf{R}^m,\quad y_i\in\{-1,1\} \tag{4-27}$$

式中：$\boldsymbol{x}_i$ 为第 i 个训练数据；n 表示训练样本总数；y_i 为与 $\boldsymbol{x}_i$ 相对应的样本类别标签。

对应 LSSVM 模型的最优目标函数可表示为

$$\begin{cases} \min J = \dfrac{1}{2}\|\boldsymbol{w}\|^2 + \dfrac{1}{2}C\sum_{i=1}^{n}\xi_i^2 \\ \text{s.t.}\ \ y_i[\boldsymbol{w}^{\mathrm{T}}\varphi(\boldsymbol{x}_i)+b] = 1-\xi_i,\quad i=1,2,\cdots,n \end{cases} \tag{4-28}$$

式中：$\boldsymbol{w}$ 为权向量；C 为惩罚因子且 $C>0$；ξ_i 为松弛变量；b 为偏置项。

引入拉格朗日乘子 α_i 来构造拉格朗日函数，如下：

$$L(\boldsymbol{w},b,\boldsymbol{\xi},\alpha_i) = J(\boldsymbol{w},\xi_i) - \sum_{i=1}^{n}\alpha_i\{y_i[\boldsymbol{w}^{\mathrm{T}}\varphi(\boldsymbol{x}_i)+b]-1+\xi_i\} \tag{4-29}$$

根据 Karush-Kuhn-Tucker(KKT)条件，对上述拉格朗日函数求偏导，并令偏导为 0，可得：

$$\begin{cases} \dfrac{\partial L}{\partial \boldsymbol{w}} = 0 \rightarrow \boldsymbol{w} = \sum_{i=1}^{n}\alpha_i y_i\varphi(\boldsymbol{x}_i) \\ \dfrac{\partial L}{\partial b} = 0 \rightarrow \sum_{i=1}^{n}\alpha_i y_i = 0 \\ \dfrac{\partial L}{\partial \xi_i} = 0 \rightarrow \alpha_i = C\xi_i \\ \dfrac{\partial L}{\partial \alpha_i} = 0 \rightarrow y_i[\boldsymbol{w}^{\mathrm{T}}\varphi(\boldsymbol{x}_i)+b]-1+\xi_i = 0 \end{cases} \tag{4-30}$$

通过对式(4-30)进行优化分析，可归纳得到下列形式：

$$\begin{bmatrix} \boldsymbol{I} & 0 & 0 & -\boldsymbol{Z}^{\mathrm{T}} \\ 0 & 0 & 0 & -\boldsymbol{Y}^{\mathrm{T}} \\ 0 & 0 & C\boldsymbol{I} & -\boldsymbol{I} \\ \boldsymbol{Z} & \boldsymbol{Y} & \boldsymbol{I} & 0 \end{bmatrix} \begin{bmatrix} \boldsymbol{w} \\ b \\ \boldsymbol{\xi} \\ \boldsymbol{\alpha} \end{bmatrix} = \begin{bmatrix} 0 \\ 0 \\ 0 \\ \boldsymbol{1} \end{bmatrix} \tag{4-31}$$

其中，

$$\begin{cases} \boldsymbol{Z} = [\varphi(\boldsymbol{x}_1)^{\mathrm{T}}y_1, \varphi(\boldsymbol{x}_2)^{\mathrm{T}}y_2, \cdots, \varphi(\boldsymbol{x}_n)^{\mathrm{T}}y_n]^{\mathrm{T}} \\ \boldsymbol{Y} = [y_1, y_2, \cdots, y_n]^{\mathrm{T}} \\ \boldsymbol{1} = [1,1,\cdots,1]^{\mathrm{T}} \\ \boldsymbol{\xi} = [\xi_1, \xi_2, \cdots, \xi_n]^{\mathrm{T}} \\ \boldsymbol{\alpha} = [\alpha_1, \alpha_2, \cdots, \alpha_n]^{\mathrm{T}} \end{cases} \tag{4-32}$$

将式(4-31)消去 $\boldsymbol{w}$、$\boldsymbol{\xi}$，可得

$$\begin{bmatrix} 0 & -\boldsymbol{Y}^{\mathrm{T}} \\ \boldsymbol{Y} & \boldsymbol{\Omega}+C^{-1}\boldsymbol{I} \end{bmatrix} \begin{bmatrix} b \\ \alpha \end{bmatrix} = \begin{bmatrix} 0 \\ \boldsymbol{I} \end{bmatrix} \tag{4-33}$$

其中：$\boldsymbol{\Omega}=\boldsymbol{Z}\boldsymbol{Z}^{\mathrm{T}}$，并根据 Mercer 定理使用核函数代替高维空间中的内积。

$$\boldsymbol{\Omega}_{i,j} = y_i y_j \varphi(\boldsymbol{x}_i)^{\mathrm{T}}\varphi(\boldsymbol{x}_j) = y_i y_j K(\boldsymbol{x}_i, \boldsymbol{x}_j) \tag{4-34}$$

通过求解式(4-33)、式(4-34)组成的线性方程组，可得最终的 LSSVM 分类决策函数为

$$f(x)=\operatorname{sgn}\left[\sum_{i=1}^{n}\alpha_i y_i K(\boldsymbol{x}_i,y_i)+b\right] \tag{4-35}$$

4.2.4 支持向量数据描述

1. 单分类 SVDD

支持向量数据描述(support vector data description,SVDD)是由 Tax 等基于 SVM 理论发展的一种单值分类方法,其通过在样本空间或特征空间内对目标类数据建立超球体,使其包含最多的样本,并同时使半径最小。在求得超球体模型后,根据待分类样本到超球体的距离即可判别其是否为目标类。对于数据集 $\boldsymbol{\Omega}=\{\boldsymbol{x}_i,i=1,2,\cdots,n\}$,假定 $\boldsymbol{a}$ 为超球体的球心,R 为半径,要使尽可能多的样本包含在超球体中,并使半径最小,可得优化目标函数如下:

$$\begin{cases}\min F(R,\boldsymbol{a})=R^2\\ \|\boldsymbol{x}_i-\boldsymbol{a}\|^2\leqslant R^2\end{cases} \tag{4 36}$$

与 SVM 类似,为解决线性不可分的情形,引入松弛变量 ξ_i,此时优化问题的公式描述如下:

$$\begin{cases}\min f=R^2+C\sum_{i=1}^{n}\xi_i\\ \text{s. t. } \|\boldsymbol{x}_i-\boldsymbol{a}\|^2\leqslant R^2+\xi_i\\ \quad\xi_i\geqslant 0,\quad i=1,2,\cdots,n\end{cases} \tag{4-37}$$

式中:C 为惩罚因子,有助于实现超球体大小和错分样本数量之间的折中。

为求得上述优化问题的解,引入拉格朗日乘子,可得如下拉格朗日函数:

$$L=R^2+C\sum_{i=1}^{n}\xi_i-\sum_{i=1}^{n}\alpha_i(R^2+\xi_i-\|\boldsymbol{x}_i-\boldsymbol{a}\|^2)-\sum_{i=1}^{n}\beta_i\xi_i \tag{4-38}$$

式中:α_i、β_i 为拉格朗日乘子,且有 α_i、$\beta_i\geqslant 0$。

将式(4-38)中的拉格朗日函数分别对 R、$\boldsymbol{a}$、ξ_i 求偏导,并令其为 0,由 KKT 条件,可得:

$$\frac{\partial L}{\partial R}=0\Rightarrow\sum_{i=1}^{n}\alpha_i=1 \tag{4-39}$$

$$\frac{\partial L}{\partial \boldsymbol{a}}=0\Rightarrow\boldsymbol{a}=\sum_{i=1}^{n}\alpha_i\boldsymbol{x}_i \tag{4-40}$$

$$\frac{\partial L}{\partial \xi_i}=0\Rightarrow 0\leqslant\alpha_i\leqslant C \tag{4-41}$$

将式(4-38)至式(4-41)代入式(4-36)中,可得如下对偶问题:

$$\max L(\alpha_i)=\sum_{i=1}^{n}\alpha_i(\boldsymbol{x}_i\cdot\boldsymbol{x}_i)-\sum_{i,j=1}^{n}\alpha_i\alpha_j(\boldsymbol{x}_i\cdot\boldsymbol{x}_j) \tag{4-42}$$

$$\text{s. t. }\sum_{i=1}^{n}\alpha_i=1,\quad 0\leqslant\alpha_i\leqslant C,\quad i=1,2,\cdots,n \tag{4-43}$$

对于非线性模式识别问题,参考 SVM 中的核方法,可得对偶优化问题为

$$\begin{cases}\max L = \sum_{i=1}^{n}\alpha_i K(\boldsymbol{x}_i,\boldsymbol{x}_i) - \sum_{i,j=1}^{n}\alpha_i\alpha_j K(\boldsymbol{x}_i,\boldsymbol{x}_j)\\ \text{s. t. } \sum_{i=1}^{n}\alpha_i = 1,\quad 0\leqslant \alpha_i\leqslant C,\quad i=1,2,\cdots,n\end{cases} \tag{4-44}$$

求解极值问题,由式(4-44)可得到拉格朗日乘子 α_i,分两种情况:① 当 $\alpha_i=0$ 时,此时训练样本 $\boldsymbol{x}_i$ 满足 $\|\boldsymbol{x}_i-\boldsymbol{a}\|^2<R^2+\xi_i$;② 当 $\alpha_i>0$ 时,此时训练样本 $\boldsymbol{x}_i$ 满足 $\|\boldsymbol{x}_i-\boldsymbol{a}\|^2=R^2+\xi_i$,对应的样本称为支持向量,此时的样本点会对超球体产生影响。根据式(4-40)可算出超球体球心的位置 $\boldsymbol{a}=\sum_{i=1}^{n}\alpha_i\boldsymbol{x}_i$,半径 R 可由下式算得:

$$R^2 = K(\boldsymbol{x}_p,\boldsymbol{x}_p) - 2\sum_{i=1}^{n}\alpha_i K(\boldsymbol{x}_i,\boldsymbol{x}_p) + \sum_{i,j=1}^{n}\alpha_i\alpha_j K(\boldsymbol{x}_i,\boldsymbol{x}_j) \tag{4-45}$$

式中:$\boldsymbol{x}_p$ 为支持向量;R^2 为支持向量到超球体中心距离的平方。

任意样本位置 $\boldsymbol{y}$ 到超球体球心距离的计算公式为

$$\|\boldsymbol{y}-\boldsymbol{a}\|^2 = K(\boldsymbol{y},\boldsymbol{y}) - 2\sum_{i=1}^{n}\alpha_i K(\boldsymbol{x}_i,\boldsymbol{y}) + \sum_{i,j=1}^{n}\alpha_i\alpha_j K(\boldsymbol{x}_i,\boldsymbol{x}_j) \tag{4-46}$$

式(4-46)表示的是其绝对距离,此时若 $\|\boldsymbol{y}-\boldsymbol{a}\|^2\leqslant R^2$,则样本点 $\boldsymbol{y}$ 位于超球体内,即 $\boldsymbol{y}$ 属于该类样本;否则,$\boldsymbol{y}$ 不属于该类样本。

2. 多分类 SVDD

SVDD 主要解决单分类问题,为解决多分类模式识别问题,Zhu 等将单分类 SVDD 推广到多分类 SVDD。通过对每类样本分别进行 SVDD 建模求解,即可得到多分类 SVDD 模型,其数学公式描述如下:

$$\begin{cases}\min f^m = (R^m)^2 + C^m\sum_{i=1}^{m}\xi_i^m\\ \text{s. t. } \|\boldsymbol{x}_i^m-\boldsymbol{a}^m\|^2\leqslant (R^m)^2+\xi_i^m\\ \qquad \xi_i^m\geqslant 0,\quad i=1,2,\cdots,n^m\end{cases} \tag{4-47}$$

式中:$m=1,2,\cdots,M$;n^m 为对应第 m 类样本的个数。

其相应的对偶问题为

$$\begin{aligned}&\max L^m = \sum_{i}\alpha_i^m K(\boldsymbol{x}_i^m,\boldsymbol{x}_i^m) - \sum_{i,j}\alpha_i^m\alpha_j^m K(\boldsymbol{x}_i^m,\boldsymbol{x}_j^m)\\ &\text{s. t. } \sum_{i}\alpha_i^m = 1,\quad 0\leqslant\alpha_i^m\leqslant C^m,\quad i=1,2,\cdots,n^m\end{aligned} \tag{4-48}$$

求解上述极值问题即可得到 M 个超球体模型($\boldsymbol{a}^m$,R^m)。通常情况下,当最小超球体集确定以后,它们之间的关系一般有互相独立和互相重叠两种,分别如图 4-10、图4-11所示。

对于待识别样本 $\boldsymbol{y}$,计算其到各超球体球心的距离,若样本 $\boldsymbol{y}$ 仅位于一个超球体内,则其属于该超球体对应的类别,否则计算 $\boldsymbol{y}$ 到各超球体的相对距离,公式如下:

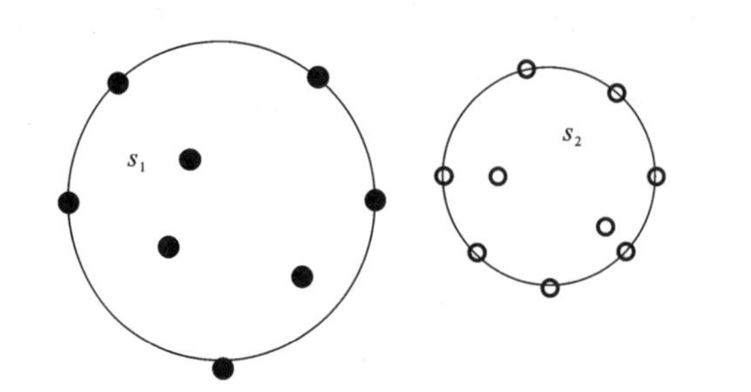

图 4-10　互相独立的超球体

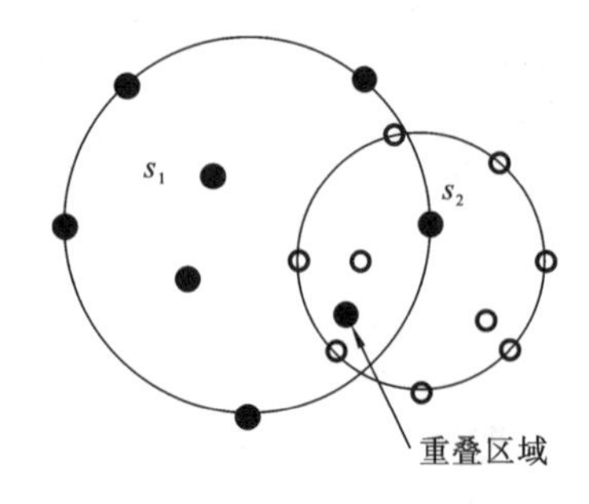

图 4-11　互相重叠的超球体

$$d^m=\frac{\| \boldsymbol{y}-\boldsymbol{a}^m \|^2}{(R^m)^2},\quad m=1,2,\cdots,M \tag{4-49}$$

由式(4-49)计算得到所有相对距离后,其最小值对应的超球体类别即为所属类别。

4.2.5　极限学习机

为克服传统神经网络存在的一些不可避免的本质缺陷问题,比如收敛速度慢、利用梯度下降法求解参数导致的易陷入局部最优等,黄广斌教授团队提出了 ELM 模型。ELM 作为一种全新的单层前馈神经网络,其输入权重与偏置项均在计算之初随机生成,且在之后的计算过程中不再改变,因此,当给定隐层神经元个数时,即可得到具有可逆性的隐层输出,从而实现对非线性系统的逼近。这一过程中,隐层输出权重通过求解最小二乘解获得。ELM 具有泛化能力较强、计算消耗小、参数少、易于优化等优点。图 4-12 给出了一般 ELM 网络结构拓扑图。

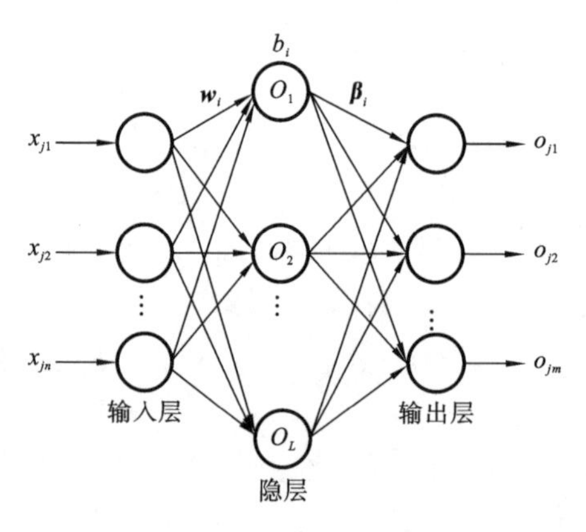

图 4-12　一般 ELM 网络结构拓扑图

给定样本集$\{(\boldsymbol{x}_j,\boldsymbol{t}_j),j=1,2,\cdots,N\}$,其中 $\boldsymbol{x}_j=(x_{j1},x_{j2},\cdots,x_{jn})^{\mathrm{T}}\in\mathbf{R}^n$ 为输入向量,$\boldsymbol{t}_j=(t_{j1},t_{j2},\cdots,t_{jm})^{\mathrm{T}}\in\mathbf{R}^m$ 为目标输出向量,具有 L 个隐层神经元且激活函数为 $g(x)$的 ELM 模型如下所式:

$$\sum_{i=1}^{L}\boldsymbol{\beta}_i g(\boldsymbol{w}_i \cdot \boldsymbol{x}_j + b_i) = \boldsymbol{o}_j \tag{4-50}$$

式中：$\boldsymbol{w}_i = (w_{i1}, w_{i2}, \cdots, w_{in})^{\mathrm{T}}$为连接第 i 个隐层节点与输入节点的输入权值向量；$\boldsymbol{\beta}_i = (\beta_{i1}, \beta_{i2}, \cdots, \beta_{im})$为连接第 i 个隐层节点与输出节点的输出权值向量；b_i 为第 i 个隐层节点的偏置值；$\boldsymbol{w}_i \cdot \boldsymbol{x}_j$ 表示 $\boldsymbol{w}_i$与 $\boldsymbol{x}_j$的内积；$\boldsymbol{o}_j = (o_{j1}, o_{j2}, \cdots, o_{jm})^{\mathrm{T}} \in \mathbf{R}^m$为输出向量。对式(4-50)进行向量化表示：

$$\boldsymbol{H\beta} = \boldsymbol{T} \tag{4-51}$$

式中：$\boldsymbol{H}$ 为网络隐层节点输出矩阵；$\boldsymbol{\beta}$ 为输出权值矩阵；$\boldsymbol{T}$ 为期望输出矩阵。

$$\boldsymbol{H} = \begin{pmatrix} g(\boldsymbol{w}_1 \cdot \boldsymbol{x}_1 + b_1) & \cdots & g(\boldsymbol{w}_L \cdot \boldsymbol{x}_1 + b_L) \\ \vdots & & \vdots \\ g(\boldsymbol{w}_1 \cdot \boldsymbol{x}_N + b_1) & \cdots & g(\boldsymbol{w}_L \cdot \boldsymbol{x}_N + b_L) \end{pmatrix}_{N \times L}$$
$$\boldsymbol{\beta} = \begin{pmatrix} \boldsymbol{\beta}_1^{\mathrm{T}} \\ \vdots \\ \boldsymbol{\beta}_L^{\mathrm{T}} \end{pmatrix}, \quad \boldsymbol{T} = \begin{pmatrix} \boldsymbol{t}_1^{\mathrm{T}} \\ \vdots \\ \boldsymbol{t}_N^{\mathrm{T}} \end{pmatrix} = \begin{pmatrix} t_{11} & \cdots & t_{1m} \\ \vdots & & \vdots \\ t_{N1} & \cdots & t_{Nm} \end{pmatrix} \tag{4-52}$$

设 $E(\boldsymbol{w}_i, b_i, \boldsymbol{\beta}_i)$为期望值与实际值之间的误差平方和，则当隐层节点个数与输入样本个数相等时，矩阵 $\boldsymbol{H}$ 为方阵且可逆，此时网络能够无误差地逼近这些训练样本，即存在一组 $\boldsymbol{w}_i$、b_i、$\boldsymbol{\beta}_i$($i = 1, 2, \cdots, L$)，使得 $E(\boldsymbol{w}_i, b_i, \boldsymbol{\beta}_i) = 0$。而在实际应用时，训练样本个数远大于隐层节点个数，即 $L \ll N$，则矩阵 $\boldsymbol{H}$ 为非方阵，此时可能就不存在 $\boldsymbol{w}_i$、b_i、$\boldsymbol{\beta}_i$，使得 $\boldsymbol{H\beta} = \boldsymbol{T}$ 成立。因此，上述 ELM 问题可转化为求解使得 $E(\boldsymbol{w}_i, b_i, \boldsymbol{\beta}_i)$最小的参数集($\boldsymbol{w}_i, b_i, \boldsymbol{\beta}_i$)问题，其数学表达式如下：

$$\arg\min E(\boldsymbol{w}_i, b_i, \boldsymbol{\beta}_i) = \arg\min_{\boldsymbol{w}_i, b_i, \boldsymbol{\beta}_i} \left\| \sum_{i=1}^{L}\boldsymbol{\beta}_i g(\boldsymbol{w}_i \cdot \boldsymbol{x}_j + b_i) - \boldsymbol{t}_j \right\|^2, \quad j = 1, 2, \cdots, N \tag{4-53}$$

当随机生成 $\boldsymbol{w}_i$和 b_i后，可以通过对 $\boldsymbol{H\beta} = \boldsymbol{T}$ 进行最小二乘求解得到$\boldsymbol{\beta}$：

$$\hat{\boldsymbol{\beta}} = \boldsymbol{H}^{\dagger}\boldsymbol{T} = (\boldsymbol{H}^{\mathrm{T}}\boldsymbol{H})^{-1}\boldsymbol{H}^{\mathrm{T}}\boldsymbol{T} \tag{4-54}$$

式中：$\boldsymbol{H}^{\dagger}$ 为隐层输出矩阵 $\boldsymbol{H}$ 的 Moore-Penrose 广义逆矩阵。

综上所述，ELM 的完整学习过程总结如下。

步骤 1：根据数据特点设定隐层神经元个数。

步骤 2：根据隐层神经元个数，随机生成输入权值和隐层偏置项。

步骤 3：选定无限可微的激活函数，并计算隐层输出矩阵。

步骤 4：通过求最小二乘解获得隐层输出权值。

目前常用的 ELM 主要分为固定型学习机和增量型学习机两种。

(1) 固定型学习机：当网络中的隐层节点数固定为某个数目时，ELM 不需要经过复杂的计算即可获得输出权值。固定型学习机主要分为离线固定型极限学习机和固定型序贯极限学习机。一方面，离线固定型极限学习机能够使训练误差和权重值达到最小，同时也提高了泛化性能；而固定型序贯极限学习机只对新的数据进行训练学习，比较“喜新厌旧”，从而使速度得到提升，其泛化能力优于离线固定型极限学习机。另一方面，固定型学习机神经元的个数目前只能通过试凑法确定，但是神经网络的泛化能力与神经元个数直接相关，这样可能会导致学习机的应用效果不是最优。

（2）增量型学习机：在增量型学习机中，神经网络本身每训练一次，就要计算出一个对应的权值，等到下次训练时，就把上次所获得的权值固定，再生成一个新的神经元权值，不断地进行重复，这样在某种程度上避免了“过饱和”问题，同时也减小了测量的误差。增量型学习机主要分为点增量型极限学习机和块增量型极限学习机。点增量型极限学习机的计算速度快，比 SVM 求解速度快数千倍，其优点较为明显；而块增量型极限学习机在初始阶段就有非常好的逼近能力，但其学习速度没有点增量型极限学习机的快。

第5章　水电机组状态趋势预测理论与方法

水电机组的状态趋势预测是指通过从状态监测系统中获得的历史状态数据序列，建立相应的预测模型或算法，对未来一段时间内的状态趋势进行分析和预测。通过对水电机组进行状态趋势预测，可以最大限度地节省设备停机时间，提高电厂的综合经济效益。本章将对时序分析、自适应模糊神经系统、支持向量回归、最小二乘支持向量机回归、极限学习机等预测方法进行具体分析，为后续章节的状态趋势预测提供理论基础。

5.1　时序分析

时序分析通过自回归系列模型对历史观测数据进行建模并估计参数，进而预测未来值，主要用于研究平稳过程的线性回归问题。常用的时序分析模型包括自回归(AR)模型、移动平均(MA)模型和自回归移动平均(ARMA)模型。

5.1.1　AR模型

AR模型是统计上的时间序列处理方法，基于序列本身做回归分析，即利用若干历史数据的线性组合来描述后来某时刻的随机变量，其公式化描述已在第3.3节中提及。对于p阶自回归模型AR(p)，其输出预测值的表达式如下：

$$y_t=\varphi_0+\varphi_1 y_{t-1}+\varphi_2 y_{t-2}+\cdots+\varphi_p y_{t-p}+\varepsilon_t \tag{5-1}$$

为描述方便，对式(5-1)的滞后项引入滞后算子“L”，使得$y_{t-1}=Ly_t$，则有$y_{t-k}=L^k y_t$。引入滞后算子后，式(5-1)可改写为下式：

$$y_t=\varphi_0+\varphi_1 L y_t+\varphi_2 L^2 y_t+\cdots+\varphi_p L^p y_t+\varepsilon_t \tag{5-2}$$

移项整理，可得

$$(1-\varphi_1 L-\varphi_2 L^2-\cdots-\varphi_p L^p)y_t=\varphi_0+\varepsilon_t \tag{5-3}$$

若方程$1-\varphi_1 L-\varphi_2 L^2-\cdots-\varphi_p L^p=0$的解均位于单位圆外，则模型AR($p$)具备平稳性。AR模型的平稳性常指宽平稳，即时间序列的均值、方差和自协方差均与时间无关。

5.1.2 MA 模型

当时间序列受周期变动和随机波动的影响较大并难以获得发展趋势时，使用 MA 模型可消除这些因素的影响，显示出序列的发展趋势（即趋势线），然后依据趋势线分析预测序列的长期趋势。由沃尔德分解定理可知：任意平稳随机序列可分解为一个确定性序列与一个具有连续谱分布函数平稳随机序列之和。通常，分解所得 MA 序列部分是有限阶的。沃尔德分解定理表明，MA 模型在描述时间序列方面具有普遍适用性。MA 模型的一般形式如下：

$$y_t = u + \varepsilon_t + \theta_1 \varepsilon_{t-1} + \theta_2 \varepsilon_{t-2} + \cdots + \theta_q \varepsilon_{t-q} \tag{5-4}$$

式中：u 为常数项；$\theta_1,\cdots,\theta_q$ 为模型系数；ε_t 为白噪声序列。我们称式(5-4)为 q 阶移动平均模型，记为 MA(q)。

5.1.3 ARMA 模型

ARMA 模型由自回归和移动平均两部分组成，因此包含两个阶数，可表示为 ARMA(p,q)，其中 p 是自回归阶数，q 为移动平均阶数，回归方程可表示为

$$y_t = c + \varphi_1 y_{t-1} + \varphi_2 y_{t-2} + \cdots + \varphi_p y_{t-p} + \varepsilon_t + \theta_1 \varepsilon_{t-1} + \theta_2 \varepsilon_{t-2} + \cdots + \theta_p \varepsilon_{t-q} \tag{5-5}$$

由式(5-5)可知，ARMA 模型集成了 AR 和 MA 两个模型的优势，其模型的自回归部分负责量化当前数据与前期数据之间的关系，移动平均部分则负责解决随机变动项的求解问题。

5.2 自适应神经模糊推理系统

神经网络的基本结构及几种常用的神经网络模型已在第 4.2.1 节中详细介绍。因神经网络具有较好的非线性处理能力，所以在包括模式识别、回归估计等机器学习领域得到了广泛的应用。本节将介绍一种在预测领域应用较广的改进版神经网络——自适应神经模糊推理系统（adaptive neuro fuzzy inference system, ANFIS），其具有更好的机器学习效果。最早由 J-S. R. Jang 提出的 ANFIS 将神经网络的自学习功能和模糊推理系统的模糊语言表达能力有机地结合起来，进行优势互补，其中模糊隶属度函数及模糊规则是通过已知数据学习获得的。层次结构神经网络和模糊推理系统的结构分别如图 5-1、图 5-2 所示。为更好地实现推理过程的学习，将模糊推理系统模型转化为自适应网络，即 ANFIS，其模型结构如图 5-3 所示。

因具有泛化性能好、参数易于调整以及能用较少的规则推导复杂的非线性系统等优点，模糊推理系统模型在不同领域得到了广泛的应用。

由图 5-3 可知，ANFIS 模型是一个多层前馈神经网络，一般分为五层，假设仅包

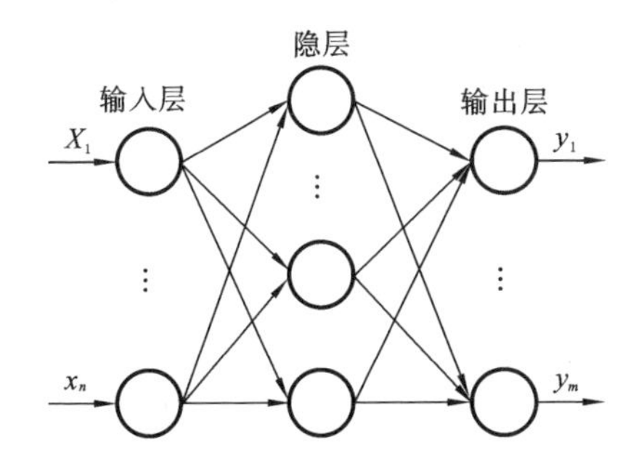

图 5-1　层次结构神经网络

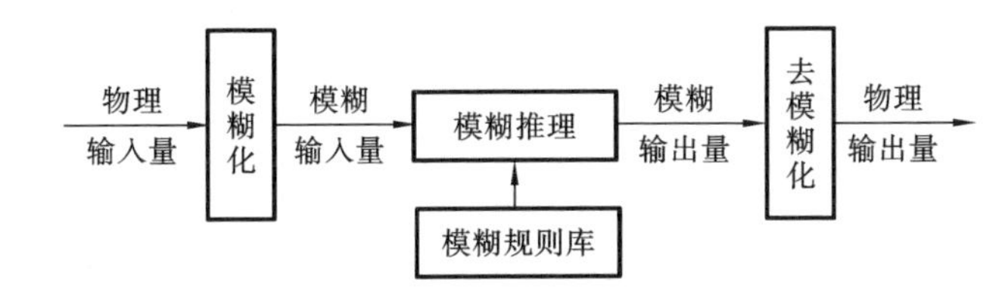

图 5-2　模糊推理系统结构

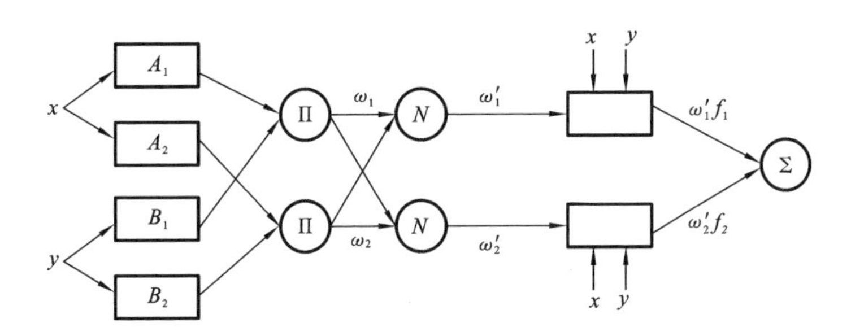

图 5-3　ANFIS 模型结构

含两个输入 x、y，图中各层功能如下。

第一层：A_i、B_i为与输入相关的模糊变量，主要对处理层进行模糊化处理，即将输入变量模糊化。

$$\begin{cases} O_{1i}^1 = L_{A_i}(x) \\ O_{2i}^1 = L_{B_i}(y) \end{cases}, \quad i=1,2 \tag{5-6}$$

式中：O_{1i}^1和O_{2i}^1分别为模糊集 A_i、B_i 的隶属度函数，常采用高斯函数或三角形函数。

第二层：计算模糊规则激励强度，图 5-3 中用 Π 表示，通常将输入信号相乘：

$$O_i^2 = \omega_i = L_{A_i}(x)L_{B_i}(y), \quad i=1,2 \tag{5-7}$$

第三层：该层节点数为图 5-3 中的 N，对上一层的激励强度进行归一化：

$$O_i^3 = \omega_i' = \frac{\omega_i}{\omega_1 + \omega_2} \tag{5-8}$$

第四层：该层节点均为自适应节点，对每条规则的贡献进行计算，输出为

$$O_i^4=\omega_i' f_i=\omega_i'(p_i x+q_i y+r_i) \tag{5-9}$$

式中：f_i 为后项函数；p_i、q_i、r_i 为结论参数。

第五层：计算所有规则的最终总输出，表示对总的输入信号的累加。

$$O_i^5=\sum_i \omega'_i f_i=\frac{\sum_i \omega_i f_i}{\sum_i \omega_i} \tag{5-10}$$

ANFIS 模型中选择不同参数将直接影响计算的速度和学习的效果，一般采用梯度下降法或最小二乘法进行参数更新，具体应用时还会考虑计算复杂度以及期望值来选择参数更新方法。

5.3 支持向量回归

支持向量回归(SVR)通过对区域内的样本建立映射回归函数，实现对未知样本的估计，其关键在于估计回归函数，即通过一个非线性映射将待拟合样本映射到高维特征空间，并在该空间实现线性回归。给定待拟合样本数据$\{(\boldsymbol{x}_i, y_i)\}$，其中，$\boldsymbol{x}_i \in \mathbf{R}^m$、$y_i \in \mathbf{R}$、$i=1,2,\cdots,n$，$n$ 为样本总数，SVR 的线性回归函数如下：

$$g(\boldsymbol{x})=\boldsymbol{w}\cdot\phi(\boldsymbol{x})+b \tag{5-11}$$

式中：ϕ 为实现从样本空间到特征空间 G 的映射；$\boldsymbol{w}\in G$；b 为偏置项。

假设所有训练样本映射到特征空间 G 后，在精度 ε 范围内可通过线性函数实现无误差拟合，即满足：

$$|g(\boldsymbol{x}_i)-y_i|\leqslant\varepsilon \tag{5-12}$$

式中：$g(\boldsymbol{x}_i)$、y_i 分别表示样本输入为 $\boldsymbol{x}_i$ 时的拟合值与真实值。

将式(5-12)代入式(5-11)，可得到所有样本均满足如下约束：

$$\begin{cases}\boldsymbol{w}\cdot\phi(\boldsymbol{x}_i)+b-y_i\leqslant\varepsilon\\ y_i-\boldsymbol{w}\cdot\phi(\boldsymbol{x}_i)-b\leqslant\varepsilon\end{cases} \tag{5-13}$$

式中：ε 为损失函数。

当式(5-13)中的约束条件难以同时满足所有样本时，为不失一般性，引入松弛变量 ξ_i 与 ξ_i^*，则式(5-13)所示的约束条件变为

$$\begin{cases}\boldsymbol{w}\cdot\phi(\boldsymbol{x}_i)+b-y_i\leqslant\varepsilon+\xi_i\\ y_i-\boldsymbol{w}\cdot\phi(\boldsymbol{x}_i)-b\leqslant\varepsilon+\xi_i^*\\ \xi_i\geqslant0,\xi_i^*\geqslant0\end{cases} \tag{5-14}$$

与 SVM 相似，SVR 进行拟合时的优化目标可表示为

$$\min f=\frac{1}{2}\|\boldsymbol{w}\|^2+C\sum_{i=1}^{n}(\xi_i+\xi_i^*) \tag{5-15}$$

式中：C 为惩罚因子。

引入核变换技术求解上述非线性问题，根据对偶原理和拉格朗日函数方法，可得

式(5-15)的对偶问题如下：

$$\begin{cases} \max L = \dfrac{1}{2}\sum_{i,j=1}^{n}(\mu_i - \mu_i^*)(\mu_i - \mu_i^*)K(\boldsymbol{x}_i, \boldsymbol{x}_j) - \\ \qquad \varepsilon\sum_{i=1}^{n}(\mu_i + \mu_i^*) + \sum_{i=1}^{n}y_i(\mu_i + \mu_i^*) \\ \text{s. t.}\ \sum_{i=1}^{n}(\mu_i - \mu_i^*) = 0, \quad 0 \leqslant \mu_i \leqslant C, \\ \qquad 0 \leqslant \mu_i^* \leqslant C, \quad i = 1,2,\cdots,n \end{cases} \tag{5-16}$$

式中：μ_i、μ_i^* 为拉格朗日乘子。

根据 Karush-Kuhn-Tucker(KKT)条件推导，可得回归函数为

$$f(x) = \sum_{i=1}^{n}(\mu_i - \mu_i^*)K(\boldsymbol{x}_i, \boldsymbol{x}) + b \tag{5-17}$$

5.4　最小二乘支持向量机回归

最小二乘支持向量机(LSSVM)解决回归问题时，其训练集可表示如下：

$$S = \{(\boldsymbol{x}_i, y_i), i = 1,2,\cdots,n\}, \quad \boldsymbol{x}_i \in \mathbf{R}^m, \quad y_i \in \mathbf{R} \tag{5-18}$$

式中：$\boldsymbol{x}_i$ 为第 i 个训练数据；n 表示训练样本总数；y_i 为与 $\boldsymbol{x}_i$ 相对应的输出样本。

求解该估计问题，即在特征空间中经过非线性变换 $\varphi(\cdot)$，寻求 $y = \varphi(\boldsymbol{x}) \cdot \boldsymbol{w} + b$，对应 LSSVM 回归模型的最优目标函数可表示为

$$\begin{aligned} &\min J = \frac{1}{2}\|\boldsymbol{w}\|^2 + \frac{1}{2}C\sum_{i=1}^{n}\xi_i^2 \\ &\text{s. t.}\ \ y_i = \varphi(\boldsymbol{x}_i) \cdot \boldsymbol{w} + b + \xi_i, \quad i = 1,2,\cdots,n \end{aligned} \tag{5-19}$$

式中：$\boldsymbol{w}$ 为权向量；C 为惩罚因子且 $C>0$；ξ_i 为松弛变量；b 为偏置项。

与 LSSVM 分类建模类似，引入拉格朗日乘子 α_i 来构造拉格朗日函数如下：

$$L = \frac{1}{2}\|\boldsymbol{w}\|^2 + \frac{1}{2}C\sum_{i=1}^{n}\xi_i^2 = J - \sum_{i=1}^{n}\alpha_i[\boldsymbol{w}^{\mathrm{T}}\varphi(\boldsymbol{x}_i) + b + \xi_i - y_i] \tag{5-20}$$

根据 KKT 条件，对上述拉格朗日函数求偏导处理，并令偏导为 0，可得：

$$\begin{cases} \dfrac{\partial L}{\partial \boldsymbol{w}} = 0 \rightarrow \boldsymbol{w} = \sum_{i=1}^{n}\alpha_i\varphi(\boldsymbol{x}_i) \\ \dfrac{\partial L}{\partial b} = 0 \rightarrow \sum_{i=1}^{n}\alpha_i = 0 \\ \dfrac{\partial L}{\partial \xi_i} = 0 \rightarrow \alpha_i = \gamma\xi_i \\ \dfrac{\partial L}{\partial \alpha_i} = 0 \rightarrow \boldsymbol{w}^{\mathrm{T}}\varphi(\boldsymbol{x}_i) + b + \xi_i - y_i = 0 \end{cases} \tag{5-21}$$

求解由式(5-21)所示的线性方程组，并根据 Mercer 定理使用核函数代替高维空间中的内积：

$$K(\boldsymbol{x}_i,\boldsymbol{x}_j)=\varphi(\boldsymbol{x}_i)^{\mathrm{T}}\varphi(\boldsymbol{x}_j) \tag{5-22}$$

求得 α_i、b 后，可得到 LSSVM 回归估计的最终决策函数为

$$y(x)=\sum_{i=1}^{n}\alpha_i K(\boldsymbol{x}_i,\boldsymbol{x})+b \tag{5-23}$$

5.5 极限学习机

极限学习机(ELM)模型的原理与方法已在第 4.2.5 节中详述。多分类时，ELM 使用多输出节点，通过比较各节点的值来判断该样本类别，其中节点值最大者对应该样本类别。而对于求解预测或回归问题，仅需将 ELM 输出层神经元的个数设为 1，通过求得隐层输出权重和 ELM 模型输出即可获得预测值，其具体求解流程请参见第 4.2.5 节。

实践篇　水电机组振动故障诊断及状态趋势预测应用

理论篇对主流的水电机组振动信号处理、特征提取、故障诊断及趋势预测的理论与方法进行了详细阐述，为后续的应用研究奠定了基础。水电机组各部件间的耦合作用强，由此使机组振动信号的非线性与非平稳性不断增强，尤其使故障与征兆间的映射关系更加复杂。对此，传统的状态监测与故障诊断方法已难以很好地满足新形势下的水电机组运行分析需求，迫切需要研究新的理论与方法，譬如在监测系统采集到的机组实际运行数据基础上探索新的信号分析与故障诊断方法，以提高状态监测与故障诊断的分析精度，进而提升机组的运行稳定性。为此，本篇针对工程实际中水电机组振动信号分析与故障诊断的若干关键科学问题，以非平稳振动信号处理为切入点，引入先进的信号处理方法，探索更具工程实用性的机组振动故障诊断及状态趋势预测模型与方法。本篇第 6 章提出了三种水电机组振动信号降噪方法，以凸显表征故障信息的振动特征频带，反映了机组的真实运行状态；第 7 章从特征提取与故障模式识别角度开展了相关研究工作；第 8 章通过引入非平稳信号处理技术，探索出多种水电机组状态趋势预测方法，并通过相关实例验证了上述方法的工程实用价值。

第6章　水电机组振动信号降噪研究

水电机组作为电厂运行的核心设备，其性能状况直接关系到电厂的安全，同时其作为电网调峰、调频、调相的关键设备，也影响着区域大电网的安全稳定。随着机组装机容量的不断增加以及在电力系统中比重的不断加大，其安全与稳定问题日益严峻。为了促进水电机组的安全稳定运行，提升电网的稳定性，亟须开展水电机组状态监测研究，主要包括稳定性监测、压力脉动监测、空化监测与局放监测等，其中较为常见的是稳定性监测。有研究指出，约80%的水电机组故障或事故均在振动信号中得到一定体现。因此，监测与分析水电机组振动信号，对及时发现机组运行异常、提升机组稳定性具有重要的工程实际意义。在稳定性监测过程中，由于受强背景噪声与复杂电磁干扰影响，表征故障信息的振动特征频带易被全频带的背景噪声湮没，使监测到的信号难以准确反映机组的真实运行状态。为了从中提取出真实有效的振动特征信息，需对监测信号进行降噪分析。

针对水电机组状态监测研究领域面临的相关问题，本章提出了三种水电机组振动信号降噪方法，即基于经验模态分解(EMD)与自相关函数的水电机组振动降噪方法、基于EEMD与近似熵的水电机组振动降噪方法和基于增强VMD相关分析的水电机组振动降噪方法。其中，EMD、EEMD、VMD三者都属于非平稳信号处理方法，可将具有非线性、非平稳性的水电机组振动信号分解为不同尺度的分量，进而研究一定的筛选策略以进行有效特征分量的选择与重构，实现振动信号降噪。

6.1　基于EMD与自相关函数的水电机组振动信号降噪研究

本节分析了噪声信号的自相关函数特点，进而对EMD分解后的机组振动信号分量进行自相关分析，以筛选有效分量和重构振动信号。

6.1.1　EMD降噪

EMD的基本原理与分解步骤已在第2.3.1节中进行了详细介绍，其根据信号本身的特点，通过循环迭代的方式将复杂信号自适应地分解为若干频率由高到低的本征模态函数。将EMD分解所得分量再结合一定的滤波策略进行筛选，有望取得较好的降噪效果。

6.1.2　自相关函数

随机信号的自相关函数是对信号本身与其时移后所得信号之间相似性的度量，其公式描述如下：

$$R_x(\tau)=E[x(t)x(t+\tau)] \tag{6-1}$$

式中：$x(t)$为随机信号；τ为时移。

由式(6-1)可知，当$\tau=0$时，信号与自身在同一时刻的自相关函数值$R_x(0)$最大，该结论对所有随机信号成立。归一化后的自相关函数为

$$\rho_x(\tau)=\frac{R_x(\tau)}{R_x(0)}=\frac{E[x(t)x(t+\tau)]}{E[x(t)x(t)]} \tag{6-2}$$

为考察普通信号与高斯白噪声信号的归一化自相关函数之间的差异性，这里选用2 Hz和5 Hz正弦信号的叠加作为普通信号，对其计算归一化自相关函数并与高斯白噪声信号进行对比，结果如图6-1所示。由图6-1可知，普通信号的归一化自相关函数值在$\tau=0$处取最大，函数值随着$|\tau|$的增大缓慢衰减为0；而高斯白噪声信号的归一化自相关函数值仅在$\tau=0$处取最大，函数值随着$|\tau|$的增大很快衰减为0。由上述对比分析可知，通过对模态分量归一化自相关函数的计算可为判定分量归属噪声层或信号层的情况提供一定依据。

为从EMD分解结果中找出有效分量，研究基于上述归一化自相关函数的分析定义了能量集中度指标(energy focusability index，EFI)，即归一化自相关函数原点两侧一定范围内所含能量与总能量的比值，对应计算公式为

$$\mathrm{EFI}=\frac{\sum\limits_{\text{原点附近}}\rho^2(n)}{\sum\limits_{n}\rho^2(n)} \tag{6-3}$$

计算图6-1中普通信号与高斯白噪声信号的归一化自相关函数，进而求得原点附近(本节取原点左、右1%范围)的EFI指标分别为0.0919与0.6905。由此可知，普通信号归一化自相关函数的能量分布较为分散，高斯白噪声信号归一化自相关函数的能量则主要集中在零点附近。

6.1.3　基于EMD与自相关函数的降噪方法

在EMD所得分量中，主要频率是从高频到低频变化的，且噪声分量主要集中在前几层的IMF分量中，即排在前面的分量的EFI常较大。为此，提出一种基于EMD与自相关函数的水电机组振动信号降噪方法，同时利用式(6-4)计算系数H，以辅助确定噪声分量与有效分量的分界点。

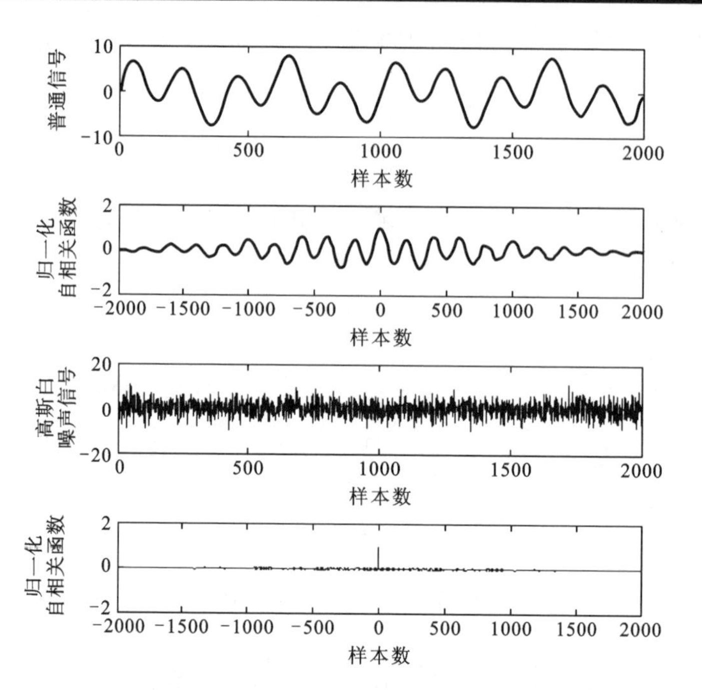

图 6-1　普通信号与高斯白噪声信号的归一化自相关函数的对比

$$H_j = \left| \frac{1}{(j-1)E_j} \sum_{i=1}^{j-1} E_i - 1 \right| \tag{6-4}$$

式中：$j \geqslant 2$；E_j 为第 j 个模态分量的 EFI 值；H_j 为对应系数。

假设从第 m 个模态分量开始，其本身和后面的分量都为有效模态分量，则 $E_1, E_2, \cdots, E_{m-1}$ 近似相等，且均大于 E_m，进而有系数 H_{m-1} 略大于 0，而 H_m 明显大于 0。因此，依据分量对应系数 H 的取值即可确定噪声分量和有效模态分量的分界点。所提降噪方法具体步骤如下。

步骤 1：对含有噪声的水电机组振动信号进行 EMD 分解，得到一系列 IMF 分量 m_i 和一个趋势分量 r。

步骤 2：对所有分量进行自相关分析，计算对应的归一化自相关函数、EFI 指标和系数 H。

步骤 3：依据 H 值分布确定噪声分量和有效分量的分界点，进而重构信号，完成振动信号降噪。

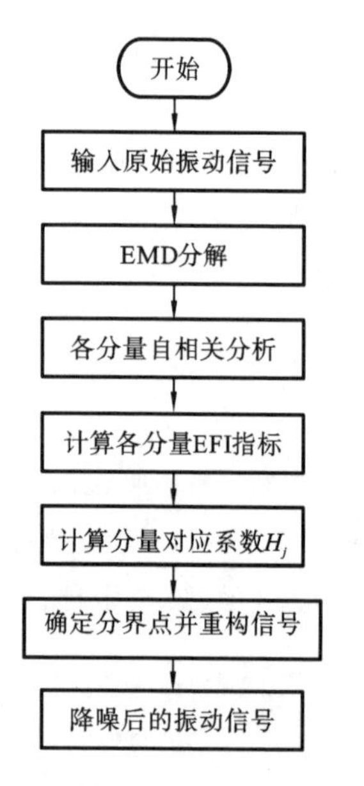

图 6-2　基于 EMD 与自相关函数的水电机组振动信号降噪方法流程

基于 EMD 与自相关函数的水电机组振动信号降噪方法流程如图 6-2 所示。

6.1.4　仿真试验与实例分析

1. 仿真试验

对于监测系统采集到的水电机组振动信号，由于难以获得真实的有用信号成分，导致无法对降噪效果进行量化。为了研究所提方法所达到的降噪效果，本试验中对水电机组振动信号进行仿真分析。考虑到水电机组运行过程中受水力、机械、电磁等激励因素的耦合作用，其振摆所包含的特征频率成分主要包括 $1x$、$2x$、$3x$、$0.2x$、$0.3x$ 等分量，其中 x 为水电机组的额定转动频率。给定下式进行信号仿真：

$$v(t) = \sum_{i=1}^{5} A_i \sin(2\pi f_i t) \tag{6-5}$$

式中：幅值 $A_1 \sim A_5$ 分别为 25 μm、18 μm、13 μm、5 μm、2 μm；频率 $f_1 \sim f_5$ 分别为 2 Hz、2×2 Hz、3×2 Hz、0.2×2 Hz、0.3×2 Hz，采样频率为 1000 Hz，仿真时间为 6 s。水电机组振动仿真信号如图 6-3 所示，其原始仿真信号如图 6-3(a)所示，为其叠加信噪比是 10 dB 的高斯白噪声，加噪仿真信号如图 6-3(b)所示。

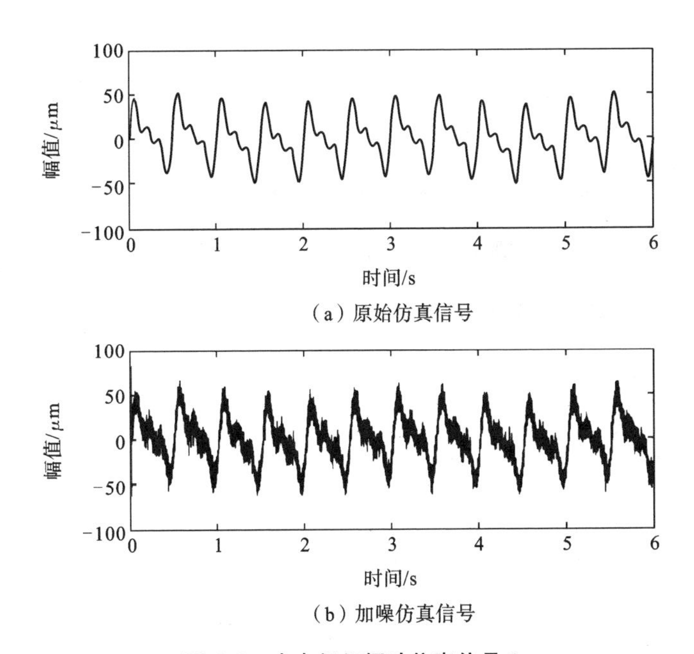

(a) 原始仿真信号

(b) 加噪仿真信号

图 6-3　水电机组振动仿真信号 1

对加噪仿真信号进行 EMD 分解，得到 10 个 IMF 分量和 1 个趋势分量 r，图 6-4、图 6-5 所示的分别为 EMD 分解时域图和 EMD 分解频域图，各分量的归一化自相关函数如图 6-6 所示。

根据高斯白噪声信号的归一化自相关函数值仅在 $\tau=0$ 处取最大，且函数值随着

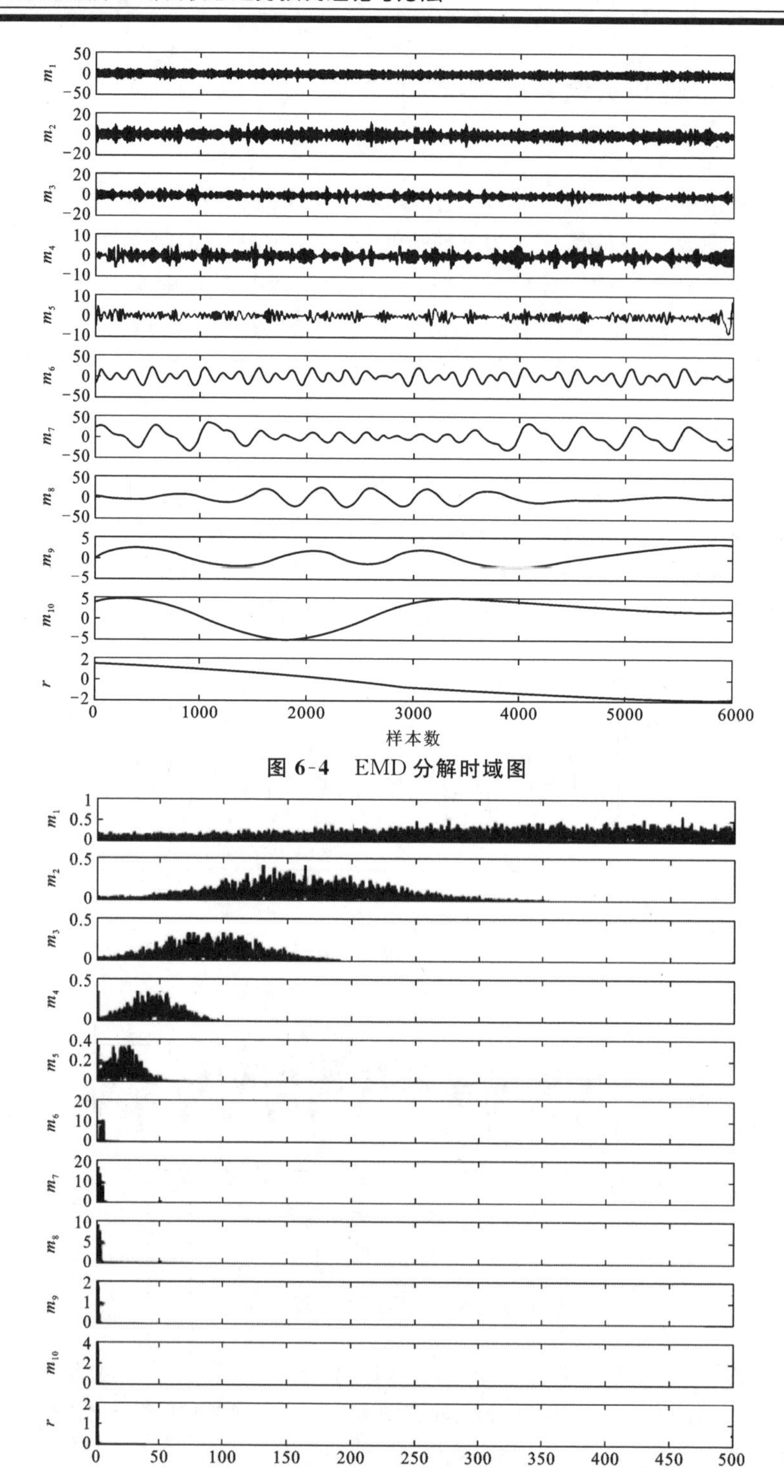

图 6-4 EMD 分解时域图

图 6-5 EMD 分解频域图

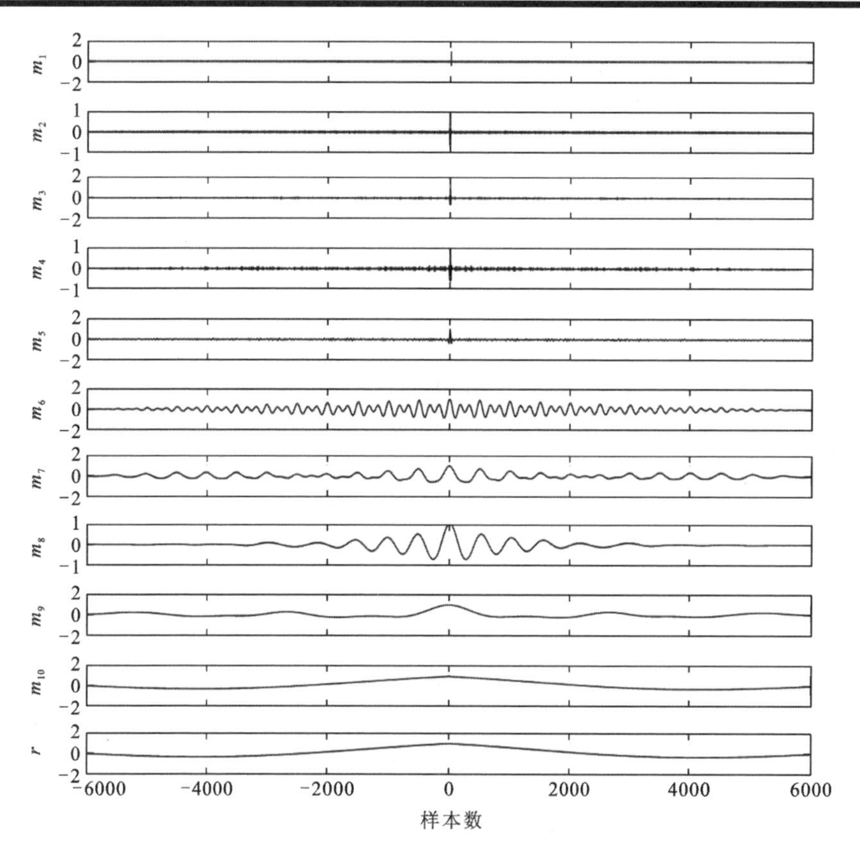

图6-6　各分量的归一化自相关函数1

$|\tau|$的增大很快衰减为0的特点，初步判定$m_1 \sim m_5$为噪声主导分量。各分量的EFI指标如表6-1所示，再结合式(6-4)计算各分量对应的系数H，得到表6-2，其中H_1等于E_1。由表6-2可知，系数H_5略大于0，而系数H_6明显大于0，因而从第6个分量开始可视为有效分量，对分量$m_6 \sim m_{10}$及趋势分量r进行累加即可得到降噪后的信号，如图6-7所示。

表6-1　各分量的EFI指标

m_1	m_2	m_3	m_4	m_5	m_6
0.6531	0.5946	0.5556	0.5434	0.5088	0.0519
m_7	m_8	m_9	m_{10}	r	
0.1383	0.1586	0.1527	0.1147	0.0566	

2. 工程实例

为验证所提降噪方法的工程应用效果，本实例采用双沟电站4＃机水导轴承摆度X方向监测数据进行降噪分析。数据采集相关参数如表6-3所示，所得水导轴承摆度X方向监测信号的时域波形及其频谱如图6-8所示。

表 6-2 各分量对应的系数 H

H_1	H_2	H_3	H_4	H_5	H_6
0.6531	0.0985	0.1228	0.1063	0.1530	10.0000
H_7	H_8	H_9	H_{10}	H_r	
2.5035	1.5236	1.6732	2.3099	5.2355	

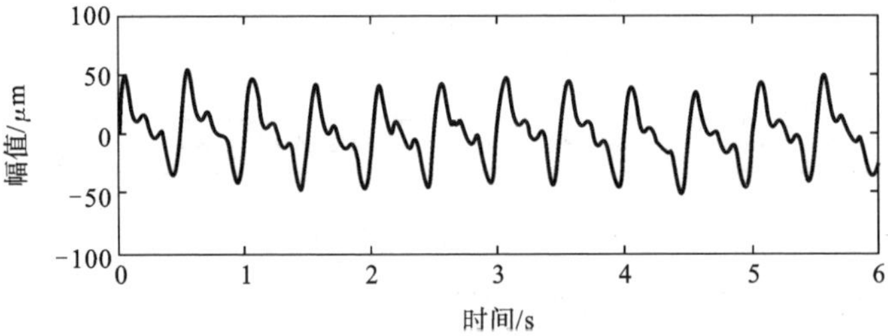

图 6-7 降噪后的信号

表 6-3 数据采集相关参数 1

额定转速/(r/min)	采样频率/Hz	采样点数/个
187	400	400

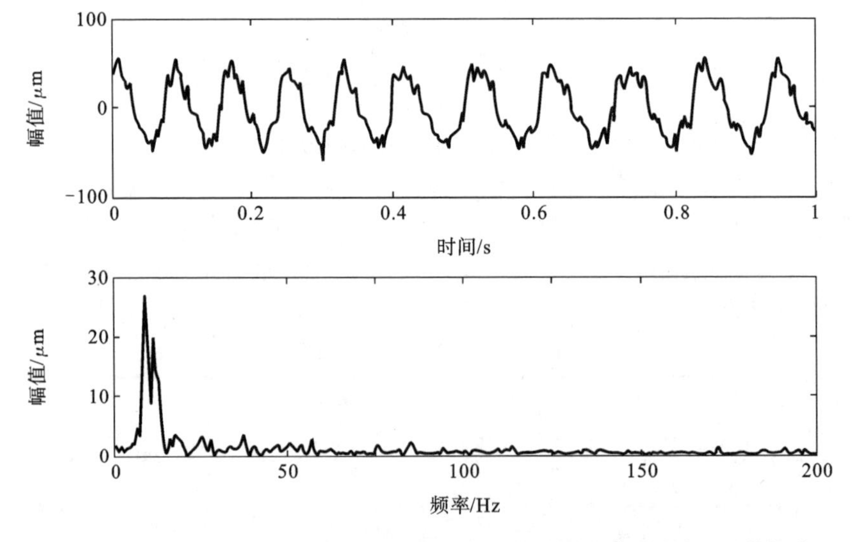

图 6-8 双沟电站 4＃机水导轴承摆度 X 方向监测信号的时域波形及其频谱

由图 6-8 可知，监测所得信号混有不均匀分布的噪声，对该噪声信号进行 EMD 分解，所得 7 个 IMF 分量和 1 个趋势分量 r 的时域波形和频谱分别如图 6-9、图 6-10所示。分别计算各分量的归一化自相关函数，如图 6-11 所示。

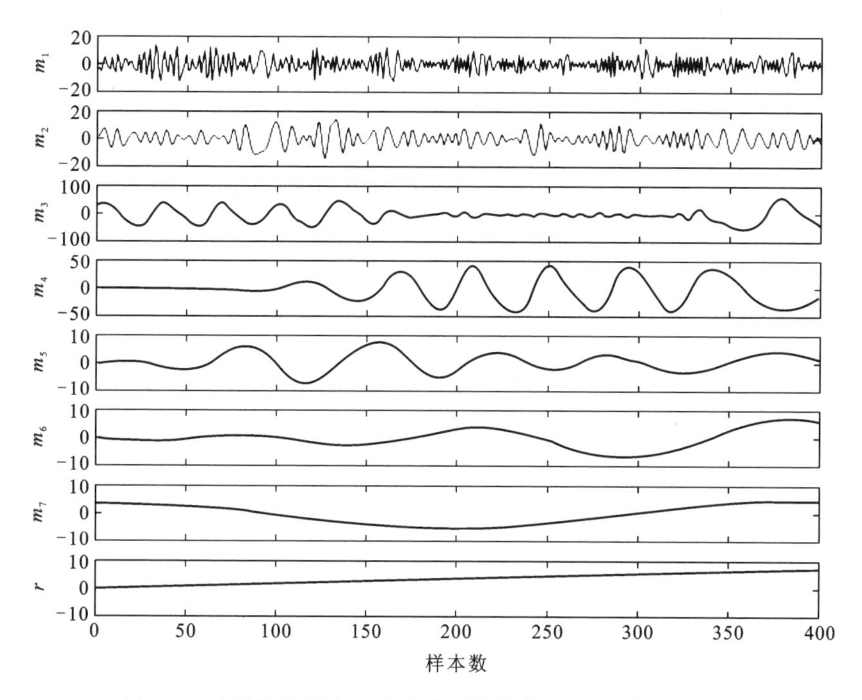

图 6-9　水导轴承摆度 X 方向监测信号的 EMD 分解时域波形

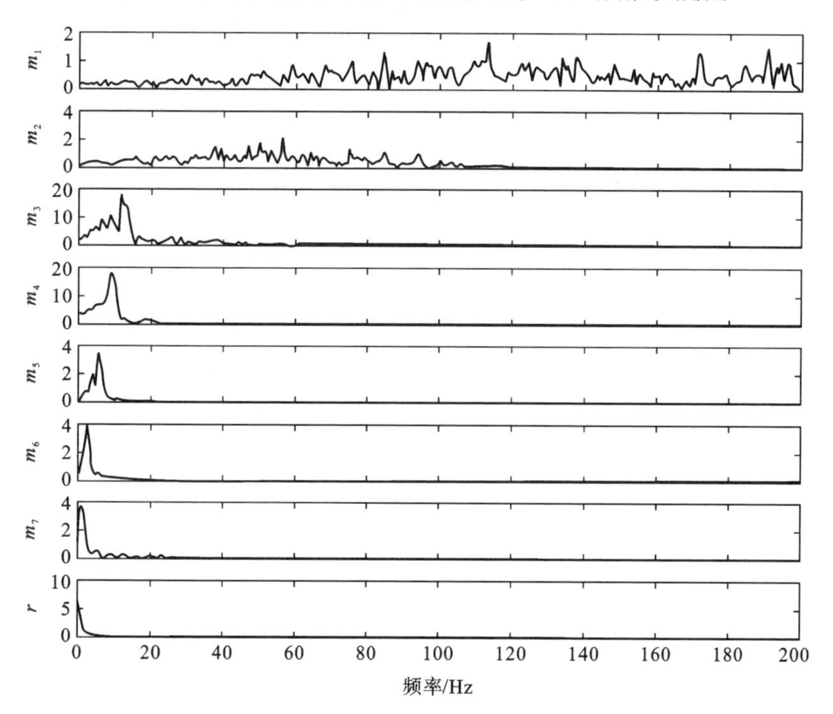

图 6-10　水导轴承摆度 X 方向监测信号的 EMD 分解频谱

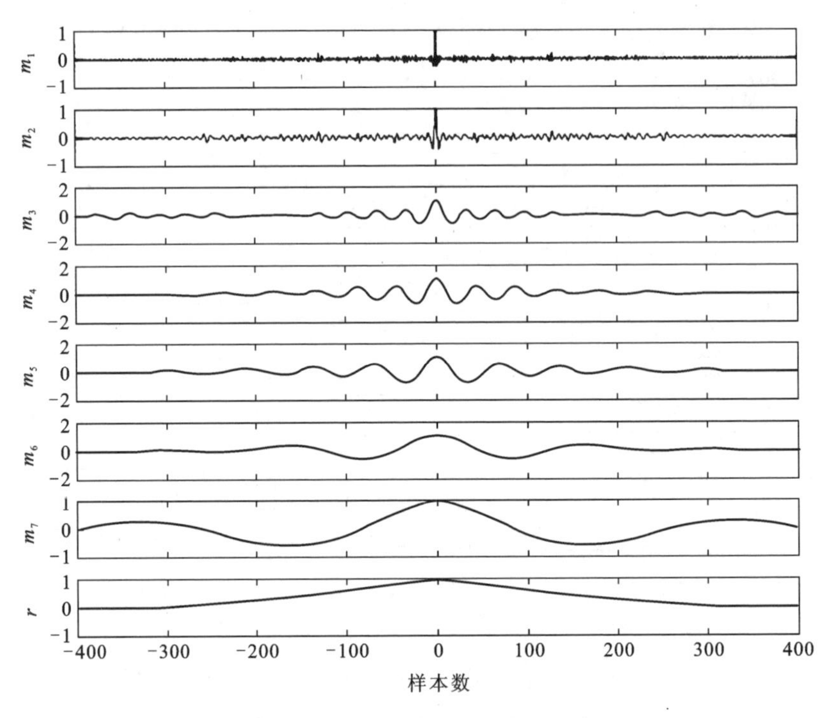

图 6-11 各分量的归一化自相关函数 2

根据噪声信号的归一化自相关函数的特点，初步判定 m_1、m_2为噪声主导分量。各分量的 EFI 指标如表 6-4 所示，再结合式(6-4)计算各分量对应的系数 H，得到表 6-5，其中 H_1等于 E_1。由表 6-5 可知，系数 H_2略大于 0，而系数 H_3明显大于 0，因而从第 3 个分量开始可视为有效分量，对分量 $m_3 \sim m_6$及趋势分量 r 进行累加即可得到降噪后的水导轴承摆度信号，如图 6-12 所示。由图 6-8 所示的监测信号和图 6-12 所示的重构信号对比可知，所提方法有效滤除了背景噪声，具有较好的降噪性能。

表 6-4 噪声信号中各分量的 EFI 指标

m_1	m_2	m_3	m_4	m_5	m_6	m_7	r
0.6086	0.5652	0.2901	0.2135	0.1401	0.1139	0.0681	0.0566

表 6-5 噪声信号中各分量对应的系数 H

H_1	H_2	H_3	H_4	H_5	H_6	H_7	H_r
0.6086	0.0768	1.0227	1.2856	1.9936	2.1924	3.7248	4.0489

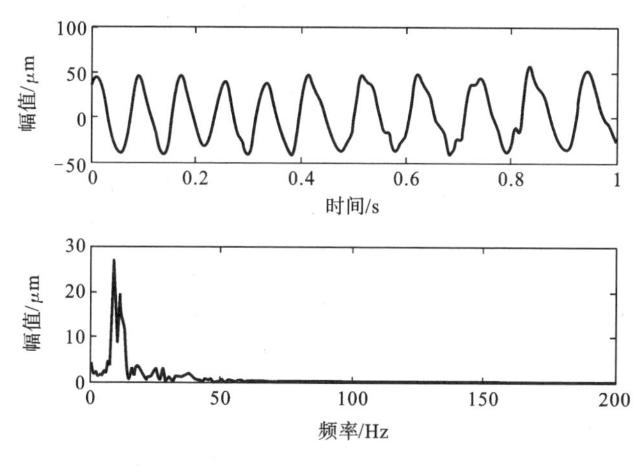

图 6-12　EMD 分解重构后的信号

6.2　基于 EEMD 与近似熵的水电机组振动信号降噪研究

熵能够反映信号序列的复杂程度。为此，本节将近似熵引入水电机组振动信号降噪中，先对信号进行 EEMD 分解，进而基于近似熵筛选出有效分量和重构振动信号。

6.2.1　EEMD 降噪

EEMD 的基本原理与分解步骤已在第 2.3.2 节中进行了详细介绍，其通过引入分解辅助高斯白噪声，解决了 EMD 存在的端点效应与模态混叠问题。因此，与 EMD 相比，EEMD 分解所得分量可更有效地表达原始信号中存在的频率成分。通过对 EEMD 分解所得分量进行筛选，有望取得更好的降噪效果。

6.2.2　近似熵降噪

近似熵的基本原理与计算步骤已在第 3.2.3 中进行了详细介绍，其被表达为一个非负数来表示时间序列的复杂性。该时间序列越复杂，对应的近似熵值越大；相反，时间序列越规则，对应的近似熵值越小。若信号序列中含有较多的噪声成分，则该信号序列将呈现较强的复杂性，对应的近似熵值将较大。通过设置一定的近似熵阈值，可滤除噪声成分，实现降噪。

6.2.3　基于 EEMD 与近似熵的降噪方法

在 EEMD 分解所得分量中，若含有较多的噪声成分，则该分量呈现较强的复杂性，其近似熵阈值较大；若为含有特征频率的有用分量，则该分量较为规则，从而求得的近似熵阈值较小。由 EEMD 原理可知，分解所得 IMF 分量的局部频率是从高频

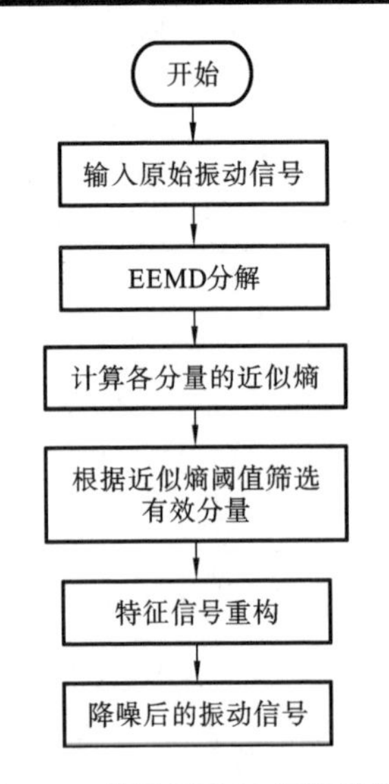

图 6-13 基于 EEMD 与近似熵的水电机组振动信号降噪方法流程

到低频变化的，且噪声分量主要集中在前几层的 IMF 分量中。为此，提出一种基于EEMD与近似熵的水电机组振动信号降噪方法，其具体步骤如下。

步骤 1：对含有噪声的原始振动信号进行 EEMD 分解，得到一系列 IMF 分量 m_i 和一个趋势分量 r。

步骤 2：计算各分量的近似熵。

步骤 3：筛选近似熵小于阈值的分量进行特征信号重构，完成振动信号降噪。

基于 EEMD 与近似熵的水电机组振动信号降噪方法流程如图 6-13 所示。

6.2.4 仿真试验与实例分析

1. 仿真试验

为了验证所提方法的降噪效果，本节采用式(6-6)进行水电机组振动信号仿真分析：

$$v(t) = \sum_{i=1}^{6} A_i \sin(2\pi f_i t) \tag{6-6}$$

式中：幅值 $A_1 \sim A_6$ 分别为 20 μm、4.5 μm、2.55 μm、1.5 μm、0.4 μm、0.3 μm，频率 $f_1 \sim f_6$ 分别为 1.25 Hz、2×1.25 Hz、3×1.25 Hz、4×1.25 Hz、0.3×1.25 Hz、0.2×1.25 Hz，采样频率为 1000 Hz，仿真时间为 6 s，所得原始仿真振动信号如图 6-14(a)所示，为其叠加信噪比是 20 dB 的高斯白噪声，加噪仿真信号如图 6-14(b)所示。

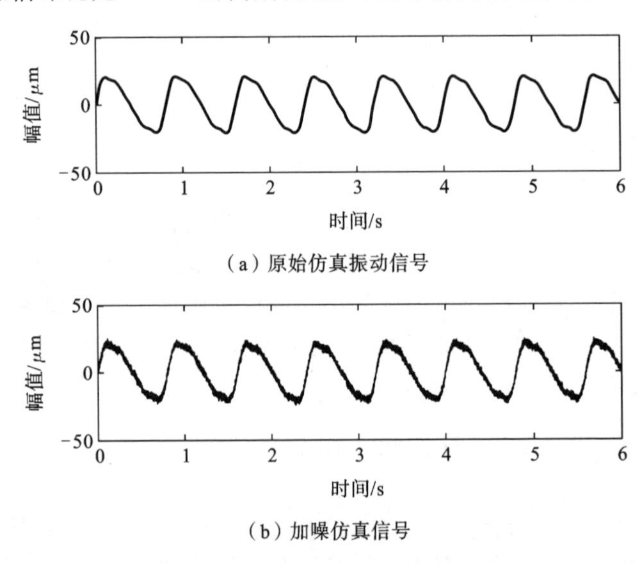

(a) 原始仿真振动信号

(b) 加噪仿真信号

图 6-14 水电机组振动仿真信号 2

对加噪仿真信号进行EEMD分解，得到11个IMF分量和1个趋势分量 r，加噪仿真信号的EEMD分解时域波形如图6-15所示。分别计算所有IMF分量及趋势分量 r 的近似熵，将维数 m 设定为2，近似熵的计算结果如表6-6所示，筛选阈值设定为0.4。由表6-6可知，近似熵的大小从 m_1 到 m_{11} 有明显变小的趋势，其中 $m_1 \sim m_5$ 的近似熵明显大于其他分量的，选取近似熵小于0.4的分量 $m_6 \sim m_{11}$ 和趋势分量 r 为有效分量进行信号重构，可得降噪后的信号时域波形，如图6-16所示。对比图6-16与图6-14(a)可知，噪声成分被有效滤除且波形没有失真。

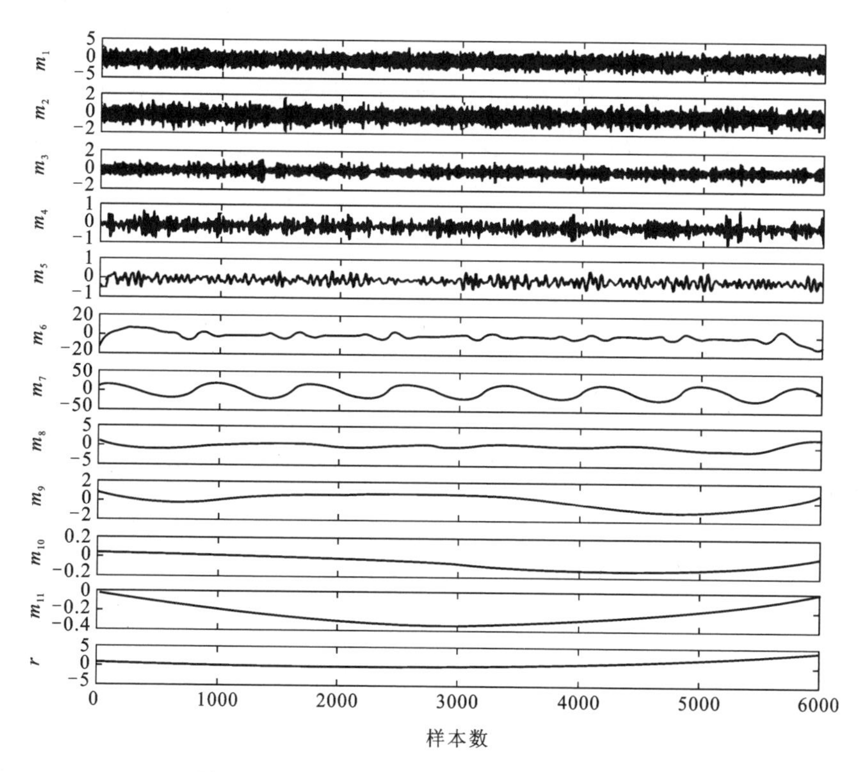

图6-15　加噪仿真信号的EEMD分解时域波形

表6-6　各分量对应的近似熵

m_1	m_2	m_3	m_4	m_5	m_6
1.8732	1.3723	0.6912	0.6341	0.4929	0.0451
m_7	m_8	m_9	m_{10}	m_{11}	r
0.0198	0.0113	0.0048	0.0025	0.0026	0.0009

为了验证所提方法的有效性，利用EMD进行降噪对比分析，同样采用近似熵进行分量选择。为了对降噪性能进行定量分析，取相关系数(R)、信噪比(SNR)、均方根误差(RMSE)作为量化分析指标。

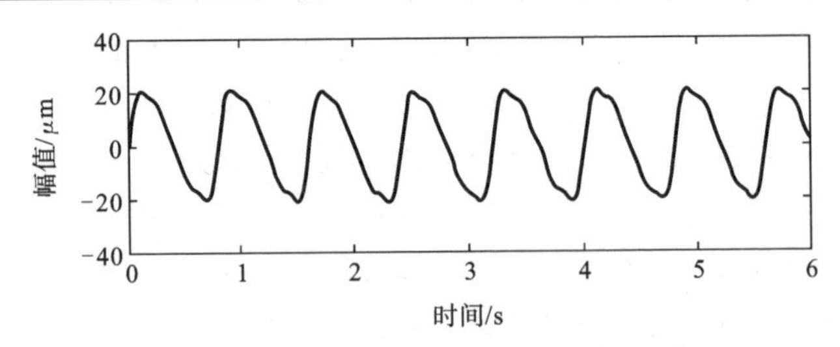

图 6-16　EEMD 分解降噪后的信号时域波形

为了准确了解变量间的相关程度，对其进行统计分析，求出描述变量间相关程度与变化方向的量数，即相关系数，其取值范围为 $-1 \leqslant R \leqslant 1$。$|R|$ 越接近于 1，表明两变量的相关程度越高。降噪方法的性能越好，则去噪信号与原始特征信号间的相关系数越大。相关系数的具体计算公式如下：

$$R = \frac{\sum_{i=1}^{N} v_i \hat{v}_i}{\sqrt{\sum_{i=1}^{N} v_i^2 \sum_{i=1}^{N} \hat{v}_i^2}} \tag{6-7}$$

式中：N 表示采样点数；v_i 表示实际有效信号；$\hat{v}_i$ 表示 v_i 的估计。

信噪比是指特征参数即信号值与非特征参数即噪声的比值，为衡量信号质量优劣的重要指标。信噪比越大，表示信号质量越好，信号中的噪声含量越低。因此，比较信噪比大小可作为判断降噪方法有效性的指标。信噪比的具体计算公式如下：

$$\mathrm{SNR} = 10\lg \frac{\sum_{i=1}^{N} v_i^2}{\sum_{i=1}^{N} (v_i - \hat{v}_i)^2} \tag{6-8}$$

均方根误差是估计信号偏离有效信号的距离平方与采样点数 N 比值的平方根，即误差平方和的平均数开方。均方根误差对估计信号中的较大误差反应非常敏感，因而能很好地反映降噪效果，其值越小，表示降噪效果越好。均方根误差的具体计算公式如下：

$$\mathrm{RMSE} = \sqrt{\frac{1}{N} \sum_{i=1}^{N} (v_i - \hat{v}_i)^2} \tag{6-9}$$

EMD 与所提方法的降噪性能指标对比如表 6-7 所示。

表 6-7　EMD 与所提方法的降噪性能指标对比

方法	EMD	所提方法
R	0.989	0.996
SNR	19.765	20.218
RMSE	5.732	5.523

由表6-7所示的性能指标对比可知，所提方法的综合性能更优，表明了其有效性。其中EMD由于存在端点效应和模态混叠问题，分解所得时域波形存在一定失真，影响了整体降噪效果；所提方法通过计算EEMD分解所得各分量的近似熵，并根据近似熵阈值进行有效分量的筛选与重构，取得了较好的降噪效果。

2. 工程实例

为了验证所提降噪方法的工程应用效果，本实例采用双沟电站2#机水导轴承摆度X方向监测数据进行降噪分析。数据采集相关参数如表6-8所示，所得水导轴承摆度X方向监测信号的时域波形及其频谱如图6-17所示。

表6-8 数据采集相关参数2

额定转速/(r/min)	采样频率/Hz	采样点/个
187	400	2000

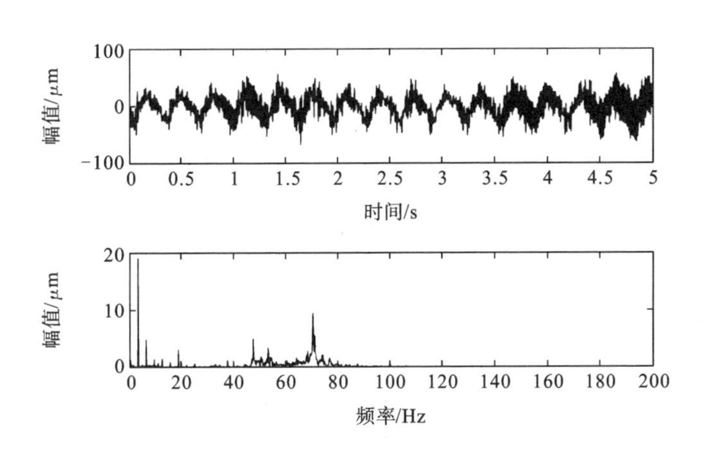

图6-17 双沟电站2#机水导轴承摆度X方向监测信号的时域波形及其频谱

由图6-17可知，所监测的信号混有大量不均匀分布的噪声，对该信号进行EEMD分解得到11个IMF分量和1个趋势分量r，所得时域波形如图6-18所示。分别计算所有IMF分量及趋势分量r的近似熵，将维数m设定为2，近似熵的计算结果如表6-9所示，筛选阈值设定为0.4。

选取近似熵小于0.4的分量m_4～m_{11}和趋势分量r为有效分量进行水电机组摆度信号重构，可得降噪后的信号时域波形及频谱如图6-19所示。相比图6-17所示的监测信号和图6-19所示的重构信号可知，所提方法具有良好的降噪性能，其在滤除高频背景噪声时波形没有失真。

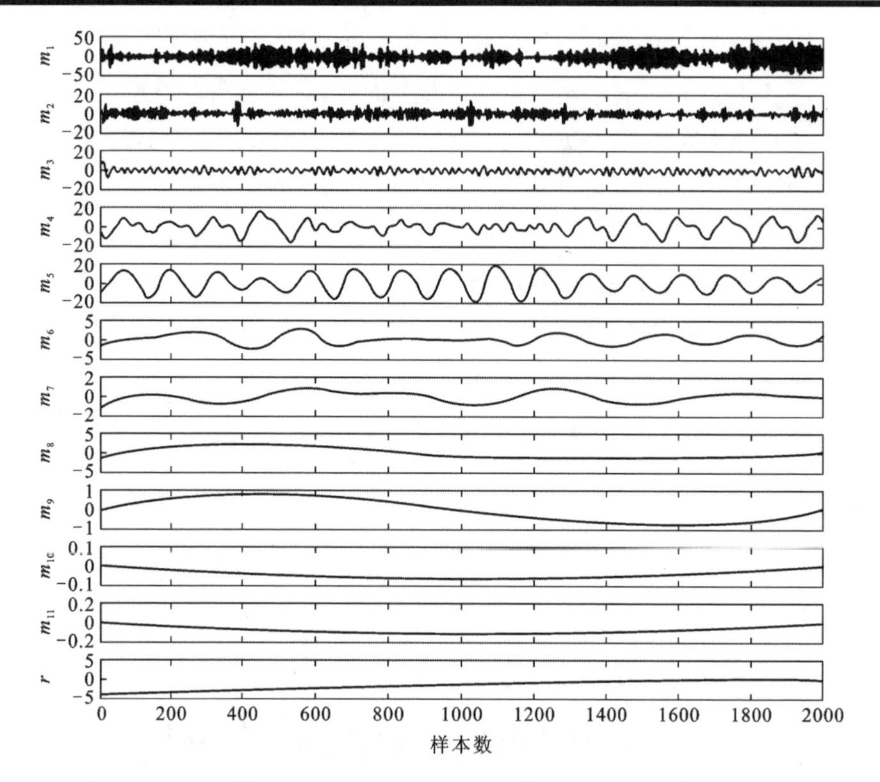

图 6-18 水导轴承摆度 X 方向监测信号进行 EEMD 分解的时域波形

表 6-9 各分量对应的近似熵计算结果

m_1	m_2	m_3	m_4	m_5	m_6
0.8813	0.7922	0.6094	0.2844	0.1798	0.0748
m_7	m_8	m_9	m_{10}	m_{11}	r
0.0363	0.0107	0.0074	0.0038	0.0015	0.0006

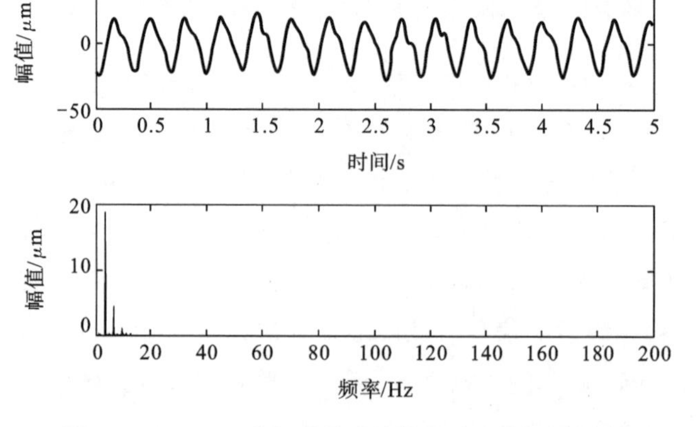

图 6-19 EEMD 分解重构后的信号时域波形及频谱

6.3 基于增强 VMD 相关分析的水电机组振动信号降噪研究

为了有效提取振动信号中的特征频率成分以提升水电机组稳定性监测的可靠性，本节融合奇异值分解（singular value decomposition，SVD）与 VMD 降噪的基本思想，提出了一种基于增强 VMD 相关分析的水电机组振动信号降噪方法。首先对振动信号构造 Hankel 矩阵并进行奇异值分解，进而基于均值滤波策略筛选有效奇异值，求得 Hankel 估计矩阵并反向重构信号，实现低频段信号增强。其次利用 VMD 将重构信号分解为系列模态分量，并分别进行自相关分析，求得归一化自相关函数及对应的能量集中度指标；基于能量集中度选择有效分量并进行特征信号重构，最终得到降噪后的信号。最后通过仿真分析与电站实测振摆信号降噪验证，证明了所提方法的有效性。

6.3.1 SVD 滤波

第 2 章所述信号处理方法主要在时域、频域进行信号处理，SVD 与之不同，其主要通过高维空间内的矩阵分解和基于有效奇异值的信号重构实现非线性滤波，在低信噪比下仍具有一定的微弱故障特征信号分离能力。SVD 是谱分析相关理论在任意矩阵上的推广，其本质为一种正交化分解方法，即对任一行或列向量线性相关的矩阵，通过对其左、右分别乘以某正交矩阵，将其变为一对角阵，该对角阵特征值（奇异值）的个数则反映原矩阵中的独立向量数。SVD 滤波后的信号与原信号相比，其相移小、无延时，因而被广泛应用于机械设备的信号降噪分析中。

1. SVD 滤波的基本原理

SVD 滤波的关键在于 Hankel 矩阵的构造与有效奇异值的选择。假设一维振动信号序列为$\{v(i)\}$，根据相空间重构理论，构建 Hankel 矩阵如下：

$$\boldsymbol{H}=\begin{bmatrix} v(1) & v(2) & \cdots & v(q) \\ v(2) & v(3) & \cdots & v(q+1) \\ \vdots & \vdots & & \vdots \\ v(d) & v(d+1) & \cdots & v(N) \end{bmatrix} \tag{6-10}$$

式中：$N=d+q-1$，$d>q$，N 为采集信号的长度。

对矩阵 $\boldsymbol{H}$ 进行 SVD 分解，可得

$$\boldsymbol{H}=\boldsymbol{U}\boldsymbol{\Delta}\boldsymbol{V}^{\mathrm{T}}=\sum_{i=1}^{d}\theta_i\boldsymbol{u}_i\boldsymbol{v}_i^{\mathrm{T}} \tag{6-11}$$

式中：$\boldsymbol{u}_i$与$\boldsymbol{v}_i$分别为$\boldsymbol{U}\in\mathbf{R}^{d\times d}$与$\boldsymbol{V}\in\mathbf{R}^{q\times q}$的正交列向量；$\theta_i$ 为矩阵$\boldsymbol{H}$ 的奇异值；对角阵 $\boldsymbol{\Delta}$ 的表达式如下：

$$\boldsymbol{\Delta}=\mathrm{diag}(\theta_1,\theta_2,\cdots,\theta_d) \tag{6-12}$$

式中：θ_i 满足 $\theta_1 \geqslant \theta_2 \geqslant \cdots \geqslant \theta_d \geqslant 0$。

记矩阵 $\boldsymbol{H}$ 的秩为 r，若 $\{v(i)\}$ 不含噪声成分，则 $\boldsymbol{H}$ 的每两行均相关，且有 $r<d$，即对角阵 $\boldsymbol{\Delta}$ 中只有前几个少数奇异值大于0；相应地，若 $\{v(i)\}$ 包含白噪声，则 $\boldsymbol{H}$ 的每两行都不相关，有 $r=d$，此时对角阵 $\boldsymbol{\Delta}$ 的所有奇异值都大于0。因此，对于含有噪声的振动信号，对其构造 Hankel 矩阵后所得矩阵 $\boldsymbol{H}$ 一定是满秩的，且靠后的奇异值取值逐渐趋近于0。给定带噪信号，在分解其矩阵 $\boldsymbol{H}$ 后，根据一定的阈值选择策略对得到的所有奇异值进行筛选，并由选出的奇异值进行反向信号重构以完成降噪过程。

2. 奇异值选择分析

构建 Hankel 矩阵后，SVD 滤波性能的优劣仅取决于有效奇异值界点的选择，界点选择方式主要包括中值滤波、均值滤波、差分谱滤波等。

1）中值滤波

中值滤波策略即找出前$[d/2]$个奇异值（$[d/2]$为取整），并以之作为有效奇异值进行反向信号重构。

2）均值滤波

均值滤波策略即找出大于奇异均值的所有奇异值，并以之作为有效奇异值进行反向信号重构。其中奇异均值的计算如下：

$$\text{mean}(\theta) = \sum_{i=1}^{d} \theta_i \Big/ d \tag{6-13}$$

3）差分谱滤波

对矩阵 $\boldsymbol{H}$ 进行 SVD 后将所有奇异值按降序进行排列，得到 θ_i 序列，按下式计算 σ_i：

$$\sigma_i = \theta_i - \theta_{i+1} \tag{6-14}$$

式中：$i=1,2,\cdots,d-1$，所得的新序列 $\{\sigma_1,\sigma_2,\cdots,\sigma_{d-1}\}$ 即为差分谱。

在基于奇异差分谱滤波的策略中，以差分谱的谱峰对应位置点 b 作为突变临界点，然后选择前 b 个奇异值重构信号。

6.3.2 VMD 降噪

VMD 的基本原理与详细分解步骤已在第2.5节中进行了详细介绍，当将其用于振动信号的降噪处理时，其降噪性能受分解模态参数 K 与有效模态分量选择的影响。

1. K 值影响分析

研究发现，当 VMD 用于振动信号降噪分析时，若 K 取值偏大，振动信号的某一频带成分可能会出现在不同的模态分量中，这有助于降噪时保留原始振动信号中的特征频率成分；相反，若 K 取值偏小，则部分模态将被分到邻近的模态上，尤其是在强高斯背景噪声下会出现噪声信号与特征频带信号的混叠，增加了信号降噪的难度。考虑到水电机组振动信号中通常包含丰富的基频、倍频、分频等特征频率成分，当对振动信号进行分解去噪时应使 K 值尽可能大，以实现各特征频带的有效分离，本节中的 K 值都取 10。

2. 有效模态分量选择

本节仍采用第 6.1.2 节定义的 EFI 指标辅助进行有效分量筛选，在计算时取原点左、右 10%范围内所含能量进行计算。通常，噪声分量的 EFI 值常偏大，而特征频率分量的 EFI 值常偏小。依据各模态 EFI 值进行分量筛选和信号重构即求得最终信号。为了实现基于 EFI 指标的有效分量选择，需要对指标的边界进行合理设定。为此，研究者多次对不同高斯白噪声强度下的 VMD 分解结果进行 EFI 指标分析试验，其中 VMD 分解层数取 10，噪声强度 p 依次从 1 dBW 增加到 20 dBW，所得不同噪声强度下 VMD 分量对应的 EFI 指标曲线如图 6-20 所示。由图可知，不同噪声强度下 VMD 分解所得所有分量的 EFI 值都大于 0.4，且仅有个别分量的 EFI 值小于 0.5。基于此，筛选有效分量的 EFI 取值边界应在 0.4～0.5 之间。根据经验分析，若信号的噪声近似为高斯白噪声，则筛选有效分量的 EFI 取值边界可设为 0.5；若信号的噪声为非高斯白噪声，则筛选有效分量的 EFI 取值边界可设为 0.4。

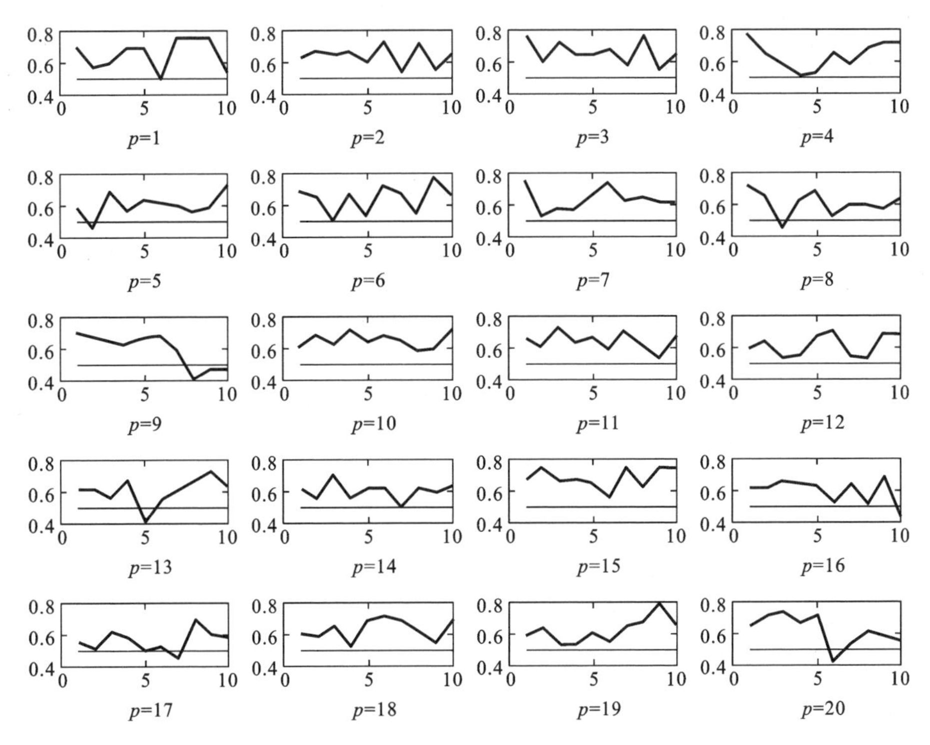

图 6-20　不同噪声强度下 VMD 分量对应的 EFI 指标曲线

6.3.3　基于增强 VMD 相关分析的降噪方法

在强背景噪声与复杂电磁干扰下的水电机组振动信号分析应用中，为了提升

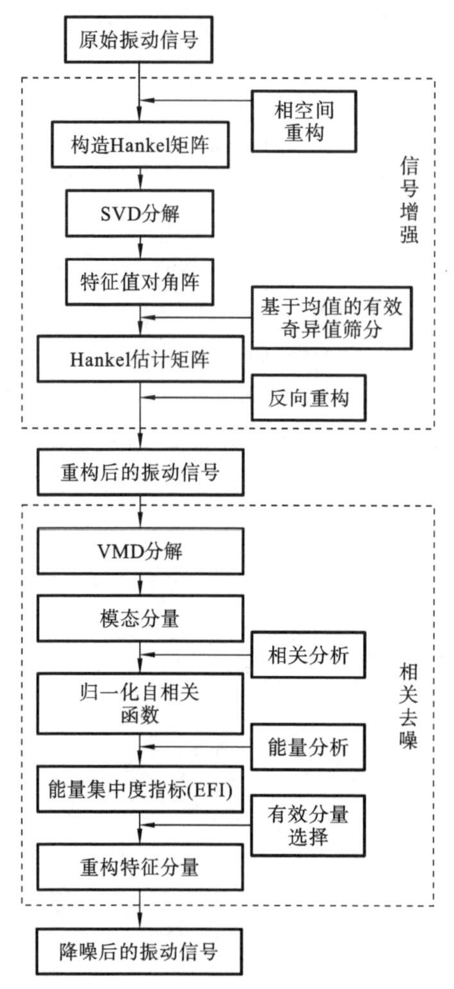

图 6-21 基于增强 VMD 相关分析的降噪方法流程

VMD 对低频特征频段的分离性能，将 SVD 作为 VMD 的前置滤波环节，并采用均值滤波策略选择奇异值界点，进而提出了一种基于增强 VMD 相关分析的水电机组振动信号降噪方法，其具体步骤如下。

步骤 1：对原始振动信号按式(6-10)构造 Hankel 矩阵，并对所得 Hankel 矩阵进行 SVD 分解。

步骤 2：按式(6-11)计算所有奇异值的均值，选出所有大于该均值的有效奇异值并进行反向信号重构，实现低频段信号增强。

步骤 3：给定 VMD 分解模态参数 K 与其他相关参数，对重构信号进行 VMD 分解，得到一组模态分量。

步骤 4：计算各模态分量的归一化自相关函数。

步骤 5：计算各函数的能量集中度指标(EFI)并据此指标进行特征信号(有效分量)选择。

步骤 6：重构特征分量，即累加所有有效分量，最终得到降噪后的振动信号。

基于增强 VMD 相关分析的降噪方法流程如图 6-21 所示。

6.3.4 仿真试验与实例分析

为了验证所提出的基于增强 VMD 相关分析的水电机组振动信号降噪研究方法的有效性，本节对带噪振动信号进行了仿真分析，并将其应用于某实测机组振动信号的降噪试验中。

1. 仿真试验

为了研究所提方法的降噪效果，本试验中对水电机组振动信号进行仿真分析，仿真信号如下：

$$v(t) = \sum_{i=1}^{4} A_i \sin(2\pi f_i t) \tag{6-15}$$

式中：幅值 $A_1 \sim A_4$ 分别为 20 μm、10 μm、10 μm、5 μm，频率 $f_1 \sim f_4$ 分别为 2 Hz、2×2 Hz、2×3 Hz、2×4 Hz。

采样频率为 200 Hz，仿真时间为 2 s，得到的水电机组振动仿真信号如图 6-22

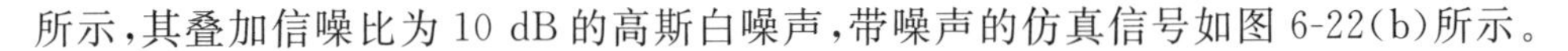

所示，其叠加信噪比为10 dB的高斯白噪声，带噪声的仿真信号如图6-22(b)所示。

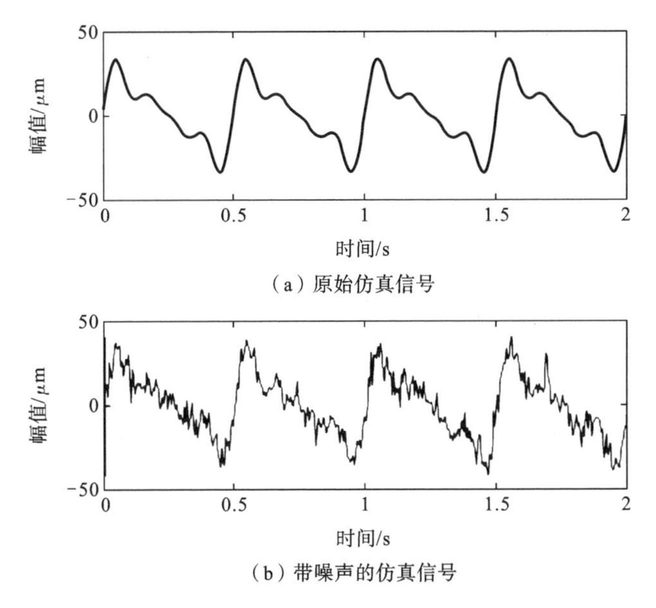

(a) 原始仿真信号

(b) 带噪声的仿真信号

图6-22　水电机组振动仿真信号3

对带噪声的仿真信号构造Hankel矩阵，并进行SVD分解，进而采用均值滤波策略筛选有效奇异值，其中Hankel矩阵的参数q取20。求得Hankel估计矩阵并由此反向重构信号，所得信号时域波形如图6-23所示。

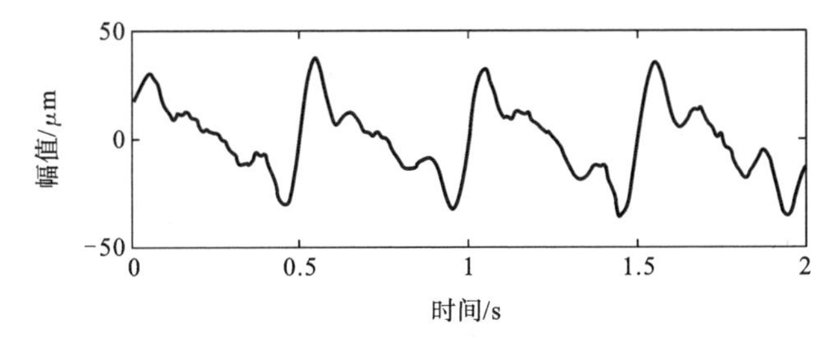

图6-23　SVD分解重构后的信号时域波形

对重构信号进行变分模态分解，K取10，分别计算所得分量的归一化自相关函数及其对应的EFI值。各模态分量对应的EFI值如表6-10所示，各模态分量的归一化自相关函数如图6-24所示。

表6-10　各模态分量对应的EFI值

m_1	m_2	m_3	m_4	m_5
0.690	0.665	0.627	0.636	0.480
m_6	m_7	m_8	m_9	m_{10}
0.691	0.511	0.367	0.393	0.250

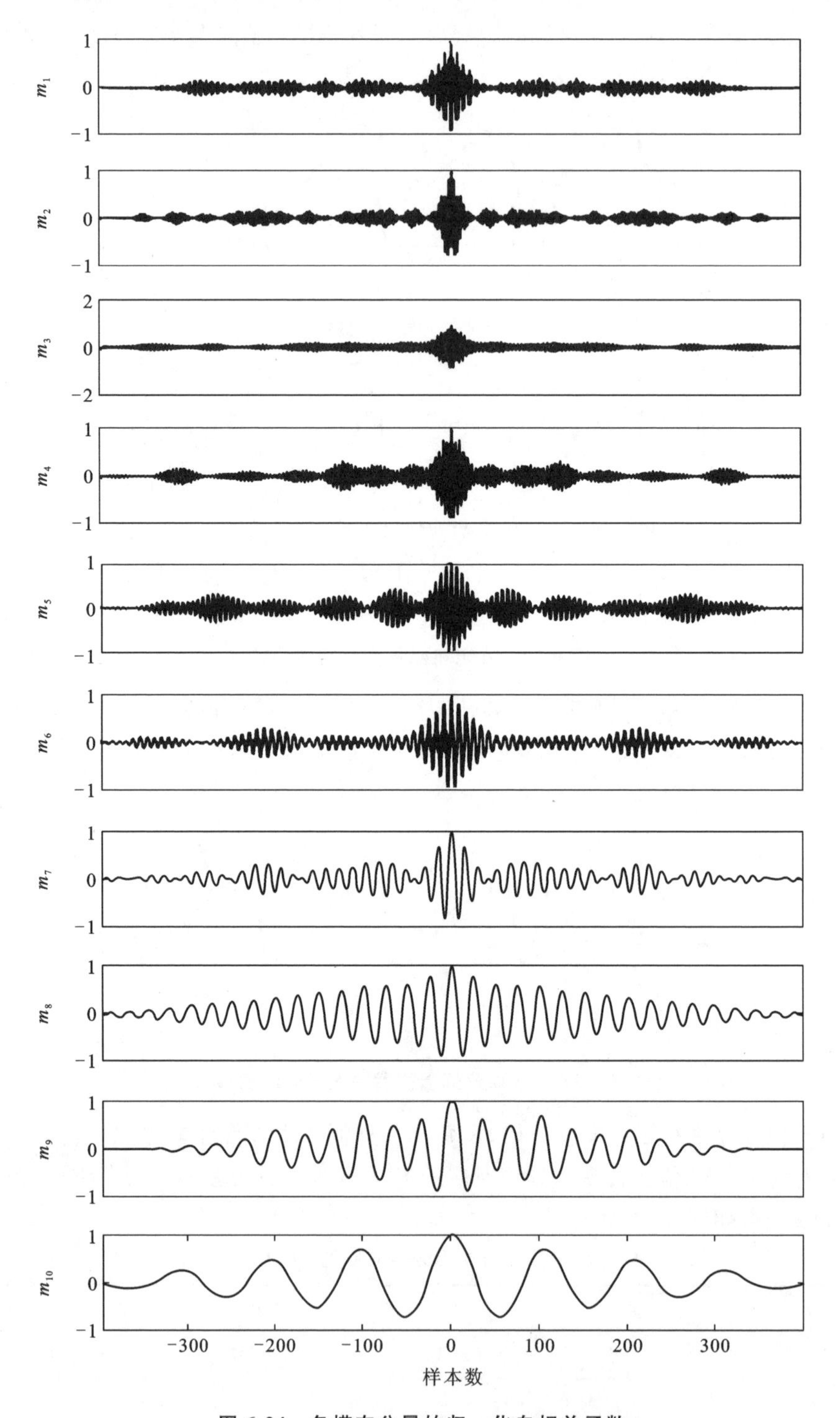

图 6-24 各模态分量的归一化自相关函数

在该仿真分析中,添加的噪声为高斯白噪声,根据上面的分析设置筛选有效分量的 EFI 取值边界为 0.5。依据表 6-10 所示的 EFI 值选择分量 m_5、m_8、m_9、m_{10} 重构,得到最终降噪后的信号,其时域波形如图 6-25 所示。

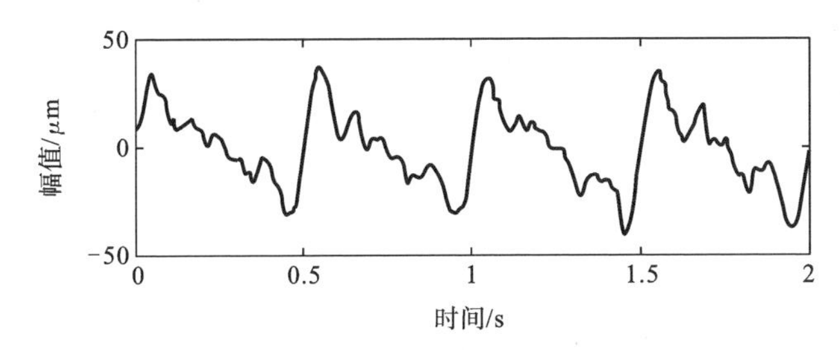

图 6-25　最终降噪后的信号时域波形

为了验证所提方法的有效性,分别利用 SVD、EMD、VMD 等降噪方法对振动仿真信号进行处理,其中对 EMD 与 VMD 均采用与所提方法类似的相关降噪方法进行降噪分析,VMD 分解层数 K 取 10。为了对降噪性能进行定量分析,取相关系数(R)、信噪比(SNR)、均方根误差(RMSE)为量化分析指标,各方法的降噪性能指标对比如表 6-11 所示。

表 6-11　不同方法的降噪性能指标对比

方法	EMD	SVD	VMD	所提方法
R	0.975	0.978	0.986	0.986
SNR	12.965	13.482	15.378	15.417
RMSE	3.974	3.744	3.010	2.996

由表 6-11 所示的性能指标对比可知,所提方法的综合性能指标较 SVD、EMD 和 VMD 的更优,表明了其有效性。其中,SVD 降噪结果受奇异值筛选情况的影响较大,适应性不强;EMD 由于存在端点效应和模态混叠问题,因此分解所得时域波形存在一定失真;VMD 将给定信号在采样频率范围内分解为不同频带的分量,其频带内部周期成分仍受一定噪声影响;所提方法通过在 VMD 前先进行 SVD 分解,可有效降低噪声水平,提升周期特征成分的提取能力,进一步通过相关分析实现 VMD 后有效分量的筛选,取得了较好的降噪效果。

2. 工程实例

为了验证所提降噪方法的工程应用效果,本实例采用双沟电站 1# 机上导轴承摆度监测数据进行降噪分析。数据采集相关参数如表 6-12 所示,所得该机组上导轴承摆度监测信号的时域图及其频谱如图 6-26 所示。

表 6-12　数据采集相关参数 3

额定转速/(r/min)	采样频率/Hz	采样点数/个
187	400	1024

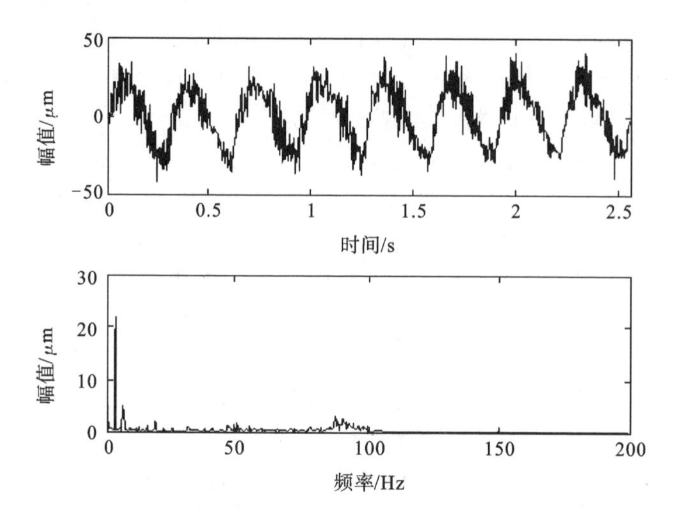

图 6-26　上导轴承摆度监测信号的时域图及其频谱

由图 6-26 可知，采集信号混杂了不均匀分布的背景噪声。对该信号构造 Hankel 矩阵，并进行 SVD 分解，进而采用均值滤波策略筛选有效奇异值，其中 Hankel 矩阵的参数 q 取 20。求得 Hankel 估计矩阵并由此反向重构信号，所得信号时域图及其频谱如图 6-27 所示。

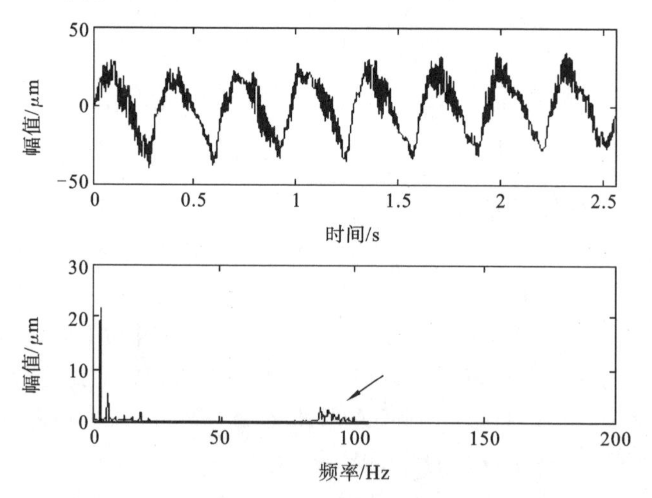

图 6-27　SVD 分解重构后的信号时域图及其频谱

对重构信号进行变分模态分解，K 取 10，分别求得各分量的归一化自相关函数及对应的 EFI 值，其中各模态分量的归一化自相关函数如图 6-28 所示，各分量对应的 EFI 值如表 6-13 所示。

在该实例分析中，由图 6-26 中的频谱图可知，信号含有的噪声为非高斯白噪声，根据前面的分析设置有效分量的 EFI 取值边界为 0.4。依据表 6-13 所示的 EFI 值选择分量 m_8、m_9、m_{10} 进行特征信号重构，所得最终信号的时域图及其频谱如图 6-29

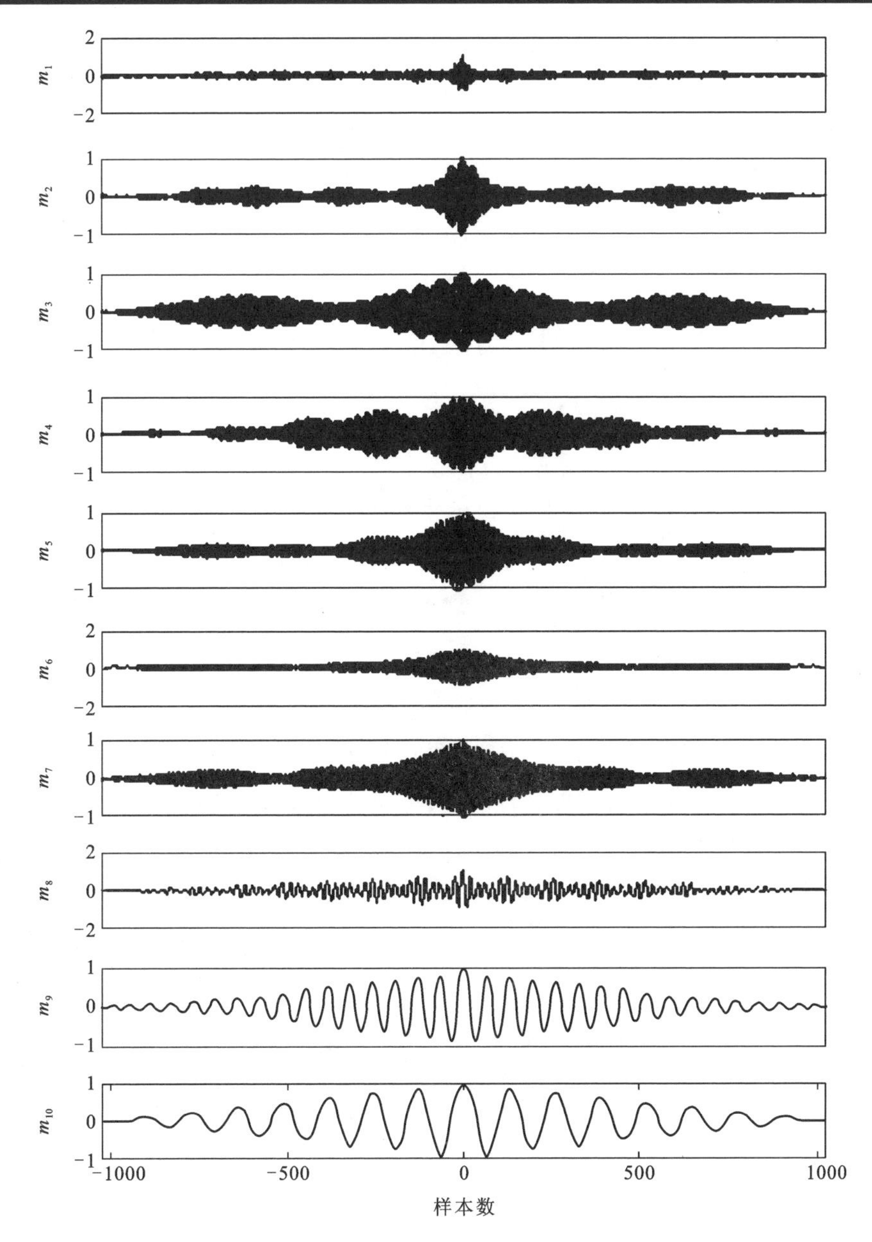

图 6-28　SVD 分解后各模态分量的归一化自相关函数

表 6-13　SVD 分解后各分量对应的 EFI 值

m_1	m_2	m_3	m_4	m_5
0.4495	0.6202	0.4006	0.4052	0.6501
m_6	m_7	m_8	m_9	m_{10}
0.6228	0.5235	0.2719	0.3286	0.2654

所示。由图 6-29 与图 6-26 对比分析可知，背景噪声被有效去除，且波形没有失真，由图 6-29 中的频谱图可知，信号中的转频(x)、二倍频($2x$)、六倍频($6x$)等特征频率成分处谱线明显，其中转频 $x=187/60\ \text{Hz}=3.1\ \text{Hz}$。再结合不同激励下的水电机组振摆信号特征分析，将有助于针对性地处理机组运行异常。

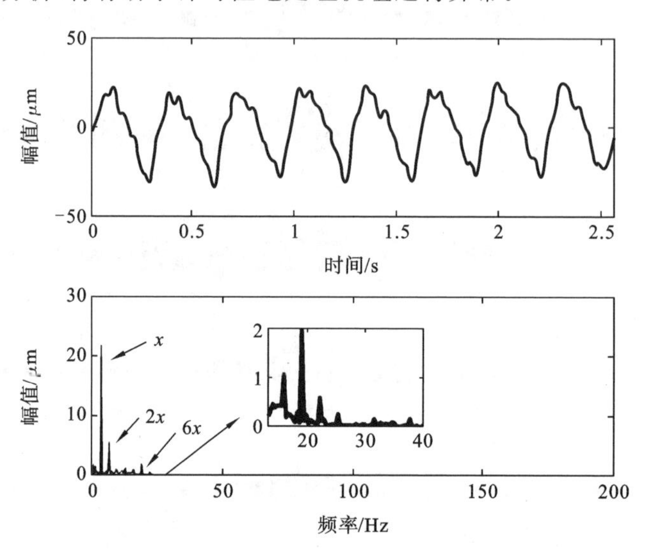

图 6-29　所提方法降噪后的信号时域图及其频谱

为了验证所提方法的有效性与优越性，分别利用 SVD、EMD、VMD 等降噪方法对该上导轴承摆度监测信号进行处理。其中 EMD 与 VMD 均采用与所提方法类似的相关降噪方法进行降噪分析，VMD 分解的层数 K 取 10。SVD 的降噪结果如图 6-27所示，由图可知，所得信号中仍混有一定频带的高频分量，影响了信号的分析精度。EMD 降噪后的信号如图 6-30 所示，由于存在端点效应和模态混叠问题，分解所

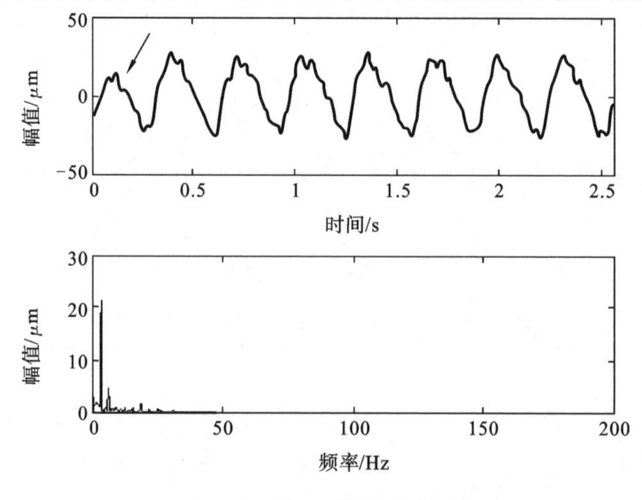

图 6-30　EMD 降噪后的信号

得时域波形存在一定失真。VMD 降噪后的信号如图 6-31 所示，由频谱图可知，所得信号在 20～40 Hz 之间仍有一定的干扰频率成分。所提方法先通过 SVD 降低噪声水平，提升周期特征成分的提取能力，而实现增强 VMD 分解与相关去噪，取得了较好的降噪效果。由上述四种方法的降噪效果对比可知，所提方法的降噪效果最好，验证了其在水电机组摆度监测信号分析中的有效性。

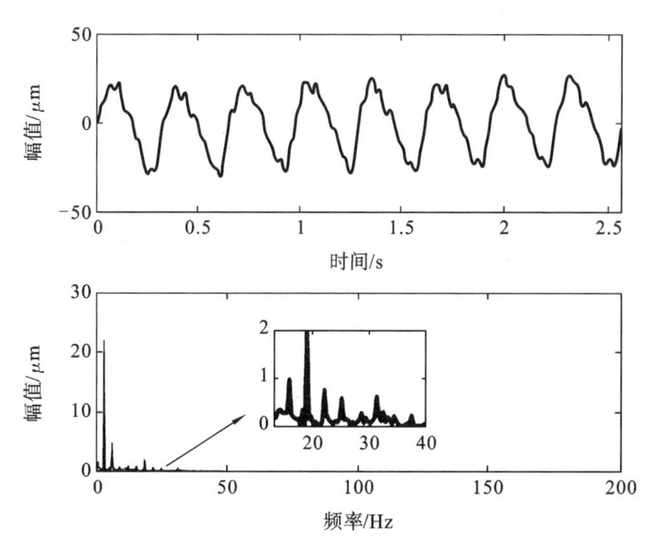

图 6-31　VMD 降噪后的信号

第7章　水电机组振动故障诊断方法研究

通过研究并提出有效的信号降噪方法，能充分滤除振动信号中的噪声成分，获得水电机组运行时的有用振动信号成分并用于监测系统的显示分析，从而为水电机组运行人员提供实时运行参考。然而，在电厂智能化建设的总体需求下，仅通过信号的降噪分析，还难以有效捕捉到水电机组故障信息。为了实现水电机组的智能故障诊断功能，还需从信号中提取能充分表征故障归属的特征成分，即在水电机组运行异常或出现故障的情况下，对监测到的信号进行特征提取，进而采用分类器进行智能故障模式识别。由于监测所得的信号具有较强的非平稳性与非线性，所以传统信号处理与特征提取方法难以满足其分析需求。近年来，短时傅里叶变换、Wigner-Ville 分布、小波变换、EMD 等时频信号分析方法以其较好的时域、频域同步处理能力，在非平稳信号分析与故障特征提取领域得到了广泛应用。其中，短时傅里叶变换是基于分段平稳假设的，一旦信号不满足该假设，其分析精度就难以保证；Wigner-Ville 分布具有较高的时频分辨率，且时频聚集性比较好，但进行多分量信号分析时，会产生交叉干扰项，使其应用受到很大制约；小波变换具有可调的时频窗口，虽被广泛应用于旋转机械故障特征的提取，但存在小波基选择困难和自适应能力差的问题；EMD 因存在端点效应和模态混叠的问题，导致提取到的特征难以充分揭示原有的故障信息。

本章在信号处理的基础上，从特征提取与故障模式识别角度开展了相关研究工作。首先，提出了一种基于 VMD-MAR 模型参数盲辨识的水电机组非平稳故障特征提取方法，并通过振动故障信号与水电机组空蚀信号的特征提取验证了其有效性；其次，提出了一种基于排列熵特征与混沌量子 SCA 优化 SVM 的故障诊断模型；最后，为了提升诊断模型的工程实用性，综合考虑各类样本数量与样本分布密度的影响，并充分融合 SVDD 的学习能力与 K 近邻方法的邻域刻画优势，通过引入复合权重与改进决策规则，提出了一种改进 SVDD 的水电机组振动故障诊断模型，同时结合数值仿真与水电机组振动故障诊断实例验证了其有效性。

7.1　基于多元自回归模型参数盲辨识的非平稳故障特征提取

时间序列模型作为一种时序分析方法，通过模型参数盲辨识可得到凝聚了系统状态的重要信息，在处理多因素强耦合下的信号特征提取问题时具有一定的优势。通过对时间序列模型进行准确定阶与参数辨识，所得参数能深刻反映出动态系统所蕴含的数学模型在结构和参数上的变化规律。目前，在时间序列分析领域采用的参数模型主要包括自回归（AR）模型与自回归移动平均（ARMA）模型。其中，ARMA 模型主要用于平稳过程的信号分析，常采用非线性最小二乘法或自回归白噪化估计法进行参数估计，由于待估计参数较多，所以估计时比较麻烦，且对应的是求解一组非线性方程组。而 AR 模型与 ARMA 模型相比，参数较少，只需求解线性方程组，且能逼近 ARMA 模型，因此 AR 模型成为实际应用最广泛的参数模型。多元自回归（MAR）模型是 AR 模型的多变量版本，它是通过对多个变量进行同步自回归建模和参数辨识，具有效率高、考虑变量相关性等优势，但因缺乏对非平稳信号的处理能力，导致其难以很好地满足水电机组故障信号特征提取的需求。为此，引入前面提到的 VMD 理论，借助其非平稳信号处理能力，并结合系统参数辨识原理，提出了一种基于 VMD 与 MAR 模型参数盲辨识的水电机组非平稳故障特征提取方法，进而为电厂智能化建设提供了一定的技术支持。

7.1.1　多元自回归模型

AR 模型一次只能对一个变量进行建模分析，当需要进行多元建模时，AR 模型必须进行多次建模分析，且由不同变量确定的模型阶数可能不一致。与 AR 模型相比，MAR 模型仅需进行一次建模分析，且能反映出不同变量间的内在联系。设 $x_n^k(k=1,2,\cdots,m)$ 为第 k 个模型变量在时刻 n 的值，由多元自回归原理可知，x_n^k 不仅与该模型变量前 p 个时刻的值和 n 时刻的白噪声有关，也与其他变量前 p 个时刻的值有关。模型的公式化描述为

$$\begin{cases} x_n^1 = \sum_{i=1}^{p} \alpha_{1i}^1 x_{n-i}^1 + \sum_{i=1}^{p} \alpha_{1i}^2 x_{n-i}^2 + \cdots + \sum_{i=1}^{p} \alpha_{1i}^m x_{n-i}^m + e_n^1 \\ x_n^2 = \sum_{i=1}^{p} \alpha_{2i}^1 x_{n-i}^1 + \sum_{i=1}^{p} \alpha_{2i}^2 x_{n-i}^2 + \cdots + \sum_{i=1}^{p} \alpha_{2i}^m x_{n-i}^m + e_n^2 \\ \vdots \\ x_n^m = \sum_{i=1}^{p} \alpha_{mi}^1 x_{n-i}^1 + \sum_{i=1}^{p} \alpha_{mi}^2 x_{n-i}^2 + \cdots + \sum_{i=1}^{p} \alpha_{mi}^m x_{n-i}^m + e_n^m \end{cases} \tag{7-1}$$

式中：p 为模型的阶数；α_{ki}^m 为第 m 个变量在延迟第 i 步时对第 k 个变量的自回归系数；e_n^m 为第 m 个变量的随机误差。

1. MAR 模型定阶

MAR 模型的阶数估计是参数辨识的基础，当估计阶数与模型实际阶数存在一定差别时，辨识出的参数将难以反映序列蕴含模型的本质特征。研究采用施瓦茨-贝叶斯准则（SBC）估计模型阶数，SBC 函数如下：

$$S(p)=\frac{l_p}{m}-\left(1-\frac{n_p}{N}\right)\ln N \tag{7-2}$$

式中：$n_p=mp+1$；$l_p=\ln\ \det d_p(\boldsymbol{R}_{22}^{\mathrm{T}}\boldsymbol{R}_{22})$，$\boldsymbol{R}_{22}$ 为由模型的 $\boldsymbol{K}$ 阵经 QR 分解后所得的上三角矩阵的第四部分。

在指定的阶数范围内，随着阶数的增加，$S(p)$将逐渐减小，当 $S(p)$取得极小值，或者随着阶数的增加，$S(p)$已无明显减小时，所得 p 值即为模型阶数。

2. MAR 模型参数盲辨识

在 MAR 模型中，由于考虑了不同变量序列间的内在关系，所以导致参数较多，若采用最小方差准则直接求解，则计算量较大。为了提升计算效率，研究采用基于 QR 分解的快速计算方法进行参数盲辨识。将辨识出的所有参数组合起来即得到多变量序列的特征向量。

7.1.2 基于 VMD-MAR 模型参数盲辨识的非平稳故障特征提取

为了充分提取水电机组非平稳故障特征，本节提出了基于 VMD-MAR 模型参数盲辨识的特征提取方法。该方法首先利用 VMD 将信号分解为具有有限带宽的模态分量集，并对所有分量进行 MAR 建模，再采用基于 QR 分解的快速计算方法辨识模型参数以构成特征向量，然后对该向量进行主元提取，将得到的最能反映动态系统内在变化规律的故障特征向量作为分类器的输入进行故障模式识别。该方法的具体计算步骤如下。

步骤 1：从数据采集系统获取原始振动故障样本信号。

步骤 2：对故障样本信号进行 VMD 分解，得到一系列模态分量。

步骤 3：对所有模态分量进行 MAR 建模，并采用 SBC 给模型定阶。

步骤 4：由辨识得到的 MAR 模型参数构成故障信号的特征向量。

步骤 5：基于主元分析（PCA）从所有特征属性中提取故障特征，并以之作为最终的故障特征向量。

步骤 6：采用 SVM 分类器对故障特征向量进行模式识别。

步骤 7：对于待诊断的故障信号，重复步骤 2～步骤 5，并将最终获取的故障特征向量代入 SVM 分类器，得到诊断结果。

基于 VMD-MAR 模型参数盲辨识的特征提取流程如图 7-1 所示。

7.1.3 实例分析

为了验证特征提取方法的有效性，本节将其应用于滚动轴承故障信号与水电机

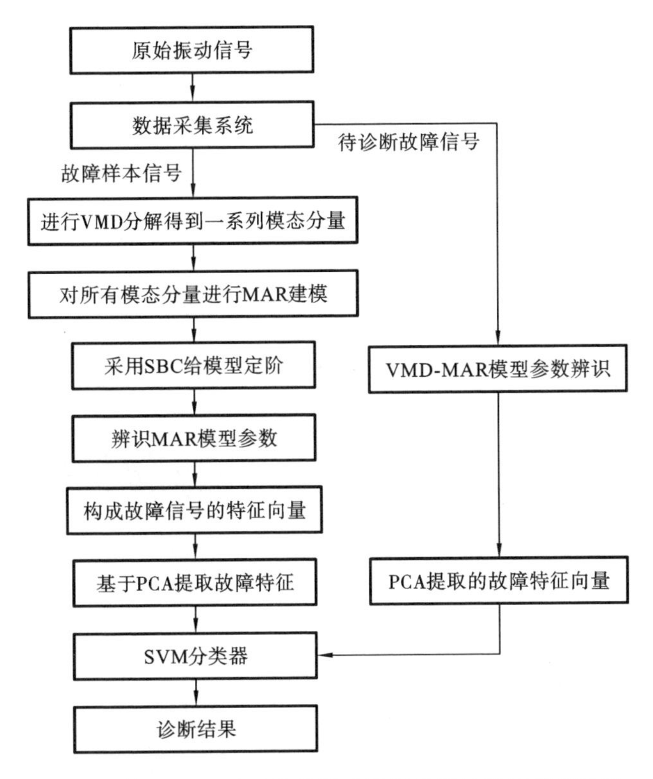

图7-1　基于VMD-MAR模型参数盲辨识的特征提取流程

组空蚀信号的特征提取试验。

1. 基于VMD-MAR模型参数盲辨识的振动故障特征提取

该试验以美国西储大学提供的滚动轴承故障数据集为研究对象。试验装置主要由电机、加速度计和扭矩传感器/编码器组成。轴承是6205-2RS型SKF深沟球轴承。轴承内、轴承外和滚动体的直径分别为0.9843 in、2.0472 in和0.3126 in(1 in=2.54 cm),含滚动体9个。单点故障通过电火花加工引入试验轴承,可模拟四种工作状态滚动轴承:正常状态、内圈故障、外圈故障和滚动体故障。本试验数据由电机驱动端加速度传感器采集,运行工况为无负荷,包括外圈故障、内圈故障和滚动体故障三种故障类型,其中每种故障都包含0.007 in与0.014 in两种故障缺陷尺寸。在不同的故障下以12 kHz的采样频率采集一组信号并将其分解为包含2048个采样点的子信号,每类故障共有59个子信号。具体试验数据信息如表7-1所示,不同故障下的信号时域波形如图7-2所示。

对每个子信号进行VMD分解,分解时有两个参数需要设置,即分解模态数K与惩罚参数α。为了实现各频带分量的充分分离,试验中K取10,α取默认值2000。图7-3所示的是内圈为0.007 in故障信号经VMD分解后各模态分量的时域波形。

表 7-1 试验数据信息描述

故障部位	故障尺寸/in	故障标签	样本个数
内圈	0.007	L1	59
滚动体	0.007	L2	59
外圈	0.007	L3	59
内圈	0.021	L4	59
滚动体	0.021	L5	59
外圈	0.021	L6	59

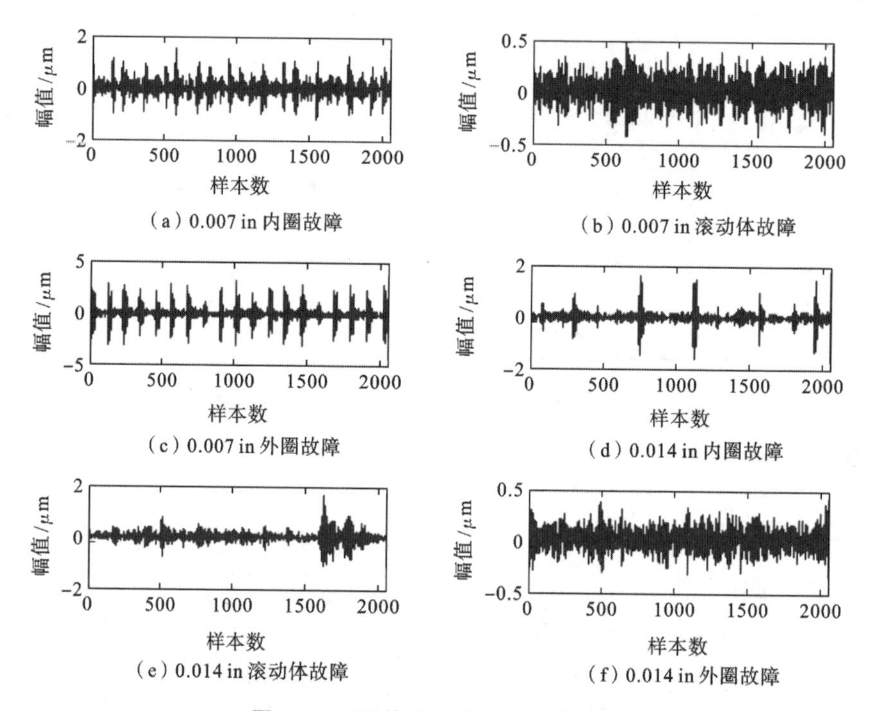

图 7-2 不同故障下的信号时域波形

对分解后的所有分量建立 MAR 模型，以 L1 类故障样本的 VMD 分解结果作为参考确定 MAR 模型阶数，SBC 函数值（$S(p)$）随阶数 p 的变化曲线如图 7-4 所示。由图可知，阶数 p 由 1 增加到 10 时，$S(p)$逐渐减小，增至 10 以后，随着阶数 p 的增加，$S(p)$已无明显变化，故该试验中 MAR 模型阶数选为 10。建立 MAR 模型后，基于 QR 分解辨识模型参数并由此构成故障特征向量。

MAR 模型参数盲辨识所得故障特征向量的主元分布如图 7-5 所示，故障特征向量的三维空间分布如图 7-6 所示，其中三个维度分别对应主元分析后的前三个主元。

为了验证本节特征提取方法的有效性，对比试验采用VMD与EMD分解故障信号后参照第 3.1 节提取的时频特征。在 EMD 的分解结果中，原始信号的主要成

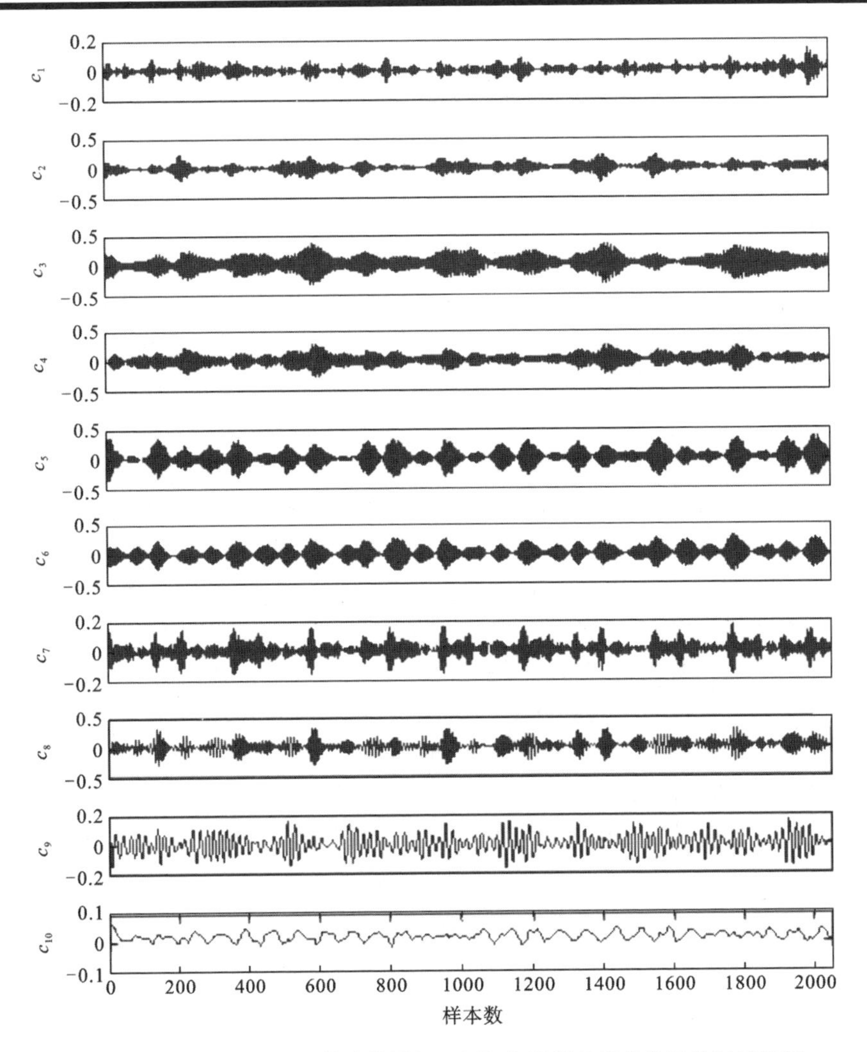

图 7-3 内圈为 0.007 in 故障信号经 VMD 分解后各模态分量的时域波形

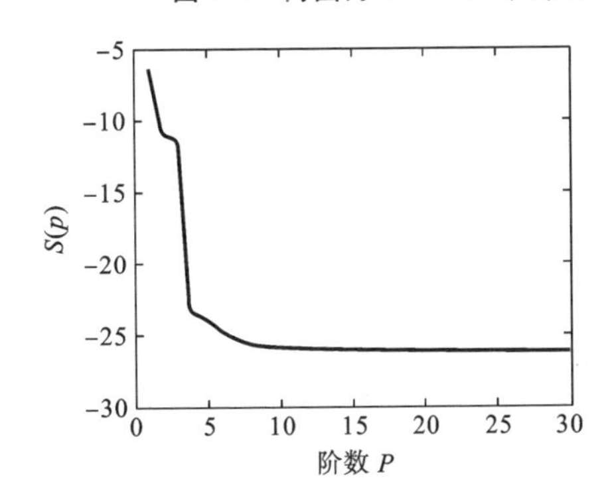

图 7-4 $S(p)$随阶数 p 的变化曲线

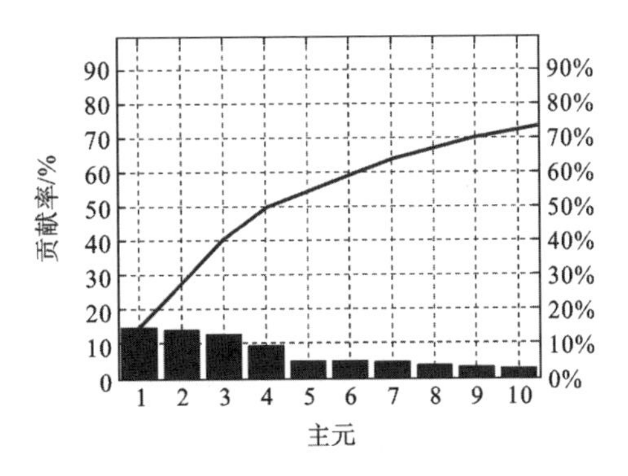

图 7-5 MAR 模型参数盲辨识所得故障特征向量的主元分布

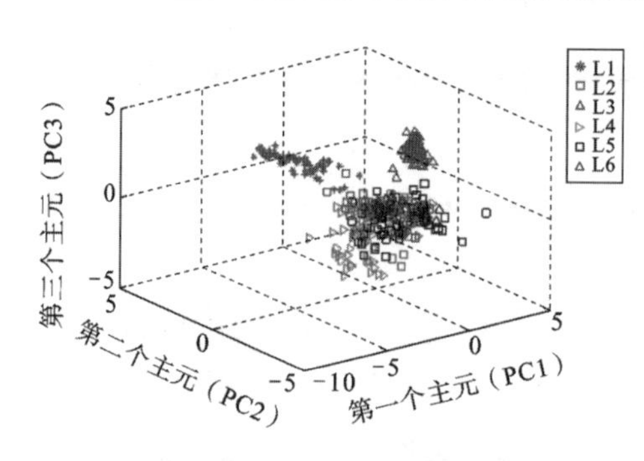

图 7-6 不同故障下的特征向量三维空间分布

分集中在前 5 个分量，因此试验中仅对 EMD 分解后的前 5 个分量计算时频特征，VMD 的分解模态数 K 取 5，α 取默认值 2000。为了直观分析不同方法的特征提取效果，对所得特征向量进行主元提取后，采用 SVM 进行故障诊断，其中主元提取的累计贡献率为 95%。试验中，随机选择 59 组样本中的 30 组作为训练样本，余下的 29 组作为测试样本。在 SVM 训练过程中，采用五折交叉验证在 21×21 的网格上搜索最优惩罚因子 C 与核参数 g，C 与 g 的搜索区间均为 $[2^{-10},2^{10}]$，搜索步长为 0.5。重复试验 10 次，取 10 次试验的均值作为最后的诊断结果。

不同特征提取方法诊断结果对比如表 7-2 所示。其中，最优参数对(C, g)取自一次试验，诊断准确率为 10 次试验的平均值。由诊断结果可知，所提方法的诊断精度最高。其中，基于 EMD、VMD 分解的时频特征提取方法需对各分量分别计算所有时频特征参数，且难以反映系统蕴含模型的内部特征；而所提方法通过对 VMD 的分解结果进行 MAR 建模，仅需一次求解即可得到所有分量的特征信息，同时能充分挖掘出系统内部的变化规律，取得了更好的诊断精度。鉴于所提方法优异的特征提取性能，下面将其应用于水电机组空蚀信号的特征提取。

表 7-2 不同特征提取方法诊断结果对比

特征提取方法	最优参数对(C, g)	诊断准确率/(%)
EMD+时频特征提取	(4, 0.25)	97.42
VMD+时频特征提取	(0.25, 1)	98.27
VMD+MAR	(16, 0.0078)	98.85

2. 基于 VMD-MAR 模型参数盲辨识的水电机组空蚀信号特征提取

空蚀是水轮机过流部件最常见的故障，将直接导致水电机组水能利用效率下降、过流部件寿命缩短，并引发水电机组剧烈振动和产生巨大的噪声。因此，为了提升水电机组的效率和运行稳定性，急需开展水电机组空化监测与分析的研究工作。水轮机空蚀是一个由液体相变产生的涉及物理、化学、热力学、声学等现象的复杂过程，导致空蚀信号具有非周期、非平稳、非线性、强衰减等特点。利用传统特征提取方法难以有效提取表征空蚀程度的特征信息，而基于特征提取的空蚀强度量化分析又对构建水电机组空蚀在线监测系统具有重要意义。为此，本节在前人研究的基础上提出了一种基于 VMD-MAR 模型参数盲辨识的水电机组空蚀信号特征提取方法。该方法先采用 VMD 将空蚀信号分解为多个模态分量，并对所有分量建立 MAR 模型，再由MAR模型盲辨识所得参数组成初始特征向量，最终以主元分析后的特征向量三维分布图验证其有效性。

为了验证所提方法的工程实用价值，可将其用于国网新源控股有限公司白山发电厂2#水电机组空蚀信号的特征提取。该水电机组空蚀监测系统采用美国PAC公司的R15a声发射传感器在50 kHz～400 kHz频率范围内进行空蚀信号采集，采集单元为4通道NI9223高速采集模块，分别对导叶连杆、顶盖X方向、顶盖Y方向和尾水管（靠近叶片出口边）四个部位进行空蚀信号监测，其中导叶连杆的传感器安装情况如图7-7所示。监测工况包括水轮机空转、导叶30%开度与满负荷三种。

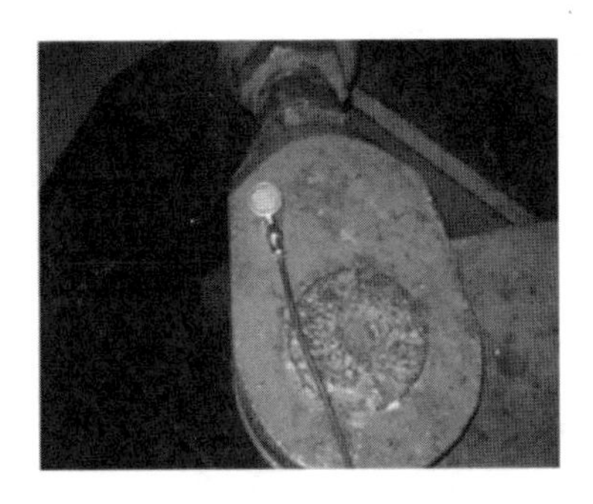
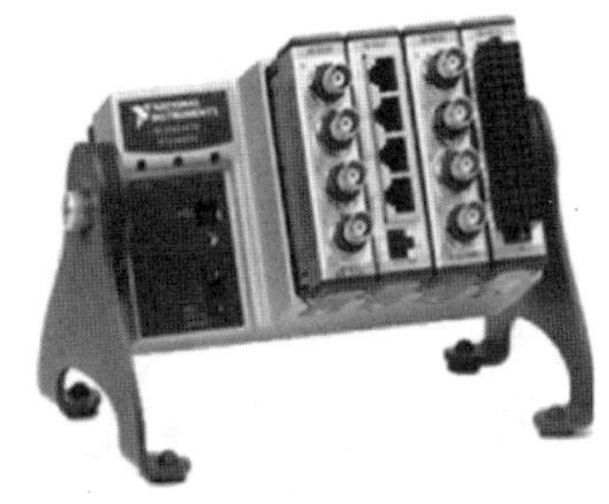

图7-7　空蚀监测装置的导叶连杆的传感器安装情况

NI9223高速采集模块的采样频率为1 MHz，三种工况下空蚀信号去直流时域波形与功率谱图分别如图7-8至图7-10所示。由图7-8～图7-10可知，在时域内，三种工况下空蚀信号的去直流幅值相差不大，波形整体无规律可循，难以获得有用信息。由功率谱可知，空蚀信号的特征频率集中在75 kHz与175 kHz，且功率谱幅值随工况的变化比较明显，表明空蚀严重程度随工况的变化而变化。其中，水轮机空转时空蚀信号的功率谱幅值接近于0；导叶30%开度工况下空蚀信号的功率谱幅值显著增加，最大接近1.7；随着导叶开度的继续增加，满负荷时空蚀信号的功率谱幅值在0.185左右。对比图7-8与图7-9可知，机组由水轮机空转到导叶30%开度工况

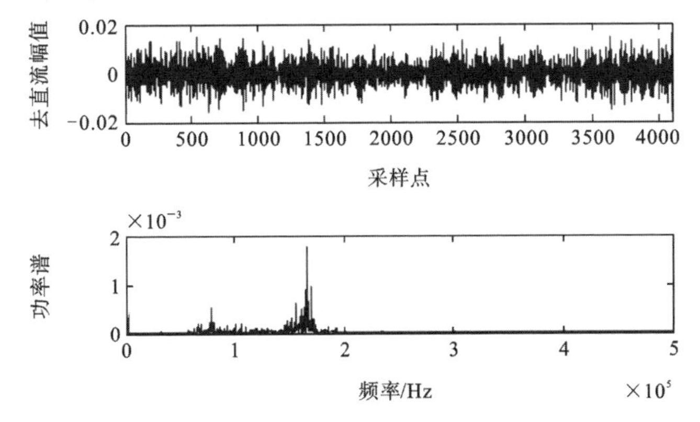

图7-8　水轮机空转工况下空蚀信号去直流时域波形与功率谱图

时,低频段幅值增加比高频段幅值增加得快,而对比图 7-9 与图 7-10 可知,机组由导叶 30%开度到满负荷工况时,高频段信号成分相对增加。

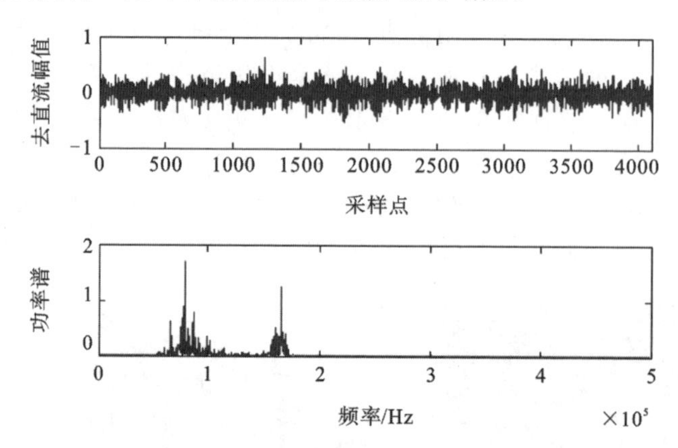

图 7-9 导叶 30%开度工况下空蚀信号去直流时域波形与功率谱图

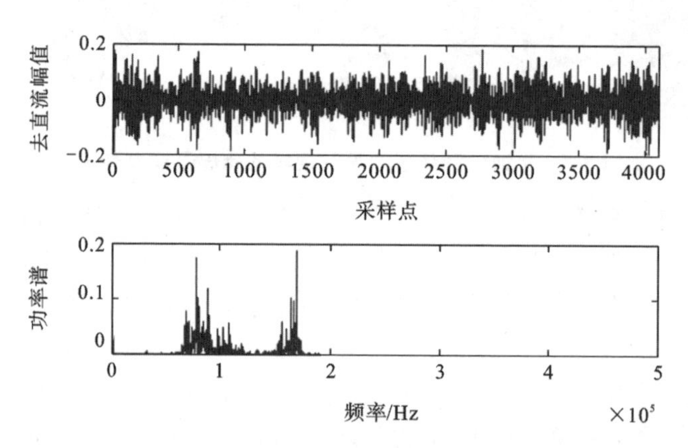

图 7-10 满负荷时空蚀信号去直流时域波形与功率谱图

对三种工况,分别选择 10 个空蚀样本进行特征分析。对所有样本进行 VMD 分解,其中参数 K 取 10,α 取默认值 2000。由分解所得分量建立 MAR 模型,以导叶 30%开度工况下空蚀样本的 VMD 的结果为参考确定 MAR 模型阶数,SBC 函数值随阶数 p 的变化曲线如图 7-11 所示。由图可知,阶数 p 由 1 增加到 15 时,$S(p)$逐渐减小,在增至 15 以后,随着阶数 p 的增加,$S(p)$已无明显变化,故该试验中 MAR 模型阶数选为 15。MAR 模型建立后,由 QR 分解辨识得到的模型参数构成空蚀信号特征向量。

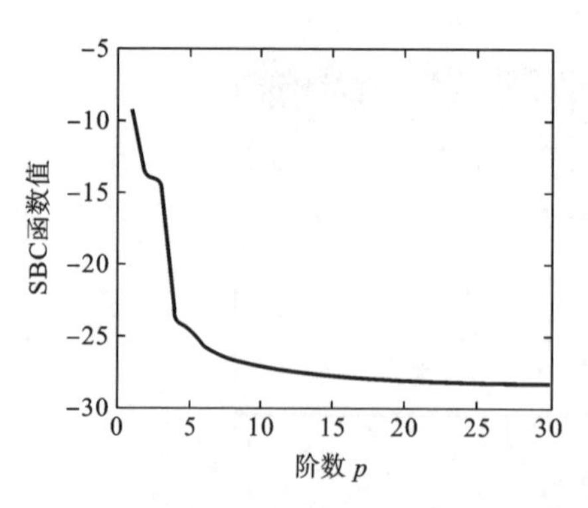

图 7-11 SBC 函数值随阶数 p 的变化曲线

为了直观展示所提特征向量的有效性,

可对所得空蚀信号特征向量进行主元分析，得到空蚀信号特征向量主元分布如图7-12所示，同时对不同工况下的空蚀信号特征向量进行三维空间展示，如图 7-13 所示，其中，星号、正方形、三角形分别代表水轮机空转工况、导叶 30%开度工况、满负荷工况的结果。由结果可知，基于 VMD-MAR 模型参数盲辨识的水电机组空蚀信号特征提取方法所提取的特征向量可将各种工况区分开来，根据特征向量的值可判断机组空蚀的程度。

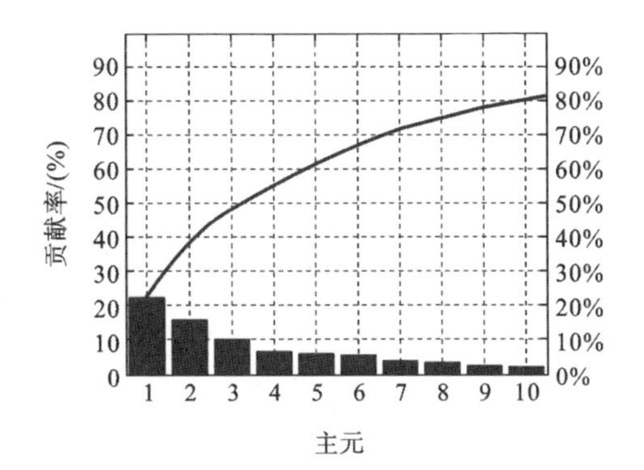

图 7-12　空蚀信号特征向量主元分布

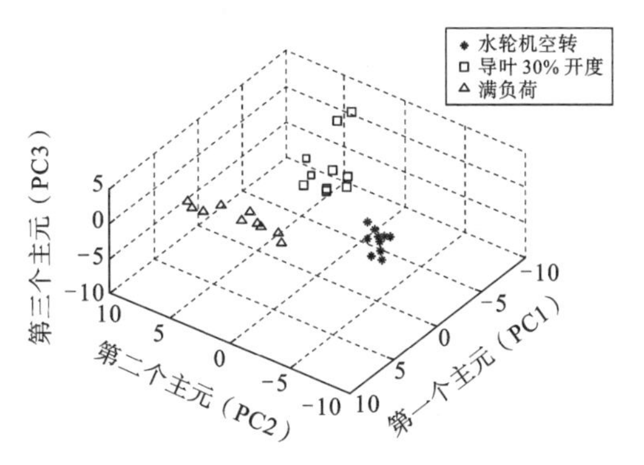

图 7-13　不同工况下的空蚀信号特征向量三维空间分布图

7.2　基于排列熵特征与混沌量子正弦余弦算法优化 SVM 的故障诊断

排列熵能够准确捕捉系统的突变信息，具有良好的特征提取性能，且计算简单、适应性强、抗噪性能好。对排列熵自身而言，其并没有处理信号的能力，且无论是正常信号还是故障信号，都可能存在噪声。为此，本节融合 VMD 与排列熵二者的优势，提出一种基于 VMD 排列熵的特征提取方法，为了进一步提升故障模式识别的准确性，提出混沌量子正弦余弦算法（CQSCA）优化的 SVM 模型进行故障分类。

7.2.1　混沌量子正弦余弦算法

1. 正弦余弦算法

正弦余弦算法（SCA）的优化过程包括探索和开发两个阶段。在探索阶段，首先用一组随机解决方案初始化算法以启动优化过程。通过随机搜索，SCA 可以在搜索空间中快速定位可行解。在开发阶段，随机解逐渐变化，且变化率明显低于探索阶段的，有助于更好地搜索当前解空间。

假设优化问题的每种解决方案对应样本在搜索空间中的位置，SCA 先在初始化阶段随机生成 m 个样本位置，且第 i 个样本位置可由 $\boldsymbol{X}_i=[X_{i1},X_{i2},\cdots,X_{iD}]^{\mathrm{T}}$ 表示，

其中 D 为样本维度。样本 i 的最优解为 $\boldsymbol{P}_i=[P_{i1},P_{i2},\cdots,P_{iD}]^{\mathrm{T}}$，样本 i 的位置可通过以下公式迭代更新：

$$\begin{aligned}\boldsymbol{X}_i^{k+1}&=\boldsymbol{X}_i^k+r_1\times\sin r_2\times|r_3\boldsymbol{P}_i^k-\boldsymbol{X}_i^k|,\quad r_4<0.5\\ \boldsymbol{X}_i^{k+1}&=\boldsymbol{X}_i^k+r_1\times\cos r_2\times|r_3\boldsymbol{P}_i^k-\boldsymbol{X}_i^k|,\quad r_4\geqslant 0.5\end{aligned}\tag{7-3}$$

式中：$\boldsymbol{X}_i^k$ 是第 k 次迭代中样本 i 的位置。上述方程式可以组合如下：

$$\boldsymbol{X}_i^{k+1}=\begin{cases}\boldsymbol{X}_i^k+r_1\times\sin r_2\times|r_3\boldsymbol{P}_i^k-\boldsymbol{X}_i^k|,\quad r_4<0.5\\ \boldsymbol{X}_i^k+r_1\times\cos r_2\times|r_3\boldsymbol{P}_i^k-\boldsymbol{X}_i^k|,\quad r_4\geqslant 0.5\end{cases}\tag{7-4}$$

如式(7-4)所示，SCA 中有 4 个参数：r_1、r_2、r_3 和 r_4。其中，r_1 是随机数，表示样本 i 下一个迭代位置的移动方向；r_2 为$[0,\ 2\pi]$中的随机数，表示移动应朝向或远离目标的距离；r_3 为随机权重，范围为$[0,\ 2]$，以便于在运动过程中随机增强($r_3>1$)或减弱($r_3<1$)对样本最优解的影响；r_4 为$[0,\ 1]$中的随机数，以在式(7-4)所示的正弦、余弦间平等切换，当 $r_4<0.5$ 时，样本 i 的位置由正弦分量迭代，否则迭代切换到余弦分量。

在搜索过程中，SCA 应平衡探索阶段和开发阶段，以便在搜索空间中找到全局最优。因此，正弦函数和余弦函数的幅度设置成可自适应地调整：

$$r_1=a-t\frac{a}{T}\tag{7-5}$$

式中：T、t 和 a 分别是最大迭代次数、当前迭代次数和常数。

2. 量子正弦余弦算法

量子正弦余弦算法(QSCA)是具有量子进化的 SCA 改进版本。在量子描述中，最小的信息单位是量子位，量子位的任何状态都可以表示为基本状态的线性组合，称为叠加$|\phi\rangle$。量子比特也可以用概率幅度$|\phi\rangle=[\cos(\theta),\sin(\theta)]^{\mathrm{T}}$ 表示，其中 θ 是量子比特的相位。量子位的概率幅度直接用作解向量的编码，以避免 QSCA 中变换的随机性。编码模式为

$$\boldsymbol{P}_i=\begin{bmatrix}\cos\theta_{i1} & \cos\theta_{i2} & \cdots & \cos\theta_{iD}\\ \sin\theta_{i1} & \sin\theta_{i2} & \cdots & \sin\theta_{iD}\end{bmatrix}\tag{7-6}$$

式中：$\theta_{ij}=2\pi\times\mathrm{rand}$，rand 为$[0,1]$中的随机数，$i=1,2,\cdots,m$，$m$ 是种群的大小，$j=1,2,\cdots,D$，D 是空间维度。每个样本占据空间中的两个位置：

$$\begin{aligned}\boldsymbol{P}_i^{\mathrm{c}}&=[\cos\theta_{i1}\quad \cos\theta_{i2}\quad \cdots\quad \cos\theta_{iD}]\\ \boldsymbol{P}_i^{\mathrm{s}}&=[\sin\theta_{i1}\quad \sin\theta_{i2}\quad \cdots\quad \sin\theta_{iD}]\end{aligned}\tag{7-7}$$

为了表达方便，称 $\boldsymbol{P}_i^{\mathrm{c}}$ 为余弦位置、$\boldsymbol{P}_i^{\mathrm{s}}$ 为正弦位置。由于样本的遍历范围在每个维度中都是$[-1,1]$，因此样本占用的两个位置需要映射到相应优化问题的解空间。单个量子位的每个概率幅度对应于解空间中的优化变量。作为样本 i 的第 j 个量子位$[\cos\theta,\sin\theta]^{\mathrm{T}}$，相应的解空间变量为

$$\begin{aligned}X_{ij}^{\mathrm{c}}&=\frac{1}{2}\{b_j[1+\cos\theta_{ij}]+a_j[1-\cos\theta_{ij}]\}\\ X_{ij}^{\mathrm{s}}&=\frac{1}{2}\{b_j[1+\sin\theta_{ij}]+a_j[1-\sin\theta_{ij}]\}\end{aligned}\tag{7-8}$$

在所有样本的状态更新阶段，样本位置的移动由量子旋转门实现。样本的位置将根据以下规则移动：

（1）样本 i 相位增量的量子位更新：

$$\Delta\theta_{ij}^{k+1}=\begin{cases}r_1\times\sin r_2\times\Delta\theta_g, & r_4<0.5\\ r_1\times\cos r_2\times\Delta\theta_g, & r_4\geqslant 0.5\end{cases} \tag{7-9}$$

式中：

$$\Delta\theta_g=\begin{cases}2\pi+\theta_{gj}-\theta_{ij}, & \theta_{gj}-\theta_{ij}<-\pi\\ \theta_{gj}-\theta_{ij}, & -\pi\leqslant\theta_{gj}-\theta_{ij}\leqslant\pi\\ \theta_{gj}-\theta_{ij}-2\pi, & \theta_{gj}-\theta_{ij}>\pi\end{cases}$$

（2）样本 i 概率幅度的量子位更新：

$$\begin{bmatrix}\cos(\theta_{ij}^{k+1})\\ \sin(\theta_{ij}^{k+1})\end{bmatrix}=\begin{bmatrix}\cos(\Delta\theta_{ij}^{k+1}) & -\sin(\Delta\theta_{ij}^{k+1})\\ \sin(\Delta\theta_{ij}^{k+1}) & \cos(\Delta\theta_{ij}^{k+1})\end{bmatrix}\begin{bmatrix}\cos(\theta_{ij}^{k})\\ \sin(\theta_{ij}^{k})\end{bmatrix}=\begin{bmatrix}\cos(\theta_{ij}^{k}+\Delta\theta_{ij}^{k+1})\\ \sin(\theta_{ij}^{k}+\Delta\theta_{ij}^{k+1})\end{bmatrix} \tag{7-10}$$

经过上述两个更新过程后，这两个新样本可表述为

$$\begin{aligned}\boldsymbol{P}'^{c}_{i}&=[\cos(\theta_{i1}^{k}+\Delta\theta_{i1}^{k+1}),\cdots,\cos(\theta_{iD}^{k}+\Delta\theta_{iD}^{k+1})]\\ \boldsymbol{P}'^{s}_{i}&=[\sin(\theta_{i1}^{k}+\Delta\theta_{i1}^{k+1}),\cdots,\sin(\theta_{iD}^{k}+\Delta\theta_{iD}^{k+1})]\end{aligned} \tag{7-11}$$

为了增加种群的多样性并避免局部最优，我们引入具有量子非门的变异算子。首先，创建(0,1)内的随机数，并与每个样本的给定突变概率 p_m 进行比较。然后，随机选择来自每个样本的总数为 $0.5D$ 的量子位，其概率幅度如果满足 $\mathrm{rand}_i<p_m$，则由量子非门改变，否则，幅度相位保持不变。

$$\begin{bmatrix}0 & 1\\ 1 & 0\end{bmatrix}\begin{bmatrix}\cos\theta_{ij}\\ \sin\theta_{ij}\end{bmatrix}=\begin{bmatrix}\sin\theta_{ij}\\ \cos\theta_{ij}\end{bmatrix}=\begin{bmatrix}\cos\left(\dfrac{\pi}{2}-\theta_{ij}\right)\\ \sin\left(\dfrac{\pi}{2}-\theta_{ij}\right)\end{bmatrix} \tag{7-12}$$

QSCA 的详细步骤如下。

步骤 1：根据式(7-6)初始化总体并设置相关参数。

步骤 2：在式(7-8)的基础上将单位空间转换为解空间，从而计算每个样本的适应度。

步骤 3：用式(7-9)、式(7-10)更新样本的状态。

步骤 4：根据式(7-12)以及给定的变异概率实现变异过程。

步骤 5：循环步骤 2～步骤 4 直到满足收敛条件或达到最大迭代次数。

3. 混沌量子正弦余弦算法

混沌是由确定性规则导致的非线性系统中发生的一种看似不规则和随机的现象。它似乎是混乱的，但有一些运动规律，代表系统内的复杂性、随机性和无序性。混沌变量具有伪随机性和遍历性的特征，它遍历解空间的某个范围内的所有点且不

重复。这里在 QSCA 的基础上，充分利用混沌变量的遍历性特点辅助优化过程，提出混沌量子正弦余弦算法(CQSCA)，即使用混沌映射创建混沌变量并将其转换为要优化的变量范围，然后搜索最优参数。通过引入混沌变量，将更有助于找到全局最优。为了提高 QSCA 的搜索性能，采用 Duffing 系统来生成混沌变量。Duffing 系统的动力学方程描述如下：

$$x''(t)+\gamma x'(t)-\alpha x(t)+\beta x^3(t)=A\cos(\omega t) \tag{7-13}$$

式中：系数 γ 是阻尼系数；α 是韧性程度；β 是动力的非线性项系数；A 是驱动力的振幅；ω 是驱动力的角频率。将式(7-13)变换为其微分形式，可得

$$\begin{cases} x'(t)=y(t) \\ y'(t)=-\gamma y(t)+\alpha x(t)-\beta x^3(t)+A\cos(\omega t) \end{cases} \tag{7-14}$$

除驱动力的振幅 A 以外，Duffing 系统参数均选择 $\gamma=0.1$、$\alpha=1$、$\beta=0.25$、$\omega=2$。给定初始值 $x(0)$、$y(0)$，系统状态将随 A 值的变化而逐渐变化。当 Duffing 系统的动态行为进入混沌状态时，混沌变量 x 和 y 将遍历某个范围内的点。然后，以一定间隔选择混沌变量的遍历点，并通过线性变换将其映射到解空间，以生成 QSCA 的初始解 $\boldsymbol{X}_i$，$i=1,2,\cdots,m$。

7.2.2　基于混沌量子正弦余弦算法优化 SVM 的模式识别

使用所提混沌量子正弦余弦算法(CQSCA)优化 SVM 的主要步骤如下。

步骤 1：基于式(7-14)所示的 Duffing 系统生成混沌变量，并将其映射到[0,1]范围内。

步骤 2：使用混沌变量对 QSCA 进行种群初始化。

步骤 3：进行量子编码，将单元空间映射到解空间。

步骤 4：计算所有个体的适应度，即 SVM 的交叉验证准确率。

步骤 5：参照式(7-9)、式(7-10)更新个体状态。

步骤 6：参照式(7-12)，根据给定概率进行变异处理。

步骤 7：循环步骤 4～步骤 6，直至满足收敛条件或达到最大迭代次数。

步骤 8：根据最大交叉验证准确率选择 SVM 的最优参数 C 和 g。

步骤 9：使用训练集训练最优 SVM 模型。

步骤 10：识别测试集。

混沌量子正弦余弦算法优化 SVM 的流程如图 7-14 所示。

为了验证所提方法的性能，选择 Wine、Iris 和 Heart 等标准 UCI 数据集用于模式识别试验，数据集的基本信息如表 7-3 所示，数据集的所有属性都归一化在[0，1]范围内。

利用五折交叉验证来搜索最优参数 C 和 g，即三个数据集都被随机分成五个子集，每次选择一个子集作为测试数据，而其他四个子集作为训练数据。C 和 g 的搜索范围均为[2^{-10}，2^{10}]，种群规模和迭代次数分别设置为 30 和 100，用于改变正弦函数

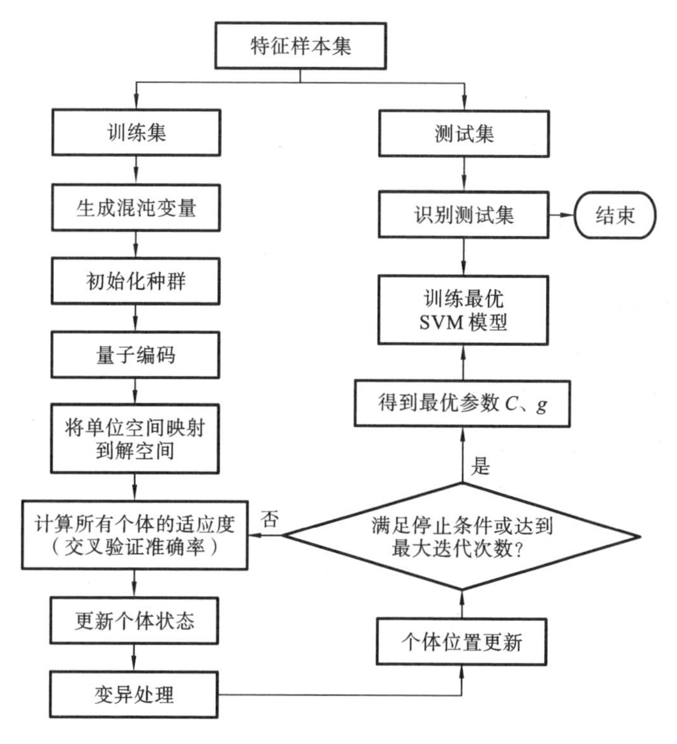

图7-14　混沌量子正弦余弦算法优化SVM的流程

表7-3　数据集的基本信息

数据集	属性数量	类别数量	样本数量
Wine	13	3	178
Iris	4	3	150
Heart	13	2	303

和余弦函数幅度的常数 a 设定为2，突变概率 p_m 设定为0.04。为了与所提SVM-CQSCA方法进行比较，采用粒子群优化算法（particle swarm optimization，PSO）优化的SVM（PSO-SVM）和SCA优化的SVM（SCA-SVM）进行对比分析。对比方法中，参数 C 和 g 的搜索范围与SVM-CQSCA的相同。SCA-SVM中的常数 a 设定为2。为了更好地衡量所有方法的性能，试验重复运行10次。在每次试验中，基于最大交叉验证的准确率来确定最佳参数 C 和 g，然后训练SVM模型并用于对所有数据进行分类。

不同方法的模式识别结果如表7-4所示，其中交叉验证的准确率和分类的准确率均提供了所有结果的平均值，参数 C 和 g 对应于最佳交叉验证的准确率。同时，偏差范围用于结合平均值进行误差分析。另外，在图7-15中，使用箱形图来直观地展示不同方法的模式识别结果。结果表明，通过引入Duffing系统来混沌初始化以及引入量子技术来提高优化效率，所提方法实现了比其他方法更好的分类性能。

表 7-4 不同方法的模式识别结果

方法	数据集	C	g	准确率/(%)	
				交叉验证	分类
PSO-SVM	Wine	0.6629	2.9830	98.88，[0，0]	99.27，[−0.39，0.75]
	Iris	426.2439	0.0010	97.28，[0，0]	97.28，[0，0]
	Heart	66.8865	0.0010	83.83，[0，0]	85.54，[−0.40，0.22]
SCA-SVM	Wine	603.7267	4.9808	98.88，[0，0]	99.21，[−0.34，0.75]
	Iris	490.5731	0.0010	97.28，[0，0]	96.33，[−1.09，0.84]
	Heart	78.8959	0.0013	83.83，[0，0]	84.65，[−0.50，0.48]
CQSCA-SVM	Wine	508.2523	5.3278	98.88，[0，0]	99.89，[−1.01，0.12]
	Iris	600.7378	31.3525	97.28，[0，0]	99.59，[−3.67，0.45]
	Heart	0.6663	0.1195	84.06，[−0.23，0.41]	84.82，[−0.33，0.63]

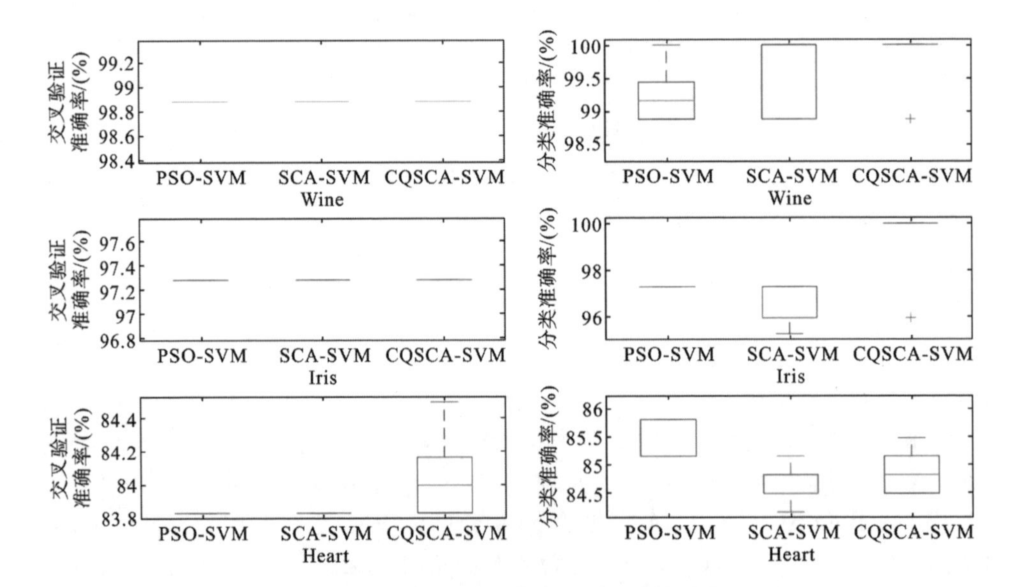

图 7-15 不同方法的模式识别结果箱形图

7.2.3 基于 VMD 排列熵与混沌量子正弦余弦算法优化 SVM 的故障诊断

所提基于 VMD 排列熵与混沌量子正弦余弦算法(CQSCA)优化 SVM 的混合故障诊断方法流程如下。

步骤1:收集振动故障信号。

步骤2:通过中心频率观察方法确定VMD的K值。

步骤3:使用VMD将所有故障样本分解为多组IMF分量。

步骤4:计算每个IMF分量的排列熵(permutation entropy,PE)。

步骤5:使用各分量PE为所有故障样本构建故障特征向量。

步骤6:利用所提CQSCA优化策略搜索SVM的最优参数C和g。

步骤7:使用最优参数C和g训练SVM,从而获得优化SVM模型。

步骤8:应用最优SVM模型识别不同类型的故障。

基于VMD排列熵与混沌量子正弦余弦算法(CQSCA)优化SVM的混合故障诊断方法的流程如图7-16所示。

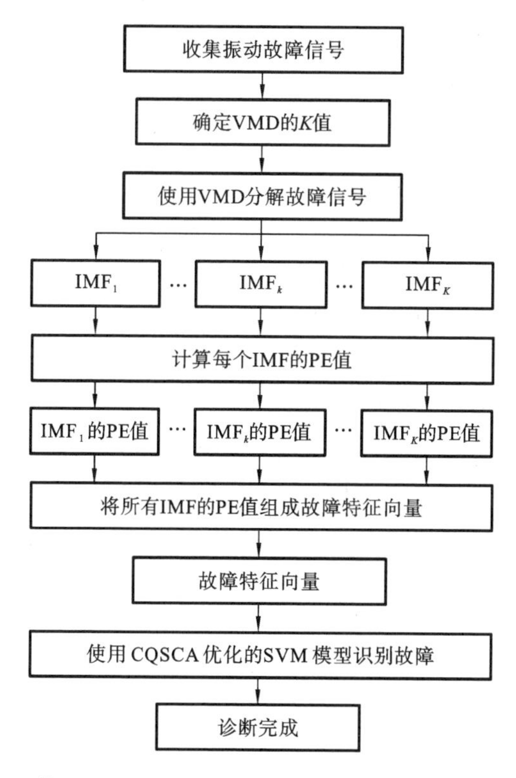

图7-16　基于VMD排列熵与混沌量子正弦余弦算法(CQSCA)优化SVM的混合故障诊断方法流程

7.2.4　工程应用

1. 数据采集

为了验证本节所提故障诊断方法的有效性,取美国西储大学提供的滚动轴承故障数据集进行试验分析。试验数据采集于0 hp负载下,转速为1797 r/m,采样频率为 12000 Hz。本节使用的滚动轴承故障数据包括 7 种运行状态：正常状态，以及故障直径分别为 0.007 in 和 0.021 in 的内圈故障、外圈故障和滚动体故障（即 3 个位置的故障都包含 2 种缺陷尺寸）。此外，所有数据被划分为 59 个段，每个类型的信号包含 1024 个采样点。表 7-5 列出了试验数据的详细信息。

表 7-5　试验数据的详细信息描述

故障位置	缺陷尺寸/in	类别标签	样本数量/个
正常	—	L0	59
内圈	0.007	L1	59
滚动体	0.007	L2	59
外圈	0.007	L3	59
内圈	0.021	L4	59
滚动体	0.021	L5	59
外圈	0.021	L6	59

2. 工程应用

为了验证所提 VMD-PE-CQSCA-SVM 方法的有效性，在信号分解阶段通过 EMD 和 EEMD 进行对比试验。类似地，优化 SVM 参数 C 和 g 时，采用 PSO 和 SCA 进行比较。总体来说，应用 8 种不同的方法来实现对比分析，包括 EMD-PE-PSO-SVM、EMD-PE-SCA-SVM、EMD-PE-CQSCA-SVM、EEMD-PE-PSO-SVM、EEMD-PE-SCA-SVM、EEMD-PE-CQSCA-SVM、VMD-PE-PSO-SVM、VMD-PE-SCA-SVM。当采用 VMD 分解故障样本时，需要预先设置分解尺度 K，如果 K 值太小，则原始信号的非平稳性下降是有限的；相反，若 K 值太大，则相邻分量的中心频率将彼此接近，导致模态混叠。本节采用内圈故障直径为 0.007 in 时的故障信号来确定参数 K，表 7-6 中列出了 K 取不同值时所得分量的归一化中心频率。从表 7-6 可知，当 K 取 5 时出现相对接近的中心频率，即发生过度分解。因此，本节分解故障信号时模式总数设为 4。

表 7-6　K 取不同值时所得分量的归一化中心频率

模式数量	归一化中心频率						
2	0.2221	0.0860					
3	0.2981	0.2253	0.0952				
4	0.2982	0.2260	0.1121	0.0400			
5	0.3041	0.2772	0.2238	0.1140	0.0494		
6	0.3047	0.2813	0.2358	0.2100	0.1099	0.0490	
7	0.3152	0.2992	0.2780	0.2357	0.2102	0.1096	0.0490

不同运行状态下信号的 VMD 分解结果如图 7-17 所示。从图 7-17 中可以看出，

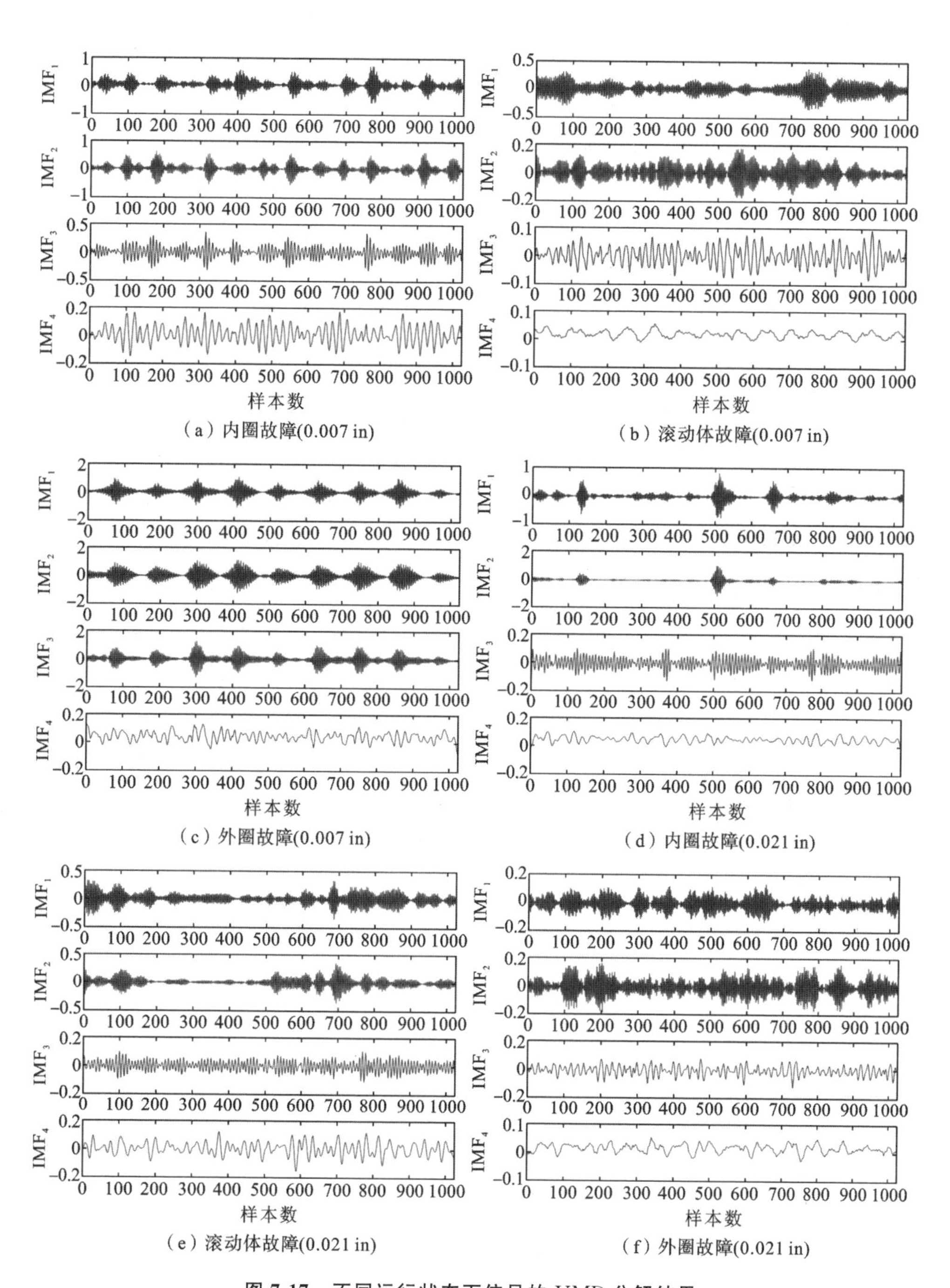

（a）内圈故障(0.007 in)

（b）滚动体故障(0.007 in)

（c）外圈故障(0.007 in)

（d）内圈故障(0.021 in)

（e）滚动体故障(0.021 in)

（f）外圈故障(0.021 in)

图 7-17　不同运行状态下信号的 VMD 分解结果

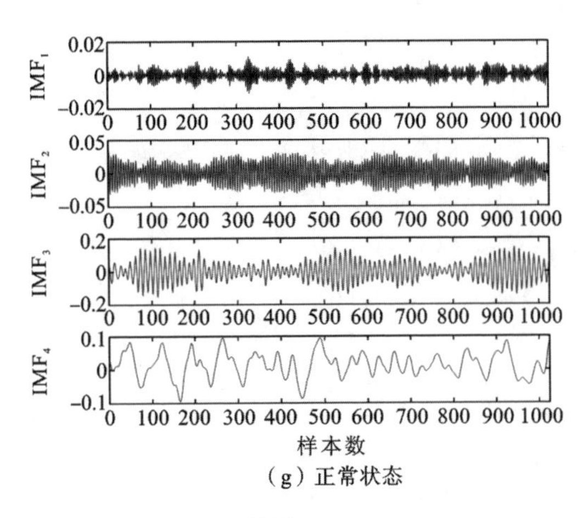

(g) 正常状态

续图 7-17

原始非平稳信号被 VMD 分解为具有不同频带的 4 个分量。由图中的时域波形可知，不同工作状态下的信号分解结果之间存在明显差异。在振动信号分解后，计算各分量的 PE 值以构成故障特征向量。在 PE 的计算过程中，嵌入维数 m 和时间延迟 τ 分别设为 3 和 1。在不同类型的信号(L0～L6)中取 5 个样本的 PE 列于表 7-7 中。

表 7-7　不同运行状态下故障样本的排列熵

故障标签	样本编号	不同 IMF 的 PE			
		IMF_1	IMF_2	IMF_3	IMF_4
L0	1	0.9629	0.8838	0.7110	0.5392
	2	0.9713	0.8836	0.7111	0.5282
	3	0.9589	0.8833	0.7132	0.5395
	4	0.9468	0.8830	0.7146	0.5351
	5	0.8836	0.7146	0.6281	0.5304
L1	1	0.9931	0.9472	0.7797	0.6424
	2	0.9941	0.9465	0.7839	0.6668
	3	0.9947	0.9476	0.7791	0.6485
	4	0.9947	0.9425	0.7843	0.6350
	5	0.9941	0.9486	0.7835	0.6539
L2	1	0.9853	0.9592	0.6593	0.7678
	2	0.9850	0.9518	0.6720	0.7502
	3	0.9871	0.9576	0.6678	0.7311
	4	0.9854	0.9557	0.6921	0.7546
	5	0.9859	0.9510	0.6773	0.7315

续表

故障标签	样本编号	不同IMF的PE			
		IMF_1	IMF_2	IMF_3	IMF_4
L3	1	0.9925	0.9877	0.9598	0.7015
	2	0.9928	0.9877	0.9599	0.7092
	3	0.9930	0.9871	0.9598	0.7515
	4	0.9926	0.9869	0.9578	0.7079
	5	0.9930	0.9879	0.9595	0.7437
L4	1	0.9926	0.9501	0.7869	0.6663
	2	0.9913	0.9508	0.7945	0.6815
	3	0.9942	0.9521	0.6892	0.7902
	4	0.9934	0.9510	0.7955	0.6602
	5	0.9938	0.9501	0.7859	0.7211
L5	1	0.9811	0.9475	0.7869	0.6203
	2	0.9828	0.9465	0.7884	0.6141
	3	0.9801	0.9448	0.7990	0.6117
	4	0.9819	0.9507	0.7875	0.6456
	5	0.9818	0.9523	0.7887	0.6382
L6	1	0.9965	0.9866	0.7094	0.7709
	2	0.9980	0.9888	0.7340	0.7959
	3	0.9970	0.9877	0.7130	0.7883
	4	0.9985	0.9880	0.7927	0.6727
	5	0.9984	0.9881	0.7983	0.6564

在各种运行状态下的59个特征向量中，随机选择40个特征向量作为训练样本，余下的19个用于测试。SVM的惩罚因子C和核参数g由所提CQSCA方法进行优化，种群数量为30，迭代100次，C和g的搜索范围均为$[2^{-10}, 2^{10}]$，优化过程中采用五折交叉验证准确率作为适应度值。基于最优参数C和g训练SVM模型并将其用于识别测试样本。为了进一步验证所提VMD-PE-CQSCA-SVM方法的有效性，重复试验10次，且每次随机选择训练样本，然后计算平均准确率和相应的偏差范围，以表征训练和测试性能。此外，最优参数C和g对应于最优训练精度。在对比试验中，采用EMD或EEMD得到的所有分量计算PE，其中PE计算的参数设置与所提VMD-PE-CQSCA-SVM方法的相同。在所有对比方法中，最优参数C和g的搜索条件与所提VMD-PE-CQSCA-SVM方法的相同，即种群数量为30，迭代100次，C和g的搜索范围均为$[2^{-10}, 2^{10}]$。此外，性能评价方式也与所提VMD-PE-CQSCA-

SVM 方法的相同。

不同方法的故障诊断结果及其对比分别如表 7-8 与图 7-18 所示。由表 7-8 可知，所提 VMD-PE-CQSCA-SVM 方法在训练阶段和测试阶段均取得了最优准确率，分别为 99.50%和 97.89%。将所提 VMD-PE-CQSCA-SVM 方法分别与 EMD-PE-CQSCA-SVM、EEMD-PE-CQSCA-SVM 方法进行对比，可知所提 VMD-PE-CQSCA-SVM 方法的测试准确率分别比后两者的高 22.70%和 14.88%，表明 VMD 作为一种非平稳信号处理方法，可以提高 PE 的故障表征能力。同时，将所提 VMD-PE-CQSCA-SVM 方法分别与 VMD-PE-PSO-SVM、VMD-PE-SCA-SVM 方法进行对比，可知所提 VMD-PE-CQSCA-SVM 方法的测试准确率分别比后两者的高 0.52%和1.57%，表明所提 CQSCA 方法优化策略的有效性。此外，使用箱形图 7-19 来直观地展示不同诊断方法的性能，由图 7-19 可知所提 VMD-PE-CQSCA-SVM 方法比其他对比方法具有更好的精度和稳定性。

表 7-8　不同方法的故障诊断结果

方法	C	g	测试准确率/(%)	
			训练阶段	测试阶段
EMD-PE-PSO-SVM	438.1992	2.5166	80.46，[−4.40，8.81]	71.80，[−6.39，7.78]
EMD-PE-SCA-SVM	864.9884	1.5184	77.57，[−2.57，3.78]	74.21，[−2.78，3.40]
EMD-PE-CQSCA-SVM	769.6280	0.2422	76.86，[−2.22，2.74]	75.19，[−5.27，3.76]
EEMD-PE-PSO-SVM	192.4239	0.5464	89.46，[−2.67，2.45]	81.88，[−5.94，2.71]
EEMD-PE-SCA-SVM	316.7508	0.1267	89.07，[−1.93，1.20]	82.41，[−3.46，3.87]
EEMD-PE-CQSCA-SVM	1023.7402	0.0912	88.57，[−3.57，3.22]	83.01，[−3.31，2.83]
VMD-PE-PSO-SVM	265.3060	5.5333	99.45，[−0.57，0.16]	97.37，[−2.63，1.84]
VMD-PE-SCA-SVM	1024.0000	7.5830	99.50，[−0.93，0.48]	96.32，[−3.84，3.15]
VMD-PE-CQSCA-SVM	90.9980	7.2720	99.50，[−0.57，0.16]	97.89，[−1.65，1.42]

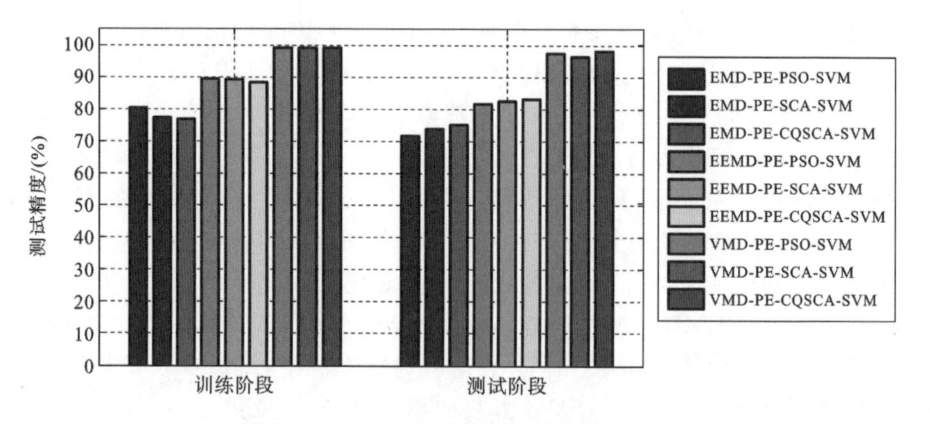

图 7-18　不同方法的故障诊断结果的对比

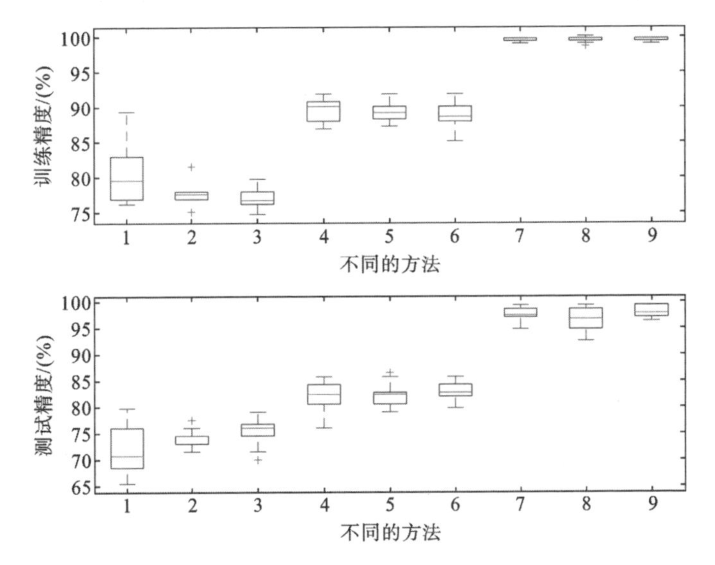

图 7-19　不同方法诊断结果的箱形图(X 轴刻度标签对应：
1—EMD-PE-PSO-SVM；2—EMD-PE-SCA-SVM；3—EMD-PE-CQSCA-SVM；
4—EEMD-PE-PSO-SVM；5—EEMD-PE-SCA-SVM；6—EEMD-PE-CQSCA-SVM；
7—VMD-PE-PSO-SVM；8—VMD-PE-SCA-SVM；9—VMD-PE-CQSCA-SVM)

7.3　基于权重 SVDD 与模糊自适应阈值决策的故障诊断

前面第 7.1 节与第 7.2 节从非平稳故障特征提取角度开展研究，本节将从模式识别的角度着手研究水电机组振动故障诊断。随着电站智能化水平的不断提升，针对水电机组这一大型复杂动力系统的强非线性与故障演化的不确定性，结合水电机组故障特征样本资料，建立高效、强鲁棒的水电机组故障诊断推理模型，是工程实际中急需开展的研究工作。近年来，随着机器学习技术的快速发展，出现了多种智能故障诊断方法，包括模糊推理、贝叶斯网络、神经网络和 SVM 等。其中，模糊推理基于模糊关系矩阵进行诊断分析，可用于处理不确定信息，但存在故障与征兆间模糊关系难以确定、学习能力差的问题；贝叶斯网络源自古典数学理论，有着坚实的数学基础，且训练速度快，但需要预知先验概率；神经网络具有一定的自适应、自组织与非线性处理能力，但它是基于经验风险最小化进行机器学习的，仅在训练样本较多时其诊断精度较高，且存在泛化性差、收敛慢、易陷入局部极值等问题；Vapnik 提出的基于结构风险最小化的 SVM 在处理小样本与非线性问题时仍具有较好的分类效果，被广泛应用于机械设备的故障诊断中，但当样本类别间数量不平衡时，SVM 易出现过学习，难以保证故障识别效果，其识别结果将倾向于样本数多的类别，而诊断时水电机组故障样本数量的平衡性常难以保证。

支持向量数据描述(SVDD)是基于 SVM 发展而来的一种模式识别新方法,它是通过在特征空间求解包围训练样本的超球体实现对未知样本的准确分类。由于具有低复杂性与强学习能力,SVDD 已得到大量学者的研究与关注。Liu 等考虑不同类别样本的规模,提出了基于规模权重的 SVDD 模型;Zhang 等采用模糊 C 均值计算样本权重并代入标准 SVDD 进行模型求解;Cha 等引入 K 近邻方法计算目标数据的密度权重,取得了较好的效果。除了上述权重方面的改进,相关研究人员还对 SVDD 进行了决策层面的优化。袁胜发等考虑超球体大小的影响,提出了基于相对距离的分类规则,并将其成功应用于转轴碰摩位置识别;Chiang 等定义了基于距离的模糊隶属度决策函数,取得了一定的分类识别效果。上述改进措施虽然在一定程度上提升了分类精度,但未能同时考虑各类样本间的数量差异以及样本分布情况对分类结果的影响,难以很好地满足水电机组故障诊断的实际需求。

为了提升 SVDD 诊断模型的工程实用性,本节综合考虑各类样本数量与样本分布密度的影响,并充分融合 SVDD 的学习能力与 K 近邻方法的邻域刻画优势,提出了一种新的水电机组振动故障诊断模型。该模型在 SVDD 训练阶段引入了基于局部密度与样本规模的复合权重,实现不同重要度样本惩罚因子的差异化设置;在求解得到支持向量后,将 K 近邻方法引入决策过程,构建基于相对距离模糊阈值与 K 近邻决策规则,并在此基础上建立故障诊断模型。数值仿真与水电机组振动故障诊断实例验证了所提模型的有效性。

7.3.1 K 近邻方法

K 近邻(k nearest neighbor,KNN)方法是由 Cover 与 Hart 于 1967 年首先提出的一种机器学习方法。作为一种基于距离的学习方法,其基本思想为在指定样本周围按一定的距离度量方式寻找最近的 k 个样本。在其实际应用中,欧几里得距离与曼哈顿距离是样本间距离的主要度量方式。对于空间中的两个样本 $\boldsymbol{x}_1$ 与 $\boldsymbol{x}_2$,其距离定义如下:

欧几里得距离:
$$D(\boldsymbol{x}_1,\boldsymbol{x}_2)=\sqrt{\sum_{i=1}^{s}(\boldsymbol{x}_1^i-\boldsymbol{x}_2^i)^2} \tag{7-15}$$

曼哈顿距离:
$$D(\boldsymbol{x}_1^i,\boldsymbol{x}_2^i)=\sqrt{\sum_{i=1}^{s}|\boldsymbol{x}_1^i-\boldsymbol{x}_2^i|} \tag{7-16}$$

式中:s 为样本 $\boldsymbol{x}_1$ 与 $\boldsymbol{x}_2$ 的属性个数;$\boldsymbol{x}_1^i$ 与 $\boldsymbol{x}_2^i$ 分别为 $\boldsymbol{x}_1$ 与 $\boldsymbol{x}_2$ 的第 i 个属性。

KNN 方法用于求解分类问题的决策规则为:在距待分类样本最近的 k 个样本中,若大多数样本属于某一类,则将此样本归为该类。尽管形式简单,但 KNN 方法在应用中常能取得不错的效果,因而被广泛应用于模式识别与机器学习领域。

7.3.2 权重 SVDD

SVDD 的基本原理已在第 4.2.4 节中详细介绍。在标准 SVDD 模型中,所有样本采用相同的惩罚因子，即平等对待所有样本。然而，在实际建模过程中常面临样本分布不均匀或数量倾斜的情况。为了提高 SVDD 的分类性能，需在训练时对具有不同重要性的样本区别对待，即设置不同的惩罚因子，该设置可通过样本局部密度权重或样本规模权重来实现。

1. 局部密度权重 SVDD

当样本分布不均匀时，若平等对待所有训练样本，将会导致 SVDD 分类性能下降。为了实现对训练数据的最优描述，避免噪声和野点的干扰，SVDD 应该考虑样本分布的影响，即考虑样本局部密度。本节中，样本局部密度通过 KNN 方法计算，其中距离度量方式采用欧几里得距离。

如图 7-20 所示，假设有来自类别 $C1$ 与 $C2$ 的样本，其中 $\boldsymbol{P}$ 属于类别 $C2$。通过 KNN 方法计算在距离 $\boldsymbol{P}$ 最近的 k 个样本中，属于 $C2$ 的样本数为 N_k，则 $\boldsymbol{P}$ 的局部密度权重为

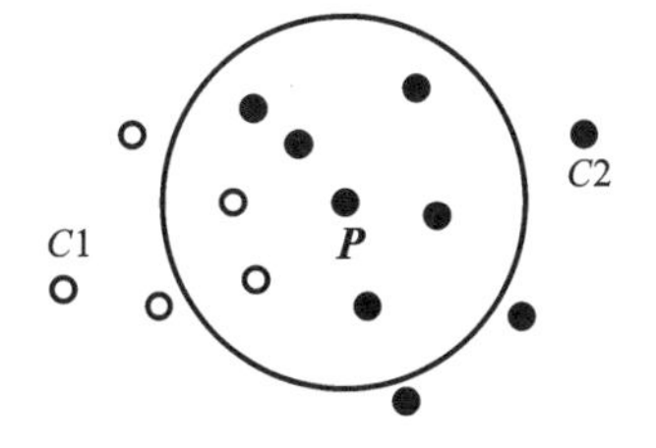

图 7-20　基于 KNN 方法计算局部密度权重

$$\rho = N_k / k \tag{7-17}$$

算得所有训练样本的局部密度权重后，加权 SVDD 模型可由如下优化问题描述：

$$\begin{cases} \min f = R^2 + C\sum_i \rho_i \xi_i \\ \text{s. t. } \|\boldsymbol{x}_i - \boldsymbol{a}\|^2 \leqslant R^2 + \xi_i, \quad \xi_i \geqslant 0, \quad i = 1,2,\cdots,n \end{cases} \tag{7-18}$$

式中：ρ_i 是样本 $\boldsymbol{x}_i$ 的局部密度权重。

参照第 4.2.4 节中的求解过程，可得式(7-18)的对偶问题如下：

$$\begin{cases} \max L = \sum_i \alpha_i K(\boldsymbol{x}_i, \boldsymbol{x}_i) - \sum_{i,j} \alpha_i \alpha_j K(\boldsymbol{x}_i, \boldsymbol{x}_j) \\ \text{s. t. } \sum_i \alpha_i = 1, \quad 0 \leqslant \alpha_i \leqslant C\rho_i, \quad i = 1,2,\cdots,n \end{cases} \tag{7-19}$$

2. 规模权重 SVDD

当各类样本间数量分布不平衡时，对所有样本同等对待也会影响分类精度。如果某类样本数量较少，则其每个样本在训练中应更重要，即权重适当取大；相反，若某类样本数量较多，则其权重应适当取小。为了消除样本数量不平衡性对分类结果的影响，Liu 等引入了样本规模权重 s_i，其计算公式如下：

$$s_p = 1 - \frac{N_p}{N_{\text{all}}} \tag{7-20}$$

式中：N_p 是类别 p 中样本的数量；N_{all} 是所有训练样本的数量；s_p 是类别 p 中所有样本的统一权重。

算得各类训练样本的规模权重后，加权 SVDD 模型可由如下优化问题描述：

$$\begin{cases} \min f = R^2 + C\sum_i s_i \xi_i \\ \text{s. t. } \|\boldsymbol{x}_i - \boldsymbol{a}\|^2 \leqslant R^2 + \xi_i, \quad \xi_i \geqslant 0, \quad i = 1,2,\cdots,n \end{cases} \tag{7-21}$$

式中：s_i 是样本 $\boldsymbol{x}_i$ 的规模权重。

式(7-21)的对偶问题如下：

$$\begin{cases}\max L = \sum_i \alpha_i K(\boldsymbol{x}_i, \boldsymbol{x}_i) - \sum_{i,j} \alpha_i \alpha_j K(\boldsymbol{x}_i, \boldsymbol{x}_j) \\ \text{s.t. } \sum_i \alpha_i = 1, \quad 0 \leqslant \alpha_i \leqslant C s_i, \quad i = 1, 2, \cdots, n\end{cases} \tag{7-22}$$

3. 复合权重 SVDD

解决实际工程应用问题时，常同时面临训练样本分布不均与数量不平衡的情况。为此，研究者提出了一种同时考虑样本分布与规模的复合权重计算方法，其定义为局部密度权重 ρ_i 与样本规模权重 s_i 的乘积。基于复合权重的 SVDD 模型公式描述如下：

$$\begin{cases}\min f = R^2 + C \sum_i \rho_i s_i \xi_i \\ \text{s.t. } \|\boldsymbol{x}_i - \boldsymbol{a}\|^2 \leqslant R^2 + \xi_i, \quad \xi_i \geqslant 0, \quad i = 1, 2, \cdots, n\end{cases} \tag{7-23}$$

与其相应的对偶问题为

$$\begin{cases}\max L = \sum_i \alpha_i K(\boldsymbol{x}_i, \boldsymbol{x}_i) - \sum_{i,j} \alpha_i \alpha_j K(\boldsymbol{x}_i, \boldsymbol{x}_j) \\ \text{s.t. } \sum_i \alpha_i = 1, \quad 0 \leqslant \alpha_i \leqslant C \rho_i s_i, \quad i = 1, 2, \cdots, n\end{cases} \tag{7-24}$$

7.3.3 模糊自适应阈值决策

若训练样本均匀分布，SVDD 采用基于距离或相对距离的决策规则，即具有较高的分类准确率。然而，在实际应用中常存在样本分布不均匀及数量倾斜的情况，导致 SVDD 分类效果不够理想。

如图 7-21、图 7-22 所示，S_1 和 S_2 为两个在空间中包围不同类别样本的超球体球心，$\boldsymbol{P}$ 为空间中待分类点，则 $\boldsymbol{P}$ 到两超球体的相对距离 D 可表示为

$$\begin{cases}D_1 = \dfrac{|D_{PS_1} - R_1|}{R_1} \\ D_2 = \dfrac{|D_{PS_2} - R_2|}{R_2}\end{cases} \tag{7-25}$$

式中：R_1、R_2 为两超球体半径。

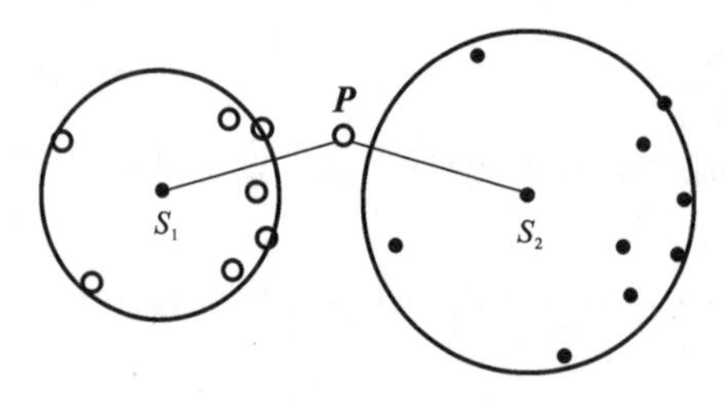

图 7-21 样本分布不均匀

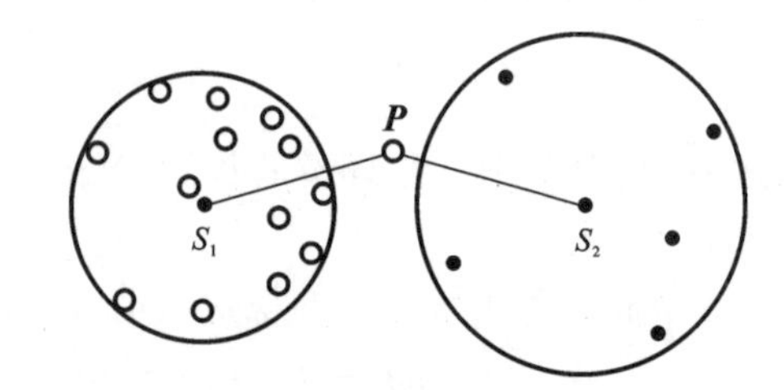

图 7-22 样本数量不平衡

由图 7-21、图 7-22 可知，有 $R_2>R_1$、$D_{PS_1}=D_{PS_2}$，则 $D_1>D_2$，根据相对距离可确定 $\boldsymbol{P}$ 为第二类样本，但考虑到图示的具体样本分布情况，显然 $\boldsymbol{P}$ 归为第一类样本的概率更大，即此依据相对距离决策规则的分类产生了偏差。

在上述样本分布不均匀或数量不平衡的情况下，若 SVDD 仅采用基于距离或相对距离的分类策略，将难以实现对不均匀样本分布区及超球体空间重合区的未知样本的准确分类，需进一步制定新的决策规则。为此，定义基于相对距离的模糊系数(fuzzy coefficient)和模糊阈值(fuzzy threshold)，记为 F_{C} 和 F_{T}，F_{T} 的取值范围为(0, 1)，F_{C} 的公式描述如下：

$$F_{\mathrm{C}}=\frac{D_{\min 2}-D_{\min 1}}{D_{\min 2}} \tag{7-26}$$

式中：$D_{\min 1}$ 为待分类样本到所有超球体相对距离的最小值；$D_{\min 2}$ 为待分类样本到所有超球体相对距离的第二小值。

对于两类样本数据，定义样本交叉度(sample cross degree，S_{cd})以描述两者间的重叠程度，其计算公式如下：

$$S_{\mathrm{cd}}=\max\left\|\boldsymbol{x}_i-\frac{1}{N_1}\sum_{i=1}^{N_1}\boldsymbol{x}_i\right\|+\max\left\|\boldsymbol{y}_j-\frac{1}{N_2}\sum_{j=1}^{N_2}\boldsymbol{y}_j\right\|-\left\|\frac{1}{N_1}\sum_{i=1}^{N_1}\boldsymbol{x}_i-\frac{1}{N_2}\sum_{j=1}^{N_2}\boldsymbol{y}_j\right\| \tag{7-27}$$

式中：N_1、N_2 分别为两类样本 $\{\boldsymbol{x}_i\}$ 与 $\{\boldsymbol{y}_i\}$ 的个数。

在求解具有 w 类样本的模式识别问题时，算得每两类样本间的 S_{cd} 后，可由下式计算 F_{T}：

$$F_{\mathrm{T}}=\frac{1}{1+2\exp\left(\frac{2}{w(w-1)}\sum_{i=1}^{w(w-1)/2}S_{\mathrm{cd}_i}\right)} \tag{7-28}$$

由式(7-28)可知，相对距离模糊阈值 F_{T} 可由样本交叉度 S_{cd} 自适应地求得。若不同类别样本间的距离较大，则由式(7-28)算得的 F_{T} 会相对偏大，进而减小边界样本和噪声样本点对 SVDD 分类性能的影响；若不同类别样本间的距离不大，甚至存在一定程度的样本交叉，则算得的 F_{T} 会相对偏小。对于待分类样本，若 $F_{\mathrm{C}}>F_{\mathrm{T}}$，则认为其可被准确分类；否则，认为其处于由多个超球体组成的模糊识别区，要实现准确分类，需针对模糊识别区制定新的决策规则。为此，本节引入基于数据分布的 KNN 决策规则，在模糊识别区通过 KNN 决策规则进行未知样本的识别，进而提升分类的准确性。

设待分类样本 $\boldsymbol{P}$ 同时位于 M_{c} 个超球体内，为了提高分类精度，制定以下分类决策规则。

(1) 若 $M_{\mathrm{c}}=1$，即 $\boldsymbol{P}$ 仅包含在一个超球体中，则将 $\boldsymbol{P}$ 分为该超球体对应的类别。

(2) 若 $M_{\mathrm{c}}=0$ 或 $M_{\mathrm{c}}>1$，则 $\boldsymbol{P}$ 不属于任何超球体或同时包含在多个超球体中，根

据式(7-25)~式(7-28)计算 **P** 到各超球体的相对距离 D_i、相对距离模糊系数 F_C 与相对距离模糊阈值 F_T，若 $F_C > F_T$，则将 **P** 分为相对距离最小值所对应的超球体类别；否则，根据第 7.3.1 节中的 KNN 决策规则确定 **P** 的所属类别。

7.3.4 基于权重 SVDD 与模糊自适应阈值决策的故障诊断模型

基于前述分析，本节提出了一种基于权重 SVDD 与模糊自适应阈值决策的故障诊断(TD-CWSVDD)模型，该模型在训练阶段即综合考虑了样本分布不均匀与数量倾斜的影响，并在分类阶段引入了模糊自适应阈值决策规则，其主要步骤如下。

步骤 1：采用 KNN 方法计算所有样本的局部密度权重，以及各类样本的规模权重，并由两者计算各样本的复合权重。

步骤 2：按式(7-21)对各类样本分别进行加权 SVDD 建模，并求解优化问题得到支持向量 SVs。

步骤 3：根据待分类样本 **P** 到各超球体的绝对距离判断包含样本 **P** 的超球体数量 M_c。

步骤 4：如果 $M_c = 1$，则转到步骤 9。

步骤 5：根据式(7-25)、式(7-26)、式(7-28)分别计算 **P** 到各超球体的相对距离 D_i、相对距离模糊系数 F_C 与相对距离模糊阈值 F_T。

步骤 6：如果 $F_C > F_T$，则转到步骤 9。

步骤 7：设定 KNN 的系数 k，并找出 **P** 的 k 个近邻样本。

步骤 8：采用 KNN 对 **P** 进行模式识别。

步骤 9：分类完成。

TD-CWSVDD 模型的分类流程如图 7-23 所示。

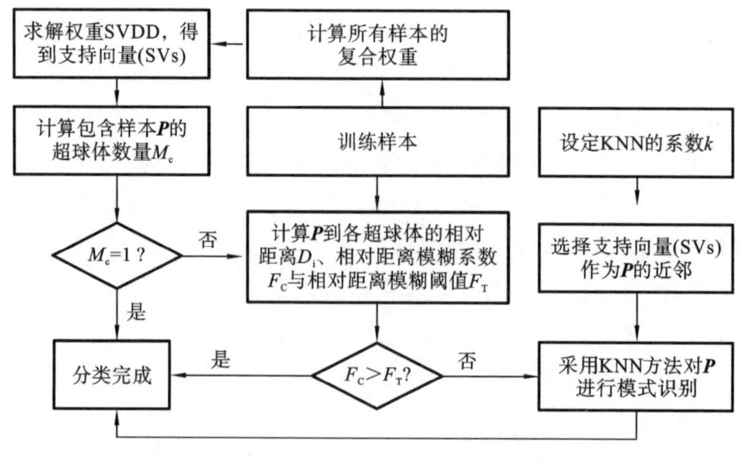

图 7-23 TD-CWSVDD **模型的分类流程**

7.3.5 研究试验与实例分析

为了验证所提TD-CWSVDD模型的分类性能与工程实用价值，本节结合标准机器学习数据集与水电机组实际故障数据开展试验分析。

1. 数值仿真

在UCI机器学习标准数据库中选取Iris、Wine、Heart与Vehicle等4组数据进行试验分析，测试数据集的基本信息如表7-9所示。为了避免量纲差异，所有数据均在训练前归一化到区间[0, 1]内。

表7-9 测试数据集的基本信息

数据集	属性数量	类别数量	样本数量
Wine	13	3	178
Iris	4	3	150
Heart	13	2	303
Vehicle	18	4	846

TD-CWSVDD模型的惩罚因子C与核参数g采用五折交叉验证的网格搜索确定，网格大小为20×20，即将表7-9中的所有数据集随机分为互不相关的5份，依次采用其中的1份作为测试样本，余下的4份作为训练样本，整个训练与测试过程重复10次。对于不同参数C与g的组合，采用平均交叉验证准确率来衡量分类性能。最后由最高的平均交叉验证准确率确定最佳参数对(C, g)。

由式(7-22)可知，模型中所有的拉格朗日乘子之和为1，当$C>1$时，其对的拉格朗日乘子无约束作用；同时，假定某类数据共有N个训练样本，由优化问题的约束条件可知，C应满足$C\geqslant 1/N$。综上，C的取值范围为$[1/N, 1]$。若考虑样本权重，参照式(7-22)中的约束可知，C的取值范围为$[1/N_{\min}, 1/w_{\min}]$，其中$N_{\min}$为所有类别样本中的最小样本数量，$w_{\min}$为所有类别样本中的最小权重。g的取值范围为$[2^{-3}, 2^{6}]$。权重计算时，KNN系数k根据各类样本数量进行调整，而决策时k则取3。

为了验证所提TD-CWSVDD模型的准确性，研究选取其他相关模型进行对比，包括基于相对距离决策的标准SVDD(RD-SVDD)、基于相对距离决策与样本规模权重的SVDD(RD-SSVDD)、支持向量机(SVM)。在对比试验中，所有模型均采用五折交叉验证确定相关参数，RD-SVDD与RD-SSVDD的参数C的搜索区间与TD-CWSVDD确定的方式相同，SVM的参数C的搜索区间为[0.1, 100]，参数g的搜索区间为$[2^{-3}, 2^{6}]$。试验结果分别如图7-24与表7-10所示，其中，Acc(%)表示模型的分类准确率。

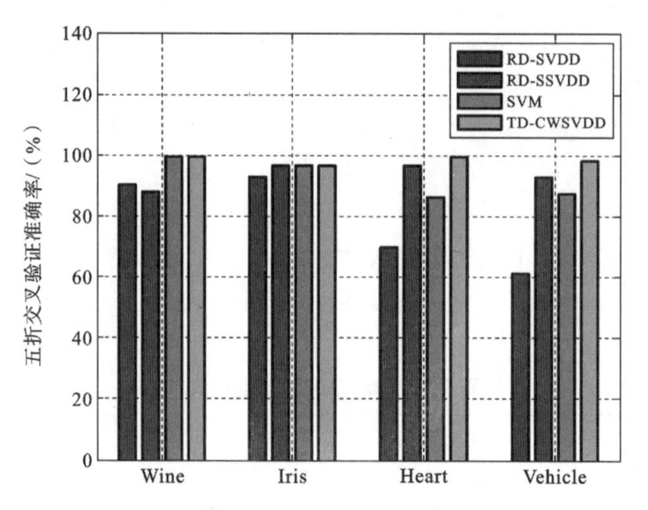

图 7-24 不同模型的五折交叉验证准确率

表 7-10 不同模型的数值试验结果

模型	参数	Wine	Iris	Heart	Vehicle
RD-SVDD	C	0.026	0.078	0.009	0.006
	g	0.125	10.211	0.125	10.211
	Acc (%)	89.887	93.197	70.297	61.465
RD-SSVDD	C	0.112	0.105	0.123	0.077
	g	3.487	6.849	16.934	47.191
	Acc (%)	88.202	96.599	96.700	93.144
SVM	C	5.358	31.647	5.358	100.000
	g	0.125	0.125	0.125	0.125
	Acc (%)	99.438	96.599	86.799	87.707
TD-CWSVDD	C	0.682	0.105	2.925	1.421
	g	13.572	3.487	33.743	43.829
	Acc (%)	100.000	96.599	100.000	97.991

由以上结果可知，同时考虑样本分布与规模影响的 TD-CWSVDD 模型取得了最好的分类效果。RD-SVDD 与传统 SVDD 相比，仅在决策阶段采用相对距离进行分类决策，未考虑样本分布的影响，导致分类效果不佳；RD-SSVDD 在建模阶段引入样本规模权重，取得了比 RD-SVDD 更好的分类性能，然而，RD-SSVDD 也忽略了样本分布的不均匀性对分类结果的影响；SVM 对数据集 Heart 与 Vehicle 的分类性能不是很理想，主要是由于样本的不均匀分布与数量的不平衡导致训练时出现过学

习；TD-CWSVDD 在训练阶段引入并同时考虑了样本分布与规模的复合权重，在分类阶段采用模糊自适应阈值决策，有效减小了样本分布情况对分类准确率的影响。

2. 工程诊断实例一

水电机组振动故障诊断的实际应用中，常对监测的振动信号提取时频特征，并由此进行故障模式识别，推理用到的频率特征包括分频、转频与倍频等。本实例中，采用某汽轮发电机组振动故障现场试验的 5 种状态数据建立故障样本，5 种状态分别为转子质量不平衡（G1）、转子不对中（G2）、油膜涡动（G3）、动静碰摩（G4）与正常（G5）。

设水电机组的转频为 x，则所有状态的故障特征量可用$(0\sim0.4)x$、$(0.4\sim0.6)x$、$(0.6\sim1)x$、$1x$、$2x$、$3x$、$4x$、$>4x$ 等频率上的幅值表示。训练样本与测试样本分别如表 7-11 与表 7-12 所示，诊断分析前将所有样本属性归一化到区间[0，1]内。

在本试验中，以 20×20 的网格搜索确定模型最优惩罚因子 C 与核参数 g，在不同参数对(C, g)下对训练样本进行三折交叉验证。对于特定 C 与 g 的组合，采用平

表 7-11 某汽轮发电机组振动故障训练样本

决策属性	样本属性							
	$(0\sim0.4)x$	$(0.4\sim0.6)x$	$(0.6\sim1)x$	$1x$	$2x$	$3x$	$4x$	$>4x$
G1	2	1	1	513	19	14	7	5
	14	4	6	238	33	3	6	6
	1	1	1	139	15	2	1	3
	5	1	3	146	14	3	0	3
	1	1	1	599	73	40	14	13
	0	0	0	598	75	40	14	13
	0	0	0	583	89	27	7	11
	1	0	0	481	17	9	3	3
	1	0	1	397	36	7	1	4
G2	0	0	1	120	80	4	4	5
	1	1	1	48	60	5	2	2
	0	0	0	112	76	2	1	4
	0	0	0	36	44	3	1	6
	0	0	0	32	48	4	2	6
	0	0	0	52	52	3	1	5
	0	0	0	220	80	4	4	4
	0	0	0	148	60	4	1	6

续表

决策属性	样本属性							
	(0～0.4)x	(0.4～0.6)x	(0.6～1)x	1x	2x	3x	4x	>4x
G3	2	40	2	60	8	2	3	2
	1	44	1	53	2	3	2	1
	5	29	7	54	1	2	1	2
	0	41	3	57	1	3	5	1
	4	97	7	70	2	3	2	4
	2	60	2	66	6	2	1	3
	10	71	6	68	4	6	9	1
	16	39	6	55	9	1	0	0
G4	17	14	29	80	9	11	21	15
	26	27	35	148	75	30	12	15
	20	30	23	198	61	34	24	16
	11	23	19	111	65	14	9	5
G5	0	0	0	70	4	0	0	0
	0	0	0	55	3	1	0	0
	0	0	0	40	1	0	0	1

表 7-12　某汽轮发电机组振动故障测试样本

决策属性	样本属性							
	(0～0.4)x	(0.4～0.6)x	(0.6～1)x	1x	2x	3x	4x	>4x
G1	0	0	0	158	29	5	3	7
	3	1	5	121	2	1	1	1
G2	0	0	0	56	48	3	1	5
	0	0	0	48	56	3	1	5
G3	1	80	1	73	3	4	2	4
	1	36	3	97	2	1	1	2
G4	29	41	33	142	74	35	22	16
G5	0	0	0	60	5	0	0	0

均交叉验证准确率来衡量分类性能。以准确率最大时的(C, g)为模型参数，对所有训练样本进行模型训练，并将得到的模型用于测试样本的分类。g 的搜索区间为$[2^{-3}, 2^{6}]$，C 的取值范围参照数值仿真中根据不同类别样本数量和复合权重的方式确定。对比方法中 RD-SVDD、RD-SSVDD 的参数设置方式与数值仿真中的相同，SVM 的参数 C 的搜索区间为$[0.1, 100]$，参数 g 的搜索区间与其他 SVDD 方法相同。计算复合权重时，KNN 系数 k 根据每类故障的样本数量进行调整，考虑到 G5 类中训练样本较少，决策时 KNN 系数 k 取 1。不同模型的诊断结果对比如表 7-13 与图 7-25 所示，由结果对比可知，所提 TD-CWSVDD 模型对训练样本和测试样本均具有最优的诊断分类性能。

表 7-13　不同模型的诊断结果对比

模型	C	g	训练样本诊断精度/(%)	测试样本诊断精度/(%)
RD-SVDD	0.500	3.487	85.375	87.500
RD-SSVDD	0.594	3.487	87.500	87.500
SVM	52.679	0.125	100.000	87.500
TD-CWSVDD	0.622	6.849	100.000	100.000

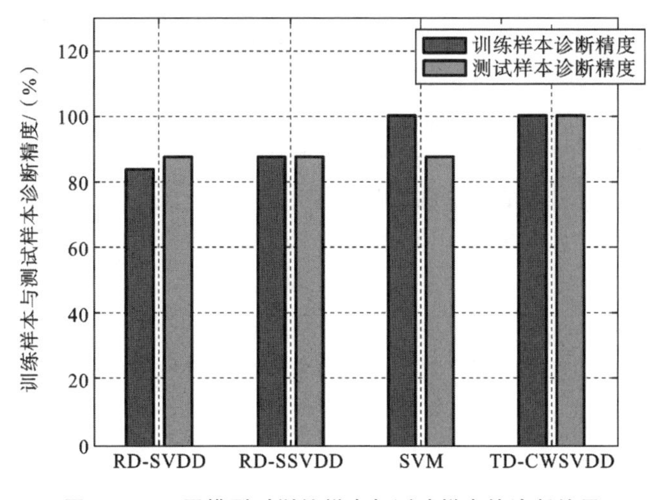

图 7-25　不同模型对训练样本与测试样本的诊断结果

3. 工程诊断实例二

为了进一步验证所提 TD-CWSVDD 模型的有效性，本实例中将其应用于某水电机组振动故障诊断，包括动静碰磨(P1)、转子不对中(P2)、转子不平衡(P3)等三类故障。设机组转频为 x，故障特征量由$(0.18\sim0.2)x$、$0.5x$、$1x$、$2x$、$3x$、$>3x$ 等频率上的幅值表示。训练样本与测试样本分别如表 7-14 与表 7-15 所示。

表 7-14 水电机组振动故障训练样本

决策属性	样本属性					
	(0.18～0.2)x	0.5x	1x	2x	3x	>3x
P1	0.05	0.09	0.97	0.47	0.49	0.04
	0.07	0.20	0.91	0.45	0.48	0.01
	0.06	0.08	0.98	0.50	0.50	0.03
P2	0.02	0.04	0.88	0.92	0.82	0.03
	0.01	0.02	0.80	0.98	0.80	0.02
	0.03	0.02	0.86	0.95	0.81	0.03
P3	0.02	0.03	0.92	0.02	0.02	0.05
	0.05	0.02	0.91	0.08	0.01	0.05
	0.03	0.05	0.92	0.08	0.01	0.02
	0.01	0.08	0.98	0.09	0.02	0.02
	0.05	0.06	1.00	0.05	0.04	0.02
	0.03	0.05	0.99	0.06	0.02	0.03

为了消除不同特征频率的量纲影响，诊断分析前先将所有样本属性归一化到区间[0, 1]内。采用表 7-14 中的训练样本对 TD-CWSVDD 模型进行训练，相关参数的确定方式与诊断实例一中的相同，然后对表 7-15 的测试样本进行诊断分类，发现该模型正确诊断出了所有故障，即诊断精度为 100%。因此，所提 TD -CWSVDD 模型适用于水电机组振动故障的诊断。

表 7-15 水电机组振动故障测试样本

决策属性	样本属性					
	(0.18～0.2)x	0.5x	1x	2x	3x	>3x
P1	0.08	0.10	0.98	0.49	0.54	0.07
	0.04	0.07	0.99	0.50	0.51	0.03
P2	0.03	0.01	0.68	0.63	0.69	0.26
	0.05	0.04	0.89	0.94	0.84	0.05
	0.01	0.05	0.83	0.98	0.79	0.03
P3	0.02	0.03	0.76	0.05	0.02	0.05

第8章 水电机组非线性状态趋势预测研究

水电机组不仅是电厂运行的关键设备，而且承担着区域电网乃至整个大电网的调峰、调频任务。为了提升水电机组运行的可靠性，以促进电厂和电网的安全稳定，开展水电机组状态监测、故障诊断与状态趋势预测研究，具有重要的理论意义与工程实际价值。前述章节已围绕水电机组状态监测与故障诊断进行了相关研究与探讨，并取得了一定成果，但其都是事后决策方式，即只有在异常或故障发生后，才进行相应的决策分析。随着运行时间的累积，水电机组及其辅助设备的运行环境会逐渐劣化，且随着劣化程度的不断加深，设备的性能将逐渐衰退，直至发生故障，这不仅影响水电机组的安全稳定运行，而且会造成一定的经济损失与维修费用。为了弥补事后决策的不足，本章将从水电机组状态趋势预测的视角开展相关研究。通过准确预测水电机组的状态趋势，不仅有助于及时发现水电机组运行的异常情况，避免发生重大事故，而且有助于科学合理地制订状态检修计划，进而提升电厂的综合经济效益。在水电机组实际运行过程中，振动是一种普遍存在且难以完全避免和消除的现象，因此振动故障是水电机组最常见的故障形式，而振动信号则可直观、有效地反映其运行状态。通过对振动趋势的准确预测，可有效反映水电机组下一时刻的状态变化。此外，由于受复杂水-机-电耦合因素的影响，导致振动信号具有较强的非线性与非平稳性，因此，水电机组状态趋势预测的本质即是一个非线性、非平稳时间序列预测问题。

状态趋势预测作为一种事前决策方式，其基于机组监测系统采集的历史状态数据建立相应的数学模型，以确定其当前运行状态并预测其状态发展趋势。处理此类预测问题的数学方法，如回归分析、支持向量回归、最小二乘支持向量机、极限学习机等已在第5章进行了相关介绍。为了减小序列的非线性与非平稳性对预测结果的影响，部分学者将非平稳信号处理方法与传统预测模型相结合，取得了一定的预测效果。如 Yesilyurt 等采用基于汉宁窗的短时傅里叶变换实现了振动模态阻尼比的准确预测；杨晓红等提出了一种基于小波变换的支持向量回归预测模型，并将其应用于振动数据的短期预测；Fei 建立了基于 EMD 与相关支持向量机的混合预测模型，提升了轴承振动信号峭度的预测准确性。在上述提到的信号处理方法中，短时傅里叶变换基于分段平稳假设，而水电机组实际振动状态信号常违反该假设，制约了其性能；小波变换需要事先指定小波基，导致其泛化性差，尤其对强噪声下的信号分解效果不佳；EMD 作为一种新的时频信号分析方法，可依据信号的局部特征将其自适应地分解为一系列本征模态分量，但存在端点效应及模态混叠的问题，制约了预测的精度。

本章在水电机组状态趋势预测的可行性分析基础上，为了提升预测准确性，通过引入非平稳信号处理技术，提出了两种趋势预测方法，即基于聚合 EEMD 与支持向量回归的预测方法，以及基于最优 VMD 与优化最小二乘支持向量机的预测方法。为了进一步减小分量非平稳性对预测结果的影响，对 VMD 分解所得分量进行主导成分分析，提出一种基于多尺度主导成分混沌分析的水电机组状态趋势预测方法，同时也通过水电机组振动状态数据实例验证上述方法的有效性。

8.1 状态趋势预测的可行性分析

分析水电机组状态趋势预测的可行性，是开展预测研究工作时首先需解决的问题，也是预测模型选择的基础。为此，本节围绕水电机组状态的发展特性、非线性行为分析、序列的可预测性等进行多角度探讨。

8.1.1 水电机组状态的发展特性

事物的发展差不多都与其过去的状态有关，基于过去的状态建模可推导出其现在的状态，而基于过去和现在的状态则可预知其未来，此即为事物发展的“惯性”。在水电机组故障演变过程中，要经历故障的早期萌芽状态与中期部分功能失效状态，并逐渐演化至相应功能完全失效状态，即故障状态。水电机组状态趋势预测的主要依据为故障发展的规律与趋势，具有以下特点。

(1) 缺陷与异常的延续性：缺陷或异常一旦形成，就会在状态量中反映出来，若不经处理，一般就难以自动消失。随着运行时间的累积，其将具有从量变到质变的趋势，发展到一定程度即出现故障。该故障的演化过程为状态趋势预测提供了依据。

(2) 故障的相关性：水电机组结构复杂，其内部结构间具有一定的耦合性，使得不同部位的故障呈现出一定的相关性，并在状态量中得以体现。依据故障之间的因果关系，有助于建立状态趋势预测模型。

8.1.2 非线性行为分析

水电机组作为一个多子系统耦合相关的大型动力系统，各子系统之间不仅在结构与功能上存在差异，而且存在复杂的耦合关系，并在这些关系的影响因素中常存在一定的不确定性，使得水电机组的动力学行为极其复杂。同时，由于受水力、机械、电磁等因素的多重耦合激励，且工况转换频繁，导致水电机组动态响应呈现较强的非线性，而该非线性行为会在振动状态趋势中得以体现。因此，建模时考虑序列非线性对准确预测水电机组状态趋势具有重要意义。

8.1.3　序列的可预测性

表征水电机组运行状态的振动时间序列可视为该复杂系统动力学行为的一个分量，其演化规律由与之相关的其他分量共同决定。对该时间序列建模预测即基于水电机组振动序列研究系统的动力学特性。Takens 提出的相空间重构方法使解决该预测问题成为可能，该方法通过一维坐标延迟策略构造高维相空间矩阵，并从中充分发现序列所蕴含的系统动力学规律。

相空间重构的基本思想为：通过序列坐标延迟重构相空间，得到与原动力系统非线性行为微分同胚的状态空间，并在该空间中恢复系统规律的轨迹。在具体数学模型未知的情况下，对振动状态趋势时间序列进行相空间重构是趋势预测的基础，基于一定的嵌入维数与延时参数进行相空间重构可得到高维相空间中的轨迹矩阵(类似吸引子，不一定具有混沌特性)，并从中找出动力系统响应规律。

对状态序列 $s(1),s(2),\cdots,s(l)$(l 为序列总长度)，可构造相空间输入矩阵 $\boldsymbol{I}$，如下：

$$\boldsymbol{I}=[\boldsymbol{I}_1 \quad \boldsymbol{I}_2 \quad \cdots \quad \boldsymbol{I}_K]^{\mathrm{T}}=\begin{bmatrix} s(1) & s(2) & \cdots & s(m) \\ \vdots & \vdots & & \vdots \\ s(k) & s(k+1) & \cdots & s(k+m-1) \\ \vdots & \vdots & & \vdots \\ s(K) & s(K+1) & \cdots & s(K+m-1) \end{bmatrix} \tag{8-1}$$

式中：序列相空间重构延时参数取为 1；$K=l-m+1$；m 为嵌入维数；$\boldsymbol{I}_k$ 为相空间输入矩阵 $\boldsymbol{I}$ 的第 k 个向量。

相应地，相空间预测输出矩阵 $\boldsymbol{O}$ 为

$$\boldsymbol{O}=[O_1 \quad O_2 \quad \cdots \quad O_K]^{\mathrm{T}}=[s(m+1) \quad s(m+2) \quad \cdots \quad s(m+K)]^{\mathrm{T}} \tag{8-2}$$

式中：O_k 为在相空间中建立预测模型时与第 k 个输入向量对应的输出。由 $\boldsymbol{I}$ 与 $\boldsymbol{O}$ 的组合构成预测模型的样本。

8.2　基于聚合 EEMD 与 SVR 的水电机组状态趋势预测

近年来，随着信号处理技术的发展，EMD 与 EEMD 已被广泛应用于解决实际工程应用中的预测问题。在此类应用中，基于 EMD 与 EEMD 的预测模型多对所有分量的预测结果进行累加。然而，EMD 与 EEMD 的结果中总存在部分虚假分量，一定程度上影响了整体预测精度，而且对所有分量分别进行预测也相对耗时。

基于对该类问题的研究与思考，本节提出了一种基于聚合 EEMD 与支持向量回归的水电机组状态趋势预测新方法，通过对 EEMD 的分解结果中具有频率与能量相似性的分量进行聚合，再对所有聚合分量分别建立最优支持向量回归预测模型，并将所有聚合分量的预测结果进行累加得到最终趋势预测值，来实现水电机组状态趋势的有效预测。

8.2.1 聚合 EEMD 基本原理

由于从监测系统采集到的水电机组状态信号常受背景噪声的干扰，所以导致 EEMD 分解后的 IMFs 中虚假分量问题较为严重，这样不仅影响了状态趋势预测精度，也增加了预测时间。此外，解决此类预测问题，对提升时域精度具有十分重要的意义。而在 EEMD 分解过程中添加辅助噪声后存在分解残差，一定程度上影响了预测性能。为此，这里提出了一种基于分量的频率与能量指标的聚合 EEMD 方法。其中，频率是指分量时间序列经傅里叶变换后的中心频率，反映的是该分量在时间上的波动情况；而能量指标是指分量在时域上的局部最大值的均值。对分量的频率与能量指标采用不同的聚合策略进行试验分析，研究发现，将频率指标分为三类、能量指标分为两类时，聚合后取得的预测效果最好。因此，这里根据 fine-to-coarse 思想，将 EEMD 分解所得分量从频率的角度分为高频、中频、低频三类，从能量的角度分为高能、低能两类。

在 EEMD 的分解结果中，分量 IMF_1 通常具有高频和高能的特点。因此，本节将 IMF_1 作为衡量其他分量频率与能量指标的标准。IMF_1 的频率特征表示为其傅里叶变换的中心频率，记为 F_m；IMF_1 的能量特征表示为其局部最大值的均值，记为 E_m。基于大量试验分析制定了如表 8-1 所示的分量频率与能量指标判断准则，用于判断除 IMF_1 外其他所有分量的频率与能量指标情况。计算得到所有分量的频率与能量指标后，再通过下式计算聚合后的分量 RIMFs。

$$\mathrm{RIMF} = \sum_{i=1}^{n} \mathrm{IMF}_i \tag{8-3}$$

式中：n 为具有相同频率与能量指标的分量个数。

表 8-1 分量频率与能量指标判断准则

特征	指标类型	判断准则
频率	H：高频	$(2/3\sim)F_m$
	M：中频	$(1/6\sim2/3)F_m$
	L：低频	$(0\sim1/6)F_m$
能量	H：高能	$(1/2\sim)E_m$
	L：低能	$(0\sim1/2)E_m$

根据所提聚合策略，来自同一信号的分解结果最多被分为 6 类，所有可能的分量频率与能量指标对如表 8-2 所示。EEMD 分解所得结果中常包含部分虚假分量，影响了预测精度。通过将具有相同频率与能量指标的 IMF 分量进行聚合，能在两种模式下减小虚假分量对预测精度的影响。

表 8-2　IMFs 的所有可能频率与能量指标对

指标对类型	表示含义
HH	高频、高能
MH	中频、高能
LH	低频、高能
HL	高频、低能
ML	中频、低能
LL	低频、低能

模式Ⅰ：不同虚假分量相聚合。

模式Ⅱ：虚假分量与原信号的本征模态分量相聚合。

在模式Ⅰ下，聚合不同虚假分量能在一定程度上消除单一分量对预测精度的影响。例如，一个虚假分量产生正预测误差，而另一个虚假分量产生负预测误差，将两者聚合后预测误差会抵消掉一部分。即使两者都产生正或负的误差，聚合后产生的预测误差也将小于两者分别预测时的误差之和。在模式Ⅱ下，具有低能量特征的虚假分量会被融入具有高能量特征的原信号本征模态分量中，进而减小其对预测结果的影响。

8.2.2　基于聚合 EEMD 与 SVR 的状态趋势预测

基于聚合 EEMD 与 SVR（AEEMD-SVR）方法的状态趋势预测的具体步骤如下。

步骤 1：采用 EEMD 将原始状态信号分解为一系列本征模态分量 IMFs。

步骤 2：计算所有分量的频率与能量指标，对具有相同频率与能量指标的分量进行聚合，得到聚合分量 RIMFs。

步骤 3：分别采用相空间重构计算与各聚合分量对应的相空间输入、输出矩阵。

步骤 4：为每对相空间输入、输出矩阵分别建立最优 SVR 预测模型，并对下一时刻的趋势值进行预测。

步骤 5：将所有 SVR 模型预测结果累加得到最终预测值。

AEEMD-SVR 方法的状态趋势预测流程如图 8-1 所示，其中，L 为 EEMD 分解所得分量 IMFs 的个数，K 为聚合后分量 RIMFs 的个数。

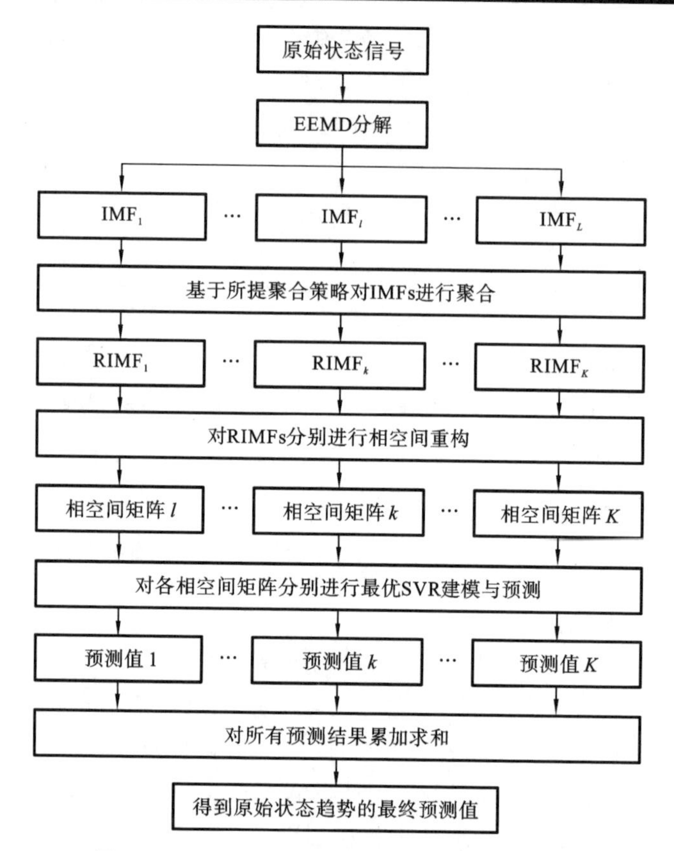

图 8-1　AEEMD-SVR 方法的状态趋势预测流程

8.2.3　应用实例

这里将所提方法应用到二滩水电站的机组状态趋势预测中。二滩水电站是位于我国西南地区的大型电站，安装有 6 台混流式机组，并采用 S8000 状态监测系统对机组的运行情况进行实时监测。由于机组工况转换频繁，难以保证所有的监测数据都具有相同的时间间隔。为了切合工程实际情况，选取满足平均时间间隔的监测数据进行试验分析。在本试验中，选取 2011 年 7 月 13 日至 2011 年 7 月 28 日 1＃机组水导轴承 Y 方向摆度 700 个样本为研究对象，采样数据的平均时间间隔为半小时。机组结构和水导轴承的摆度监测位置如图 8-2 所示，其中，两个位移传感器被垂直地安装在水导轴承上，用于测量水导轴承在 X 方向与 Y 方向上的摆度值。水导轴承沿 Y 方向的摆度监测数据如图 8-3 所示，由图可知数据具有较强的非平稳性，使其准确预测存在一定难度。本试验中嵌入维数取 5，相空间重构后得到 695 个相空间样本，其中前 400 个样本用于进行模型训练，余下的 295 个样本用于模型校验。

为了验证所提状态趋势预测方法的有效性，研究选取其他相关方法进行对比分析，包括 SVR（不经过信号分解，直接采用 SVR 对原始信号进行相空间重构并预

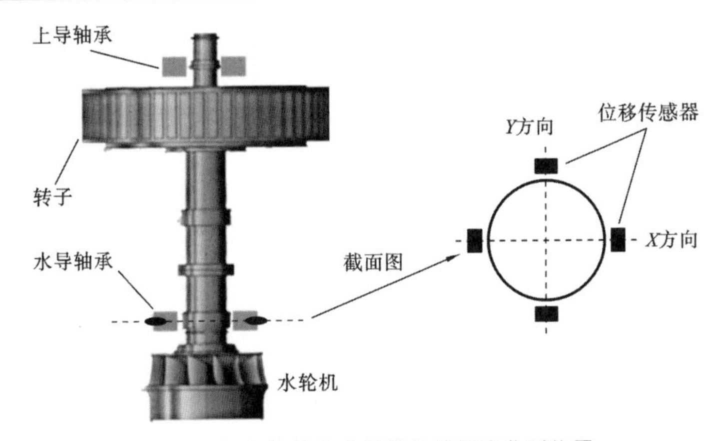

图 8-2　机组结构和水导轴承的摆度监测位置

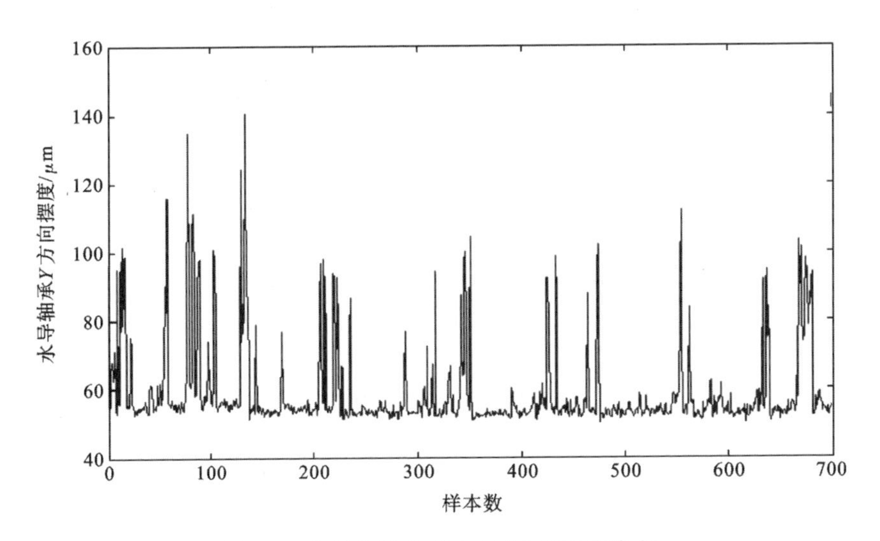

图 8-3　水导轴承沿 Y 方向的摆度监测数据

测)、EMD-SVR(采用 EMD 进行信号分解并将得到的各分量进行相空间重构，再分别建立 SVR 模型进行预测，最后由各预测结果累加得到最终预测值)、EEMD-SVR(采用 EEMD 进行信号分解，再对各分量分别进行相空间重构，然后采用 SVR 对所有相空间矩阵分别进行预测，最后累加得到最终预测结果)。在 EEMD 的实际应用中，外加辅助白噪声强度常设为 0.01～0.2。通常情况下，如果信号的主要成分为高频，则外加辅助白噪声强度取值应适当偏小；相反，若信号的主要成分为低频，则外加辅助白噪声强度取值应适当偏大。机组在实际运行过程中，其摆度信号常伴随有频繁的波动。考虑到影响最终预报精度的主要因素为波动频繁的分量，因此选用的外加辅助白噪声强度应相对偏小。同时，为了充分验证所提方法的有效性，分别在0.01与 0.1 两种外加辅助白噪声强度下进行对比试验。

试验中采用三个常用的定量指标进行趋势预测结果分析，以评价不同方法的性能，包括均方根误差(RMSE)、平均绝对误差(MAE)与平均绝对百分误差(MAPE)。其中，RMSE用于反映预测值与实际值的平均绝对偏离程度，MAE用于反映预测值与实际值的平均系统性偏离，MAPE用于反映预测值与实际值的偏离相对于实际值的平均偏离程度。各指标的数学公式描述如下：

$$\mathrm{RMSE} = \sqrt{\frac{1}{N}\sum_{i=1}^{n}(Y_i - \hat{Y}_i)^2} \tag{8-4}$$

$$\mathrm{MAE} = \frac{1}{N}\sum_{i=1}^{n}\left|Y_i - \hat{Y}_i\right| \tag{8-5}$$

$$\mathrm{MAPE} = \frac{1}{N}\sum_{i=1}^{n}\left|\frac{Y_i - \hat{Y}_i}{Y_i}\right| \times 100\% \tag{8-6}$$

以上三式中：N为测试样本数；Y_i与$\hat{Y}_i$分别为实际值与预测值。

1. 试验一：EEMD辅助噪声强度为0.01

在本试验中，对摆度监测数据进行EEMD分解时，将辅助噪声强度设为0.01，集合数取100，同时采用EMD进行分解对照。EMD与EEMD的分解结果分别如图8-4(a)与图8-4(b)所示，其中两图中的IMF_9均表示残余分量。为了比较两种方法的分解效果，采用统计学领域广泛使用的增广Dickey-Fuller(ADF)检验分析分解所得分量的平稳性。由于对预测精度影响较大的主要因素为波动频繁的分量，因此试验中仅对前4个波动较频繁的分量(以下简称主分量)进行平稳性分析。分析结果如

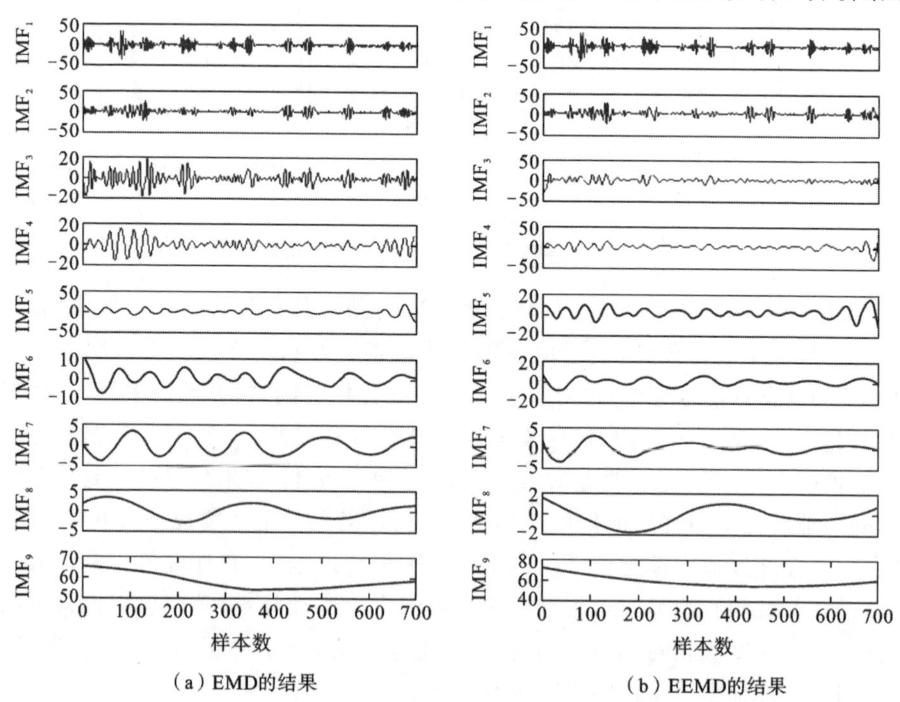

图8-4　摆度数据的EMD与EEMD分解结果对比(EEMD辅助噪声强度为0.01)

表 8-3 所示，由表可知，EMD 与 EEMD 分解所得主分量的 t 检验指标均小于 5%临界值－1.9413，表明主分量都是平稳的。同时，对比两种方法的分解结果发现，除 IMF_4 外，由 EEMD 分解所得主分量的 t 检验指标均小于 EMD 分解所得主分量的 t 检验指标，表明 EEMD 的分解结果更为平稳。

表 8-3　基于 ADF 检验的 EMD 与 EEMD 分解结果的平稳性分析

主分量	t 检验指标	5%临界值	平稳
IMF_1(EMD)	－7.7996	－1.9413	√
IMF_2(EMD)	－8.6737	－1.9413	√
IMF_3(EMD)	－9.0896	－1.9413	√
IMF_4(EMD)	－8.9472	－1.9413	√
IMF_1(EEMD，辅助噪声强度为 0.01)	－7.8508	－1.9413	√
IMF_2(EEMD，辅助噪声强度为 0.01)	－9.0965	－1.9413	√
IMF_3(EEMD，辅助噪声强度为 0.01)	－9.1114	－1.9413	√
IMF_4(EEMD，辅助噪声强度为 0.01)	－4.2366	－1.9413	√
IMF_1(EEMD，辅助噪声强度为 0.1)	－7.8682	－1.9413	√
IMF_2(EEMD，辅助噪声强度为 0.1)	－9.6131	－1.9413	√
IMF_3(EEMD，辅助噪声强度为 0.1)	－10.041	－1.9413	√
IMF_4(EEMD，辅助噪声强度为 0.1)	－5.4971	－1.9413	√

EEMD 分解后，采用所提聚合策略对各 IMF 分量进行频率与能量分析，具体频率与能量指标如表 8-4 所示。其中，IMF_1 为高频、高能，IMF_2、IMF_3 与 IMF_4 为中频、高能，IMF_5、IMF_6 与 IMF_9 为低频、高能，IMF_7 与 IMF_8 为低频、低能。根据各分量的频率与能量分布情况，聚合所得结果 RIMFs 如表 8-5 所示。图 8-5 为聚合后的时间序列，其中 $RIMF_1$ 具有最高的频率特征，而 $RIMF_4$ 具有最低的频率与能量特征。

表 8-4　EEMD 分解结果的频率与能量指标(辅助噪声强度为 0.01)

IMF 分量	频率	能量
IMF_1	H	H
IMF_2	M	H
IMF_3	M	H
IMF_4	M	H
IMF_5	L	H
IMF_6	L	H
IMF_7	L	L
IMF_8	L	L
IMF_9	L	H

表 8-5 EEMD 分解所得分量的聚合结果(辅助噪声强度为 0.01)

RIMF 分量	包含 IMF 分量	(频率,能量)
$RIMF_1$	IMF_1	HH
$RIMF_2$	IMF_2、IMF_3、IMF_4	MH
$RIMF_3$	IMF_5、IMF_6、IMF_9	LH
$RIMF_4$	IMF_7、IMF_8	LL

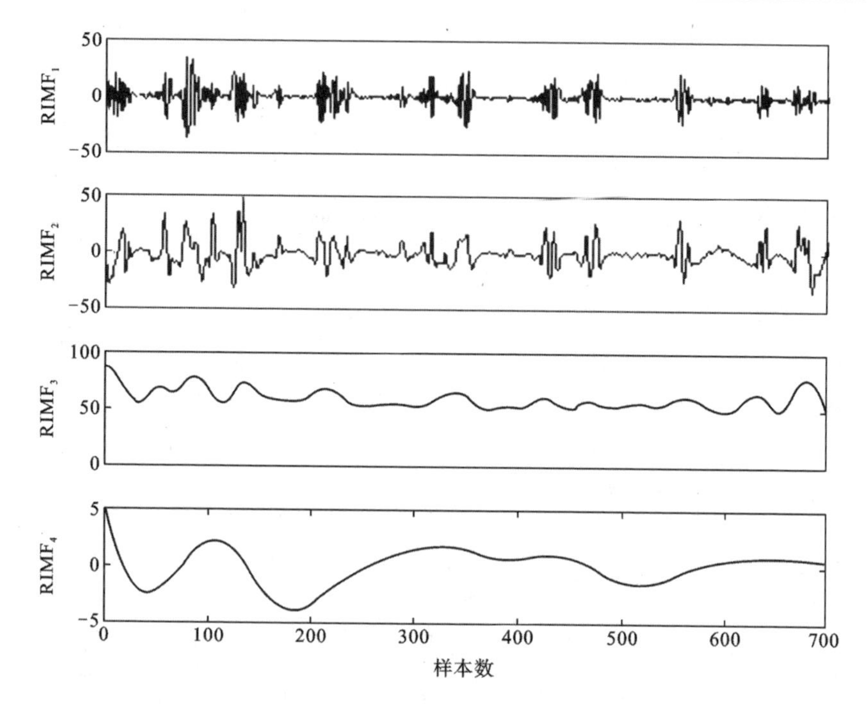

图 8-5 聚合后的时间序列 1

计算各 RIMF 分量的相空间矩阵,得到支持向量回归(SVR)预测时的输入与输出。SVR 模型的最优惩罚因子 C 与核参数 g 采用五折交叉验证的网格搜索确定,搜索区间均为$[2^{-10},2^{10}]$,搜索步长为 0.5。对各 RIMF 分量的相空间输入、输出矩阵分别建立最优 SVR 模型并进行趋势预测,然后通过所有 RIMF 分量($RIMF_1$ ~ $RIMF_4$)预测结果的累加得到最终状态趋势预测值。在强度为 0.01 的辅助噪声下,集合经验模态分解结果聚合后各分量的监测值与预测值的对比如图 8-6 所示。对比各分量的预测结果可知,由于 $RIMF_1$ 波动频率较高,导致其预测效果不是十分理想,而相对平稳的 $RIMF_3$ 与 $RIMF_4$ 则具有很好的逼近效果。

对不同的方法进行比较分析时,为了增强可比性,SVR、EMD-SVR 与 EEMD-SVR 等方法的最优惩罚因子 C 与核参数 g 的确定方式与 AEEMD-SVR 的方法相同,即采用五折交叉验证的网格搜索确定 C、g,搜索区间均为$[2^{-10},2^{10}]$,搜索步长为

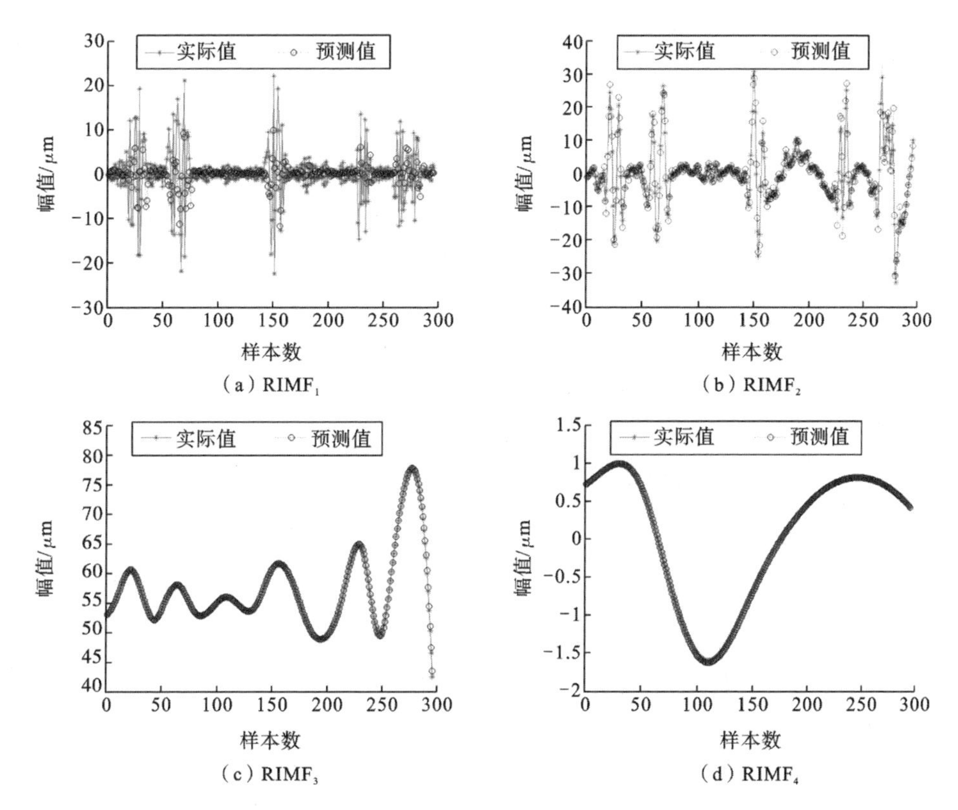

图 8-6　集合经验模态分解结果聚合后各分量的实际值与预测值的对比(辅助噪声强度为 0.01)

0.5。EMD-SVR 与 EEMD-SVR 的最终状态趋势预测值由所有 IMF 分量的预测结果累加得到。所有方法的预测结果对比如图 8-7 所示，由图可知，所提 AEEMD-

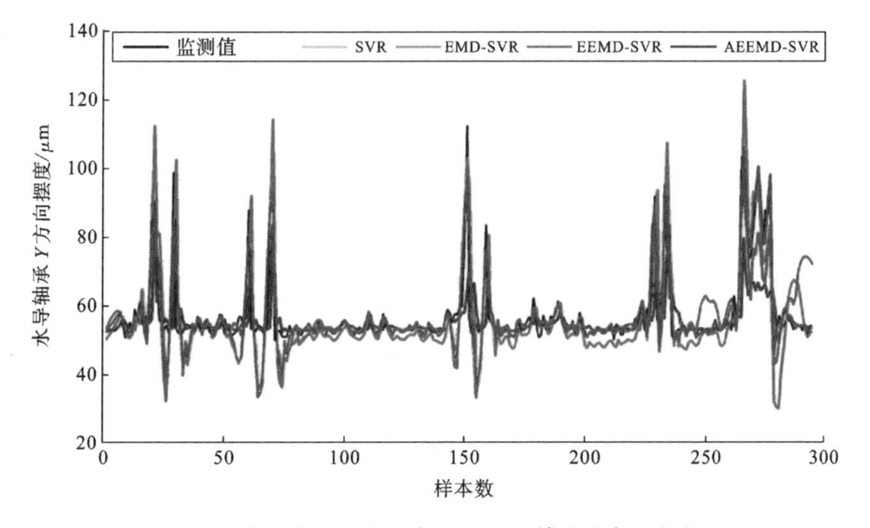

图 8-7　不同方法的预测结果对比(EEMD 辅助噪声强度为 0.01)

SVR 方法的预测曲线逼近效果最好。4 种方法的预测性能指标如表 8-6 所示，由指标 RMSE、MAE 与 MAPE 的结果对比可知，所提方法的预测精度比其他方法的高。此外，由于外加辅助噪声的影响，EEMD-SVR 的预测性能不如 EMD-SVR 的预测性能，这从侧面反映了所提聚合策略的优越性。

表 8-6　4 种方法的性能指标(EEMD 辅助噪声强度为 0.01)

性能指标	SVR	EMD-SVR	EEMD-SVR	AEEMD-SVR
RMSE/μm	9.443	7.457	8.897	6.141
MAE/μm	4.503	4.659	5.611	3.696
MAPE/(%)	6.565	7.893	9.587	6.268

2. 试验二：EEMD 辅助噪声强度为 0.1

为了进一步验证所提 AEEMD-SVR 方法的有效性，在 EEMD 辅助噪声强度为 0.1 的情况下再次进行试验分析，集合数仍取 100。此时摆度数据的 EEMD 分解结果如图 8-8 所示。与试验一类似，采用 ADF 检验对前 4 个主分量进行平稳性分析，分析结果如表 8-3 所示。对比不同辅助噪声强度下 EEMD 分解所得主分量的 t 检验指标，可知辅助噪声强度为 0.1 时 t 检验指标更小，表明在强度为 0.1 的辅助噪声下，EEMD 分解结果的平稳性更好。

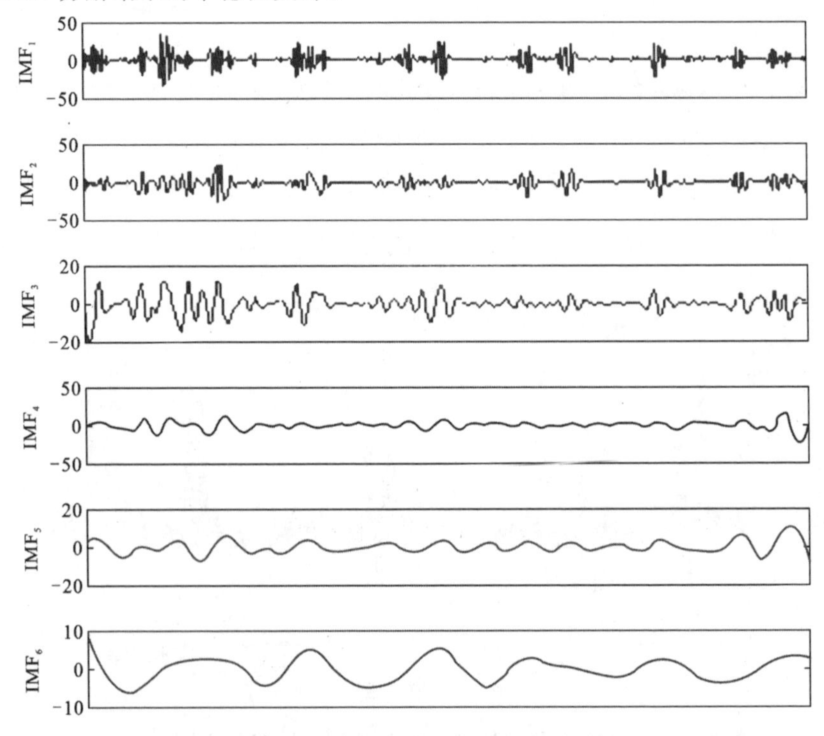

图 8-8　摆度数据的 EEMD 分解结果(辅助噪声强度为 0.1)

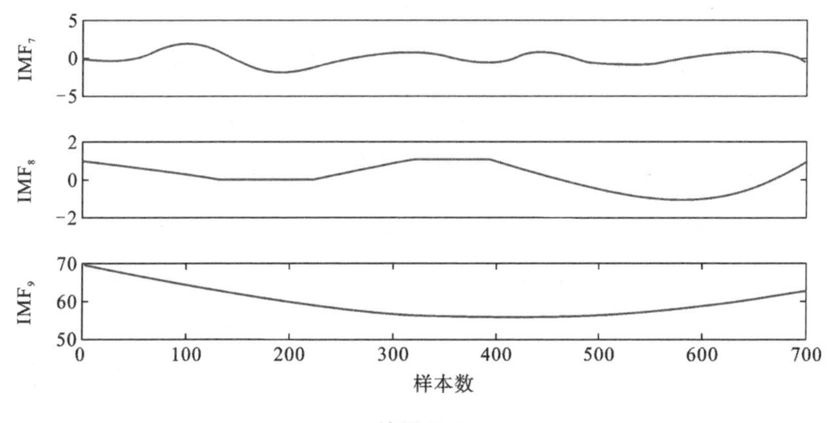

续图 8-8

根据所提聚合策略对各 IMF 分量进行频率与能量分析，具体指标如表 8-7 所示。其中，IMF_1 为高频、高能，IMF_2 与 IMF_3 为中频、高能，IMF_4、IMF_5、IMF_6 与 IMF_9 为低频、高能，IMF_7 与 IMF_8 为低频、低能。结合各分量的频率与能量分布情况，EEMD 所得分量的聚合结果如表 8-8 所示。图 8-9 所示的为聚合结果 RIMFs 的时间序列，其中 $RIMF_1$ 为高频、高能，而 $RIMF_4$ 则具有最低的频率与能量。

表 8-7　EEMD 分解结果的频率与能量指标(辅助噪声强度为 0.1)

IMF 分量	频率	能量
IMF_1	H	H
IMF_2	M	H
IMF_3	M	H
IMF_4	L	H
IMF_5	L	H
IMF_6	L	H
IMF_7	L	L
IMF_8	L	L
IMF_9	L	H

表 8-8　EEMD 分解所得分量的聚合结果(辅助噪声强度为 0.1)

RIMF 分量	包含 IMF 分量	(频率，能量)
$RIMF_1$	IMF_1	HH
$RIMF_2$	IMF_2、IMF_3	MH
$RIMF_3$	IMF_4、IMF_5、IMF_6、IMF_9	LH
$RIMF_4$	IMF_7、IMF_8	LL

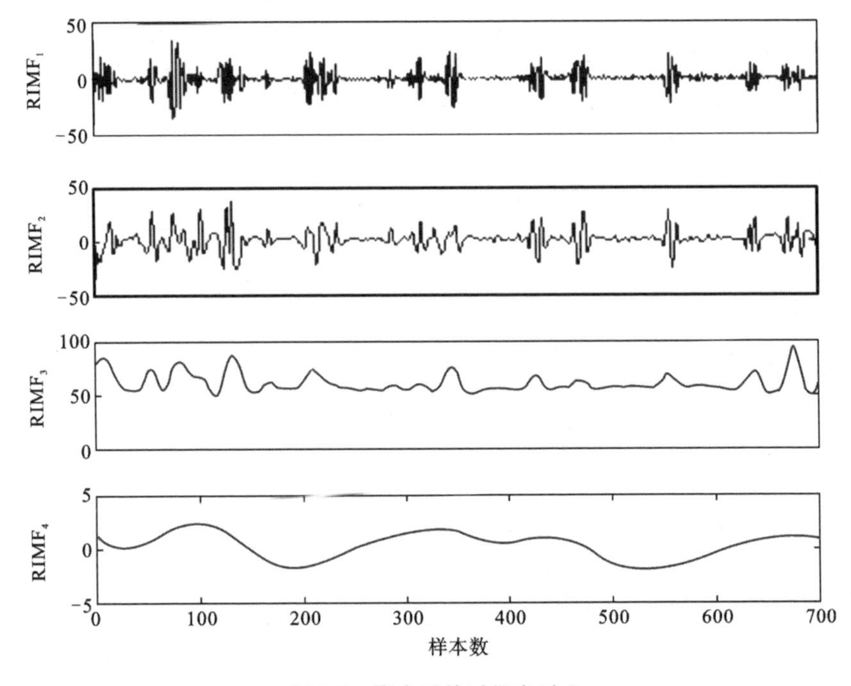

图 8-9 聚合后的时间序列 2

对所有 RIMF 分量分别进行相空间重构，计算得到相空间预测时的输入与输出矩阵。SVR 预测模型的最优惩罚因子 C 与核参数 g 的确定方式与试验一的相同。对每对相空间输入、输出矩阵分别建立最优 SVR 模型并进行趋势预测，然后将所有预测结果累加得到最终状态趋势预测值。在强度为 0.1 的辅助噪声下，EEMD分解结果聚合后各分量的实际值与预测值的对比如图 8-10 所示。由图 8-10 可知，相对平稳的 $RIMF_3$ 与 $RIMF_4$ 的预测逼近效果要比 $RIMF_1$ 的好。

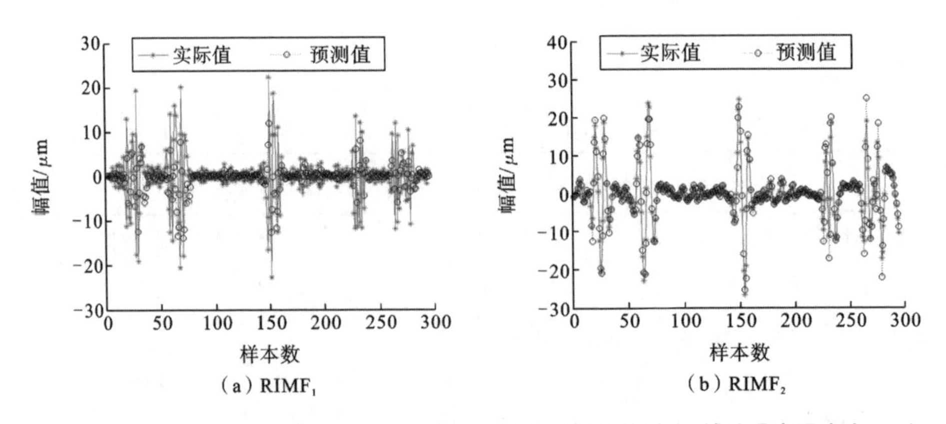

图 8-10 EEMD 分解结果聚合后各分量的实际值与预测值的对比(辅助噪声强度为 0.1)

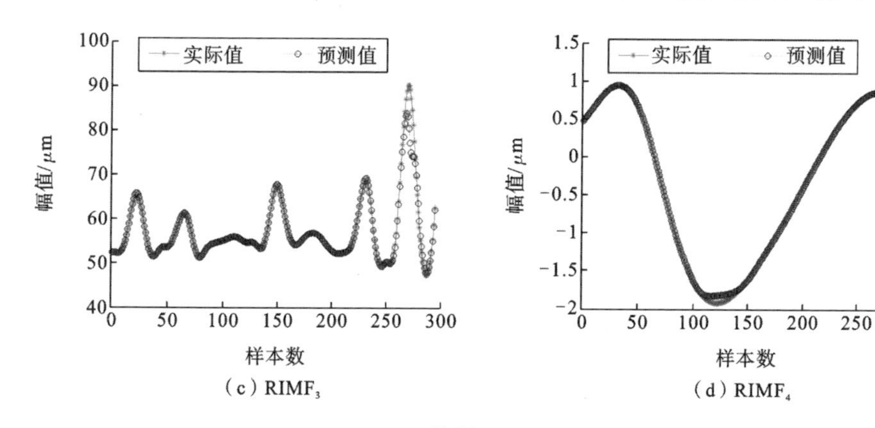

(c) $RIMF_3$　　(d) $RIMF_4$

续图 8-10

在对比分析中，SVR、EMD-SVR 与 EEMD-SVR 的最优惩罚因子 C 与核参数 g 的确定方式与 AEEMD-SVR 的相同。EMD-SVR 与 EEMD-SVR 的最终状态趋势预测结果由所有 IMF 分量的预测结果累加得到。不同方法的预测结果对比如图 8-11 所示，不同方法的预测性能指标如表 8-9 所示。由图 8-11 与表 8-9 分析可知，与其他方法相比，所提 AEEMD-SVR 方法具有更好的预测性能。

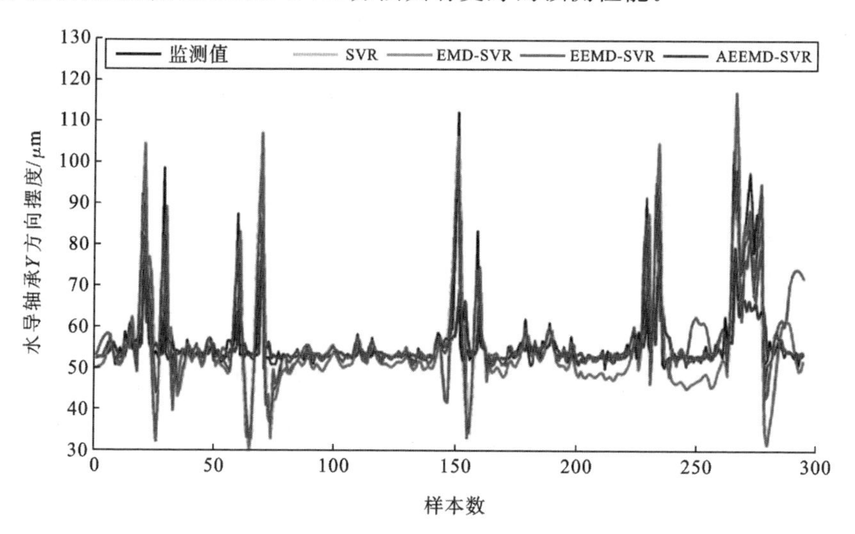

图 8-11　不同方法的预测结果对比（EEMD 辅助噪声强度为 0.1）

表 8-9　不同方法的预测性能指标（EEMD 辅助噪声强度为 0.1）

性能指标	SVR	EMD-SVR	EEMD-SVR	AEEMD-SVR
RMSE/μm	9.443	7.457	7.846	5.458
MAE/μm	4.503	4.659	5.260	3.140
MAPE/(%)	6.565	7.893	9.062	5.199

3. 试验一与试验二的综合分析

为了探明所提 AEEMD-SVR 方法的预测性能受不同辅助噪声强度的影响，本节对试验一与试验二的结果进行综合分析。所有试验结果的 RMSE 与 MAE 指标综合对比如图 8-12 所示，所有试验结果的 MAPE 指标综合对比如图 8-13 所示。由图 8-12与图 8-13 可知，当 EEMD 分解辅助噪声强度为 0.1 时，所提方法具有更好的综合性能，取得了两种试验条件下更好的 RMSE、MAE 与 MAPE 指标值。辅助噪声强度为 0.01 时，所提方法的预测性能不如辅助噪声强度为 0.1 时的预测性能，主要是因为噪声强度为 0.1 时，EEMD 分解所得分量更为平稳，这印证了前述平稳性分析的有效性与合理性。

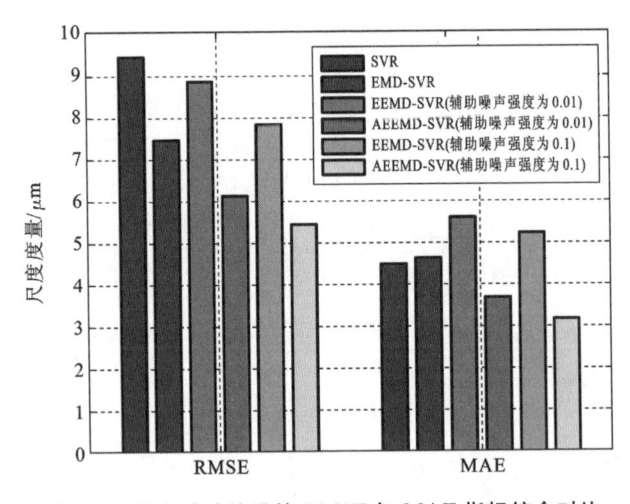

图 8-12　所有试验结果的 RMSE 与 MAE 指标综合对比

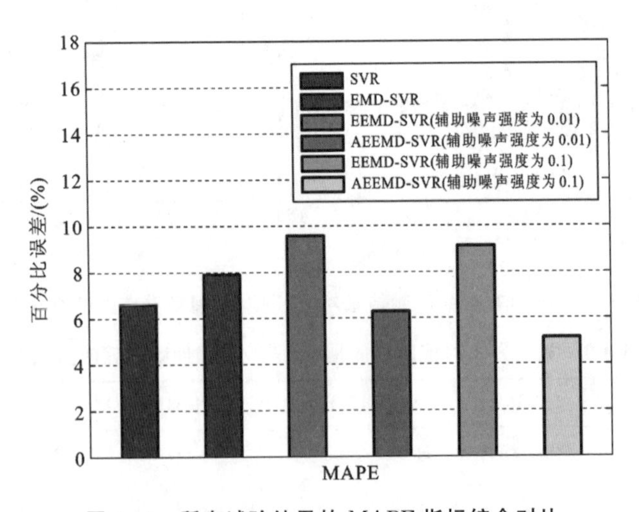

图 8-13　所有试验结果的 MAPE 指标综合对比

8.3　基于最优变分模态分解与优化最小二乘支持向量机的水电机组状态趋势预测

变分模态分解(VMD)作为一种新的非平稳信号处理方法,已在第6章、第7章所示的信号处理与故障诊断中取得了较好的应用效果,本节将其引入趋势预测中,提出最优变分模态分解方法,并将其与优化最小二乘支持向量机(LSSVM)相结合,实现水电机组状态趋势预测。

8.3.1　最优变分模态分解

当应用VMD来实现多尺度模态分解,即将原始振动趋势信号序列分解成若干子序列时,其性能主要受模态数K和拉格朗日乘子更新步长τ的影响。当K太大时,相邻本征模态函数的中心频率将聚集甚至重叠;相反,如果K太小,部分模态将被分到邻近的模态上,甚至丢失。由于VMD采用交替迭代的优化方法,所以拉格朗日乘子更新步长τ的设置不同时将产生不同的残差,在一定程度上影响了预测精度。为了实现最优变分模态分解(OVMD),本节使用中心频率观察法来确定模态数K,并提出最小二乘误差指标(LSEI)来确定更新步长τ。公式如下所示:

$$\mathrm{LSEI} = \frac{1}{N}\left\| \sum_{k=1}^{K} m_k - f \right\|_2^2 \tag{8-7}$$

当LSEI取最小值时,对应的τ即为所选最优参数。获得最优分解参数K和τ后,最优变分模态分解将原始序列分解成K个子序列,采用第8.1.3节所述相空间重构法对各分量进行混沌时间序列分析,从而恢复各子序列的混沌吸引子。所提最优变分模态分解流程如图8-14所示。

8.3.2　基于OVMD和CSCA-LSSVM的机组状态趋势预测

为提升最小二乘支持向量机(LSSVM)的拟合效果,采用混沌正弦余弦算法(CSCA)对其参数进行优化,该算法在参数寻优前通过第7.2.1节下第3点中的混沌方程进行解初始化,以提升算法收敛性。所提基于OVMD和CSCA-LSSVM的机组状态趋势预测模型的主要步骤如下。

步骤1:获取原始振动监测信号。

步骤2:由中心频率观察法和所提LSEI来确定OVMD的参数K和τ。

步骤3:采用OVMD将原始振动监测信号分解成K个模态函数。

步骤4:对各模态函数分别进行相空间重构,得到各模态的相空间状态矩阵,从而为各模态函数构建LSSVM模型的输入/输出。

步骤5:由Duffing系统生成混沌变量,用于正弦余弦算法解空间向量初始化。

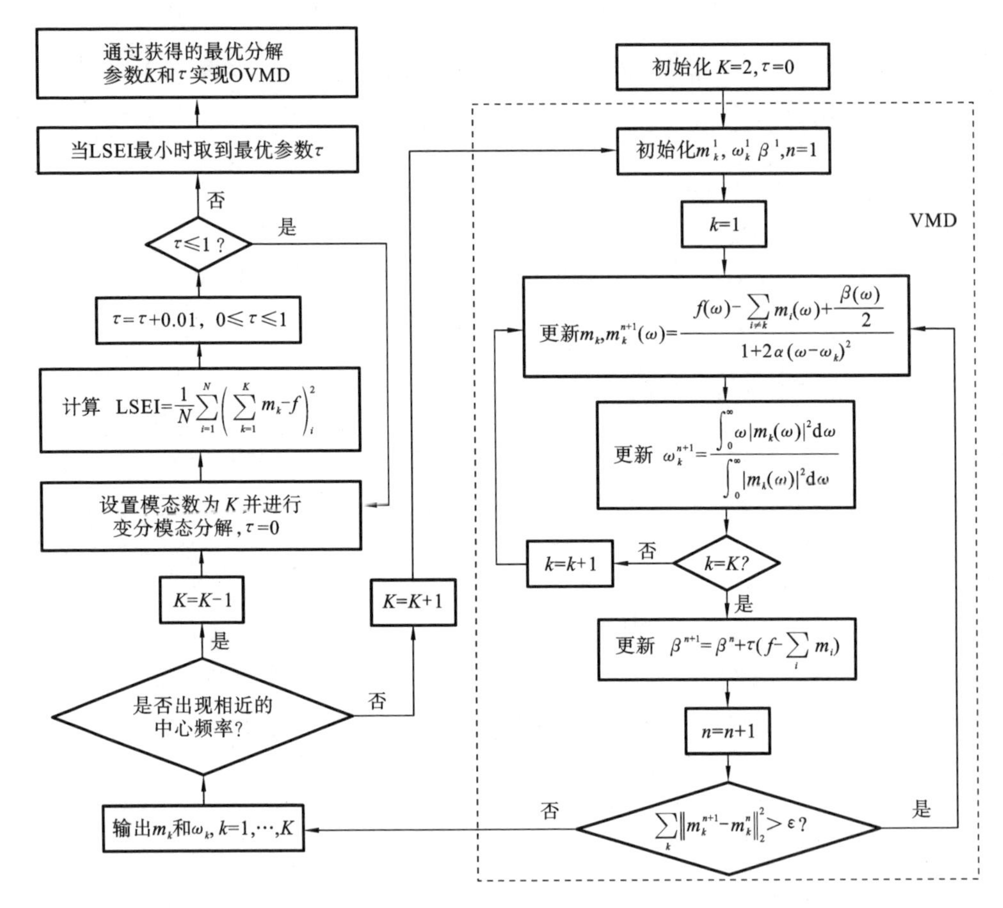

图 8-14 最优变分模态分解流程图

步骤 6：使用 CSCA 优化各模态函数对应的 LSSVM 模型参数 γ 和 σ。

步骤 7：使用训练好的 CSCA-LSSVM 模型分别对相应模态函数进行预测。

步骤 8：将所提模型的回归预测结果累加，得到最终振动趋势的预测值。

所提振动趋势预测模型的流程如图 8-15 所示。

8.3.3 应用实例

本节针对某大型水电机组的监测数据进行研究，验证基于 OVMD 和 CSCA-LSSVM 的趋势预测方法的有效性。以机组下导 Y 方向摆度作为研究对象，其监测位置如图 8-16 所示。选取 2011 年 2 月 24 日至 3 月 4 日之间时间间隔为 1 小时的监测数据进行实例分析，共有 216 个样本，如图 8-17 所示。由图 8-17 可知，下导 Y 方向摆度监测数据具有明显的非平稳性和非线性。选取相空间重构的嵌入维数为 5，从而获得 211 组相空间数据样本，取前 146 组作为训练样本，其余 70 组作为测试样本。

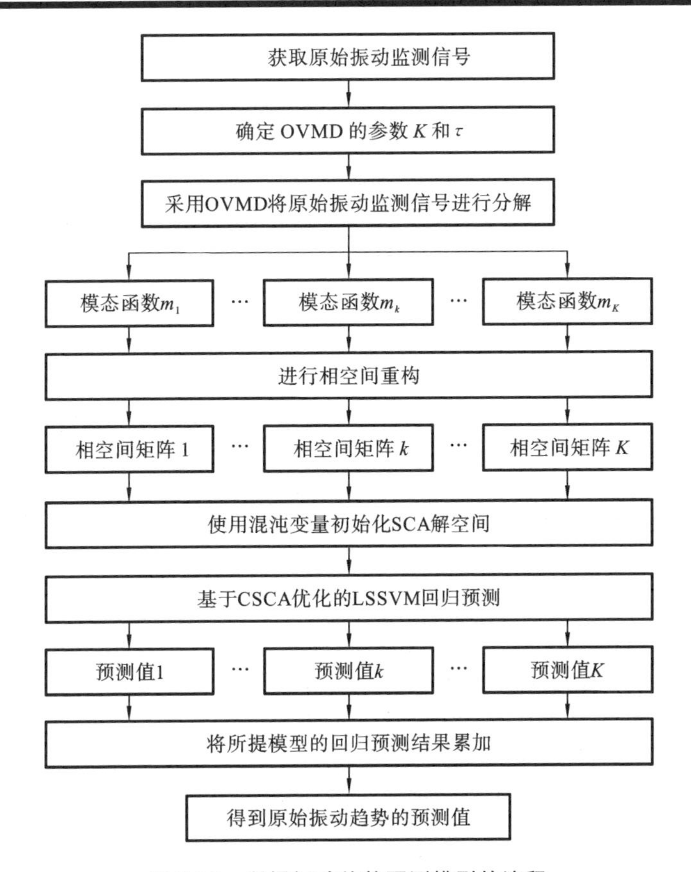

图 8-15　所提振动趋势预测模型的流程

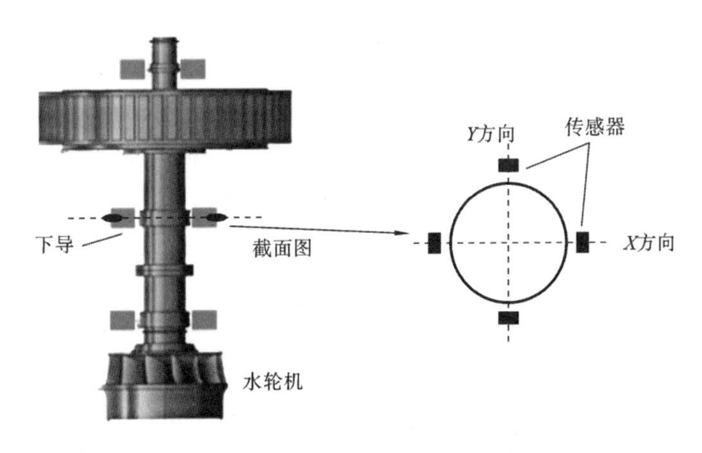

图 8-16　下导 Y 方向摆度监测位置

为了验证所提基于OVMD和CSCA-LSSVM的振动趋势预测模型的有效性，与其他相关方法进行对比分析，所有方法都进行了相空间重构，具体包括：GS-SVR和GS-LSSVM未进行信号处理，均采用网格搜索(GS)的参数优化方法进行预测建模；

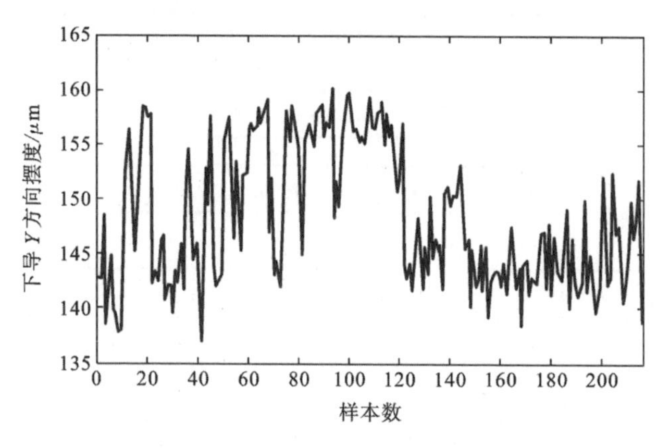

图 8-17　下导 Y 方向摆度监测数据

EMD-GS-LSSVM 模型基于 EMD 对原始振动序列进行信号分解，并基于网格搜索优化 LSSVM 参数；VMD-SCA-SVR 和 VMD-SCA-LSSVM 模型均基于变分模态分解对原始振动序列进行信号分解，其参数 τ 为默认值，K 采用中心频率观察法确定，同时两者的回归模型均基于原始正弦余弦算法进行参数优化；OVMD-GS-SVR 和 OVMD-GS-LSSVM 模型都基于所提 OVMD 对原始振动序列进行信号分解，并基于网格搜索优化模型参数；OVMD-SCA-LSSVM 模型基于所提 OVMD 对原始振动序列进行信号分解，并基于正弦余弦算法优化的 LSSVM 实现回归预测。为了评估不同预测模型的性能，使用 RMSE、MAE、MAPE 作为指标进行分析，具体定义见式(8-4)至式(8-6)。

在不同 K 值条件下对原始振动信号进行变分模态分解，得到各模态函数的归一化中心频率，如表 8-10 所示。从表 8-10 中可以看出，相近的归一化中心频率在 $K=6$ 时出现，即此时出现过度分解，因此 K 应选取 5。为了提升预测精度，最小二乘误差指标(LSEI)应当越小越好。参数 τ 在区间[0, 1]内以步长为 0.01 增加，最小二乘误差指标随参数 τ 变化的曲线如图 8-18 所示。从图 8-18 中可看出，当最小二乘误差指标最小时，对应的 $\tau=0.73$，因此在本次研究中最优参数 τ 取 0.73。基于所得最优

表 8-10　不同 K 值条件下各模态函数的归一化中心频率

模态数	归一化中心频率						
2	2.3595×10^{-6}	0.2605					
3	2.2968×10^{-6}	0.1288	0.3733				
4	2.2724×10^{-6}	0.1242	0.2634	0.3848			
5	1.9407×10^{-6}	0.0575	0.1519	0.2710	0.3882		
6	1.7700×10^{-6}	0.0408	0.1276	0.2656	0.3754	0.4388	
7	1.7539×10^{-6}	0.0398	0.1256	0.2098	0.2719	0.3801	0.4423

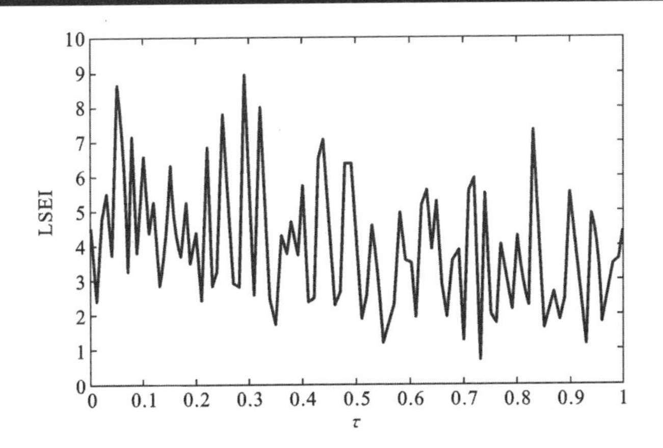

图 8-18　最小二乘误差指标随参数 τ 变化的曲线

参数 K 和 τ，原始振动信号经 OVMD 分解得各分量如图 8-19 所示，即 IMF_1 至 IMF_5 共 5 个子序列，从图中可看出 IMF_1 具有较强的非平稳性，而 IMF_5 则较平稳。

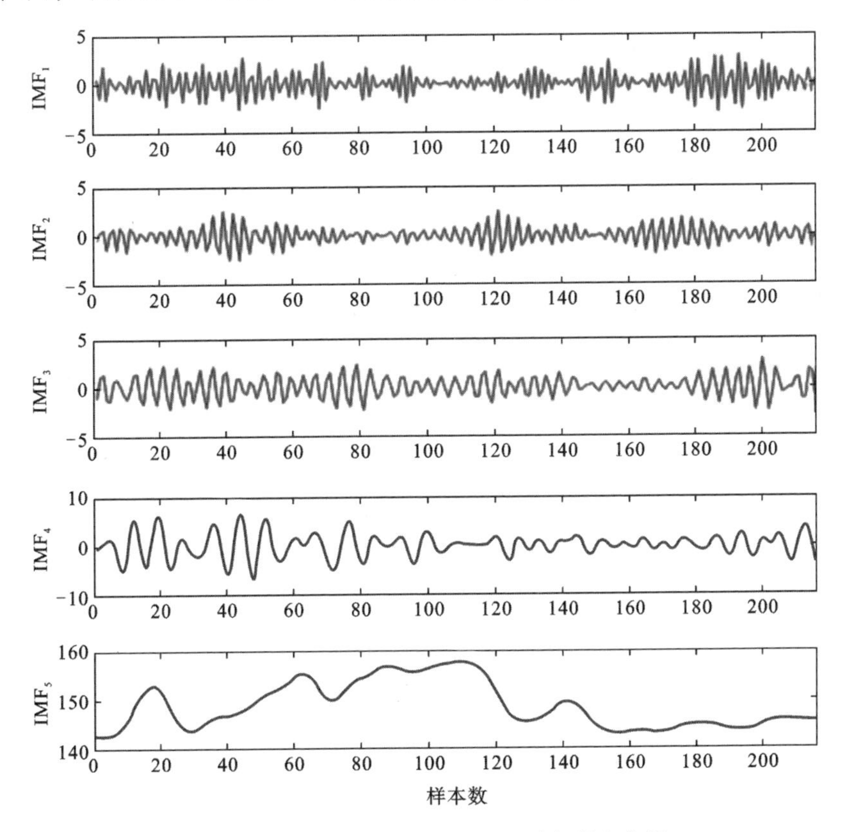

图 8-19　原始振动信号经 OVMD 分解得各分量

随后，对各子序列进行相空间重构以得到对应的相空间矩阵，并分别采用基于 CSCA 优化的 LSSVM 进行回归预测建模。当使用 CSCA 优化参数 γ 和 σ 时，种群数取 50,迭代次数取 100,参数 γ 和 σ 的搜索范围分别取[0.1, 1000]和[0.01, 100]。在预测阶段,对各分量分别进行最优预测值 CSCA-LSSVM 建模与回归预测,并由所有分量预测值累加得到最终预测结果。OVMD 所得各分量的实际值与预测值的比较如图 8-20 所示,从图中可看出,高频分量具有的强非线性与非平稳性在一定程度

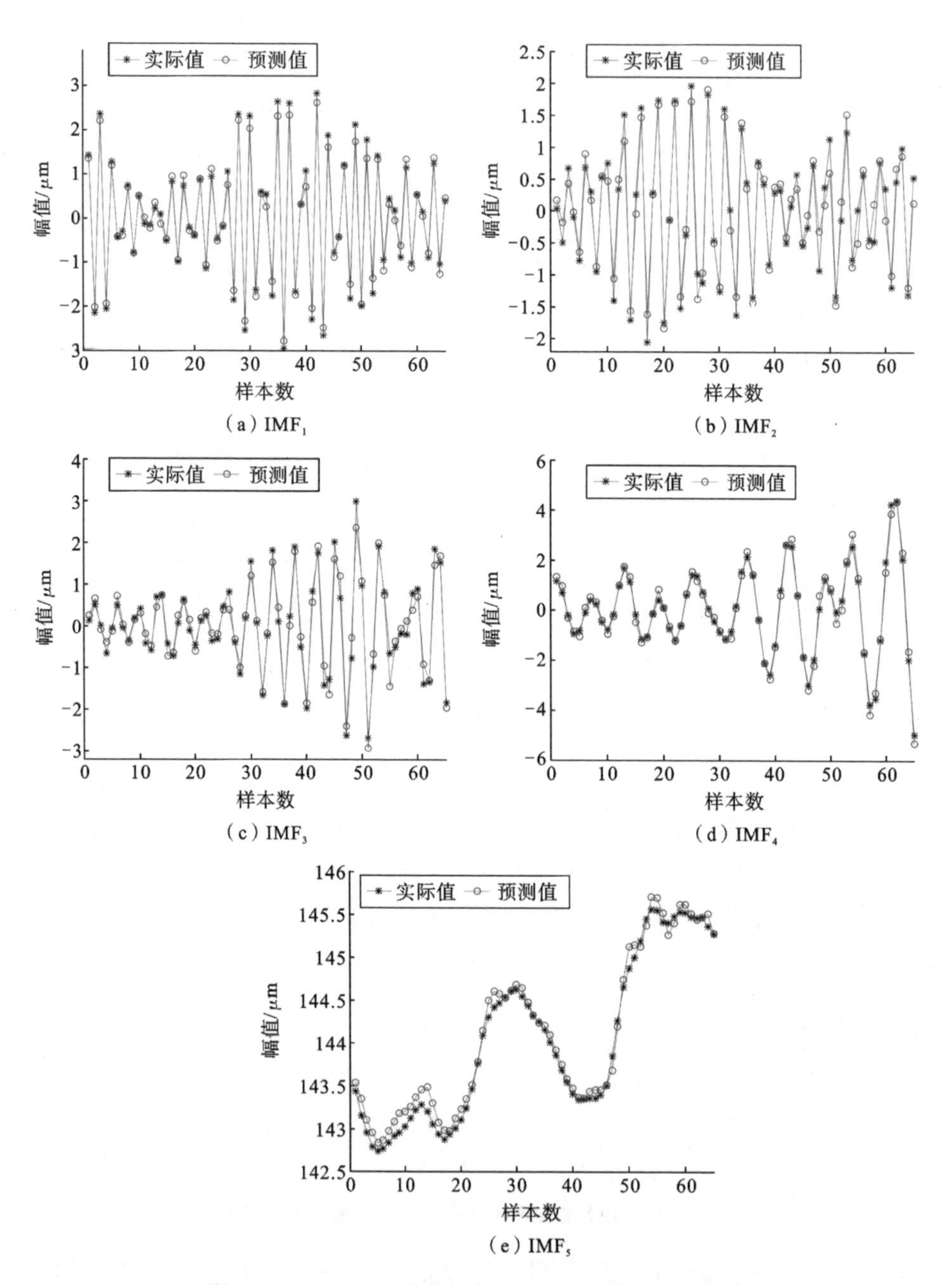

(a) IMF_1　(b) IMF_2　(c) IMF_3　(d) IMF_4　(e) IMF_5

图 8-20 OVMD 所得各分量的实际值与预测值的比较

上影响了建模精度，导致预测结果不太理想。然而，原始振动信号与子序列相比拥有更强的非线性性和非平稳性，这将严重影响精确预测模型的建立。因此，虽然高频分量的预测结果不太令人满意，但所提方法通过对各分量分别进行建模和预测，有望获得较好的整体预测性能，这也将在后续对比试验中进行验证。

在对比试验阶段，GS-SVR 和 OVMD-GS-SVR 模型的最优参数 C 和 g 均在范围$[2^{-10}, 2^{10}]$内以指数步长为 0.5 进行网格搜索。类似地，VMD-SCA-SVR 模型的参数 C 和 g 在范围$[2^{-10}, 2^{10}]$内使用正弦余弦算法进行优化，其中正弦余弦算法的种群数取 50，迭代数取 100，并且 VMD 的参数设置为 $K=5$ 和 $\tau=0$。原始振动信号经 VMD 分解所得各分量如图 8-21 所示。GS-LSSVM、EMD-GS-LSSVM 和 OVMD-GS-LSSVM 模型的最优参数 γ 和 σ 在范围$[e^{-10}, e^{10}]$内进行网格搜索。OVMD-SCA-LSSVM 和 VMD-SCA-LSSVM 模型最优参数 γ 和 σ 的优化方式同所提 OVMD-CSCA-LSSVM 方法的优化方式，即 SCA 优化算法的种群数取 50、迭代次数取 100，参数 γ 和 σ 的搜索范围分别取[0.1, 1000]和[0.01, 100]。原始振动信号经 EMD 分解所得各分量如图 8-22 所示。通过对比图 8-19、图 8-21 和图 8-22 可知，

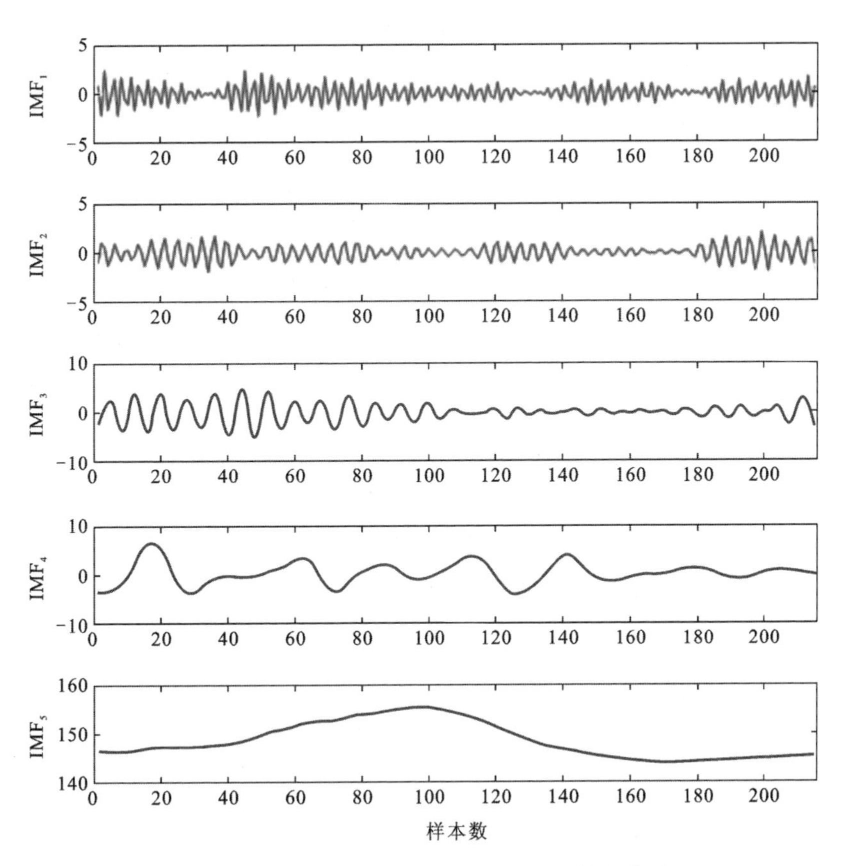

图 8-21　原始振动信号经 VMD 分解所得各分量

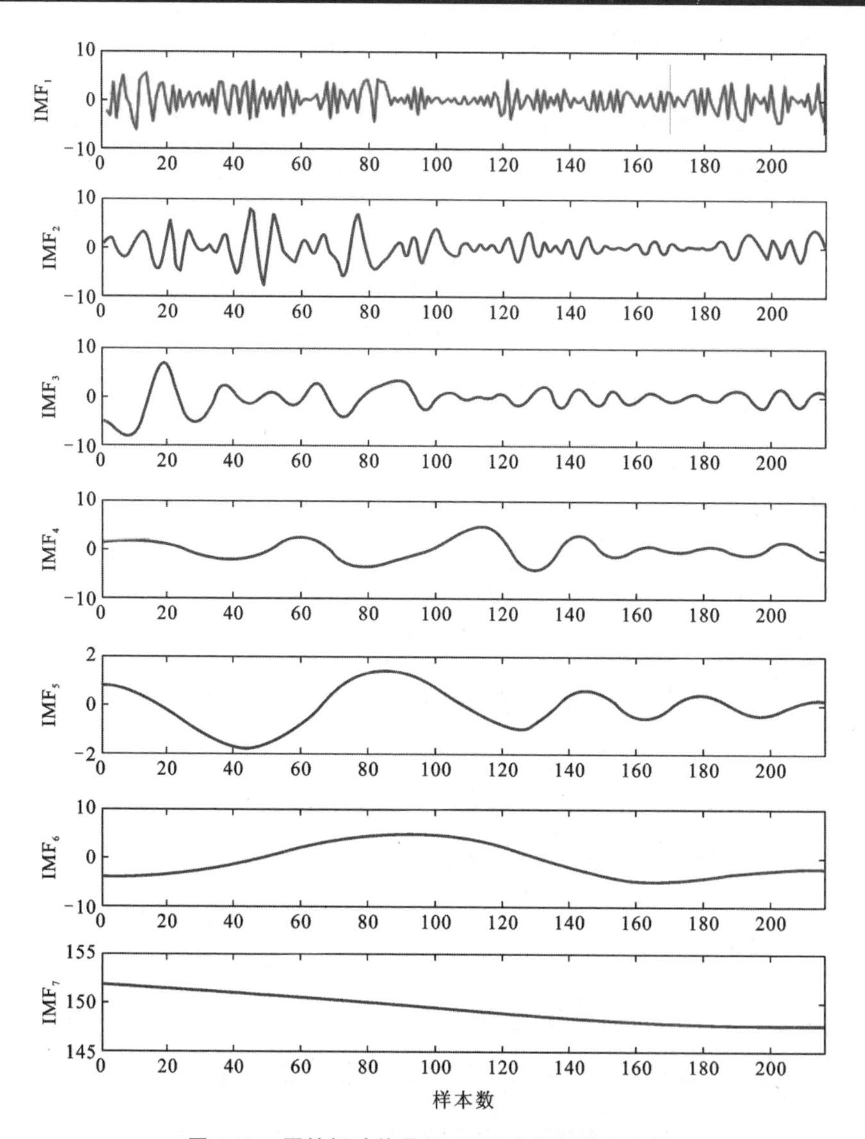

图 8-22　原始振动信号经 EMD 分解所得各分量

EMD 未能有效分离不同频率的分量，这将影响预测精度。

监测数据及 GS-SVR、GS-LSSVM、EMD-GS-LSSVM、VMD-SCA-SVR、VMD-SCA-LSSVM、OVMD-GS-LSSVM、OVMD-GS-SVR、OVMD-SCA-LSSVM、所提 OVMD-CSCA-LSSVM 模型的预测结果对比情况如图 8-23 所示。由图 8-23 可知，所提 OVMD-CSCA-LSSVM 模型的预测结果最接近监测数据。为了实现不同模型预测结果的定量分析，计算各模型在回归阶段和预测阶段的性能指标，可以参见表 8-11 所示的不同模型在回归阶段和预测阶段的结果对比。同时，为了便于直观观察，图 8-24、图 8-25 和图 8-26 分别展示了所有模型在回归阶段和预测阶段 RMSE、

MAE 和 MAPE 指标的直方图。从指标直方图及表 8-11 可看出，所提 OVMD-CSCA-LSSVM 模型的预测性能最佳，在回归阶段和预测阶段均可实现最佳的 RMSE、MAE 和 MAPE 结果。此外，通过对比 EMD-GS-LSSVM 和 OVMD-GS-LSSVM，以及 VMD-SCA-LSSVM 和 OVMD-SCA-LSSVM 模型的预测性能可知，所提 OVMD-CSCA-LSSVM 模型有助于削弱原始振动信号的非平稳性，从而对提高预测精度产生积极影响。

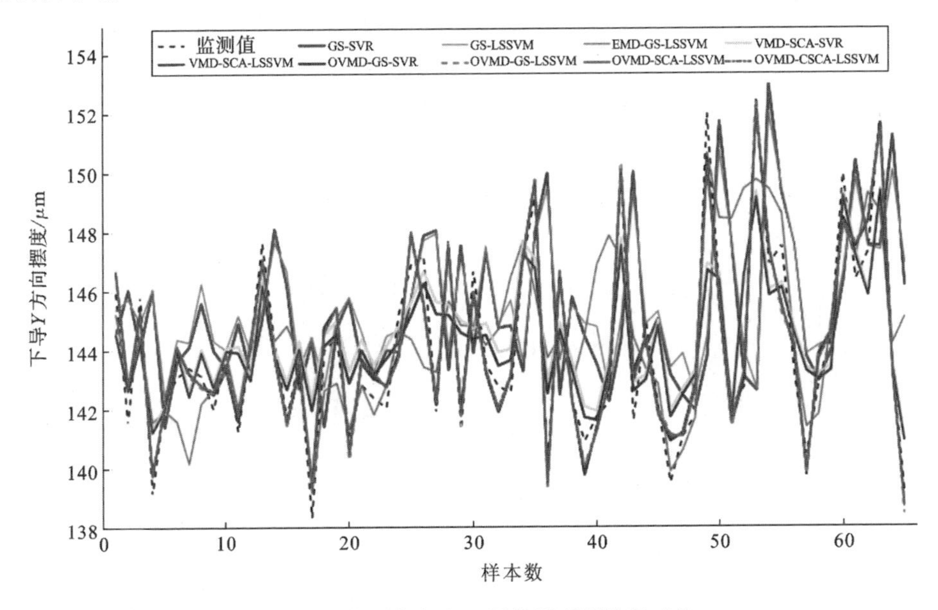

图 8-23　监测数据和不同模型预测结果对比

表 8-11　不同模型在回归阶段和预测阶段的结果对比

模型	回归阶段			预测阶段		
	RMSE/μm	MAE/μm	MAPE/(%)	RMSE/μm	MAE/μm	MAPE/(%)
GS-SVR	4.3840	3.2743	2.2046	4.1037	3.2369	2.2479
GS-LSSVM	4.2777	3.4173	2.2914	3.9718	3.1579	2.1967
EMD-GS-LSSVM	2.1697	1.6542	1.1080	2.4596	1.8684	1.2977
VMD-SCA-SVR	2.2946	1.8865	1.2604	1.8761	1.5565	1.0813
VMD-SCA-LSSVM	2.2759	1.8677	1.248	1.8222	1.4835	1.0282
OVMD-GS-LSSVM	1.4286	1.1324	0.7567	0.8044	0.6534	0.4532
OVMD-GS-SVR	1.3709	1.0856	0.7262	0.7986	0.657	0.4558
OVMD-SCA-LSSVM	1.3779	1.0968	0.7326	0.8016	0.6547	0.4537
OVMD-CSCA-LSSVM	1.3868	1.1026	0.7365	0.7964	0.6505	0.4508

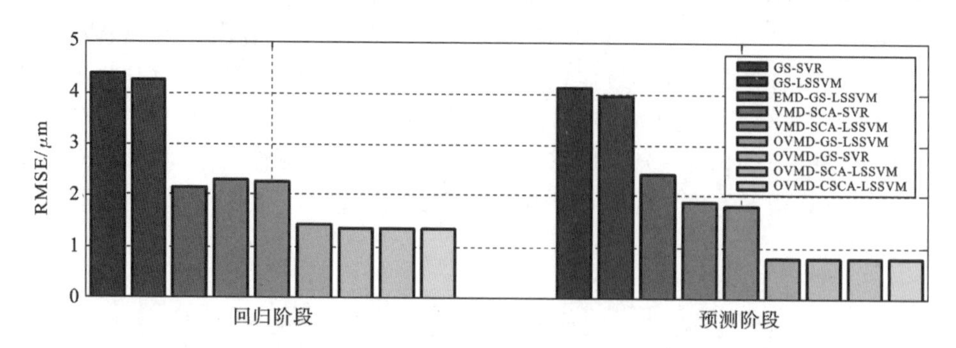

图 8-24 所有模型在回归阶段和预测阶段 RMSE 指标结果对比

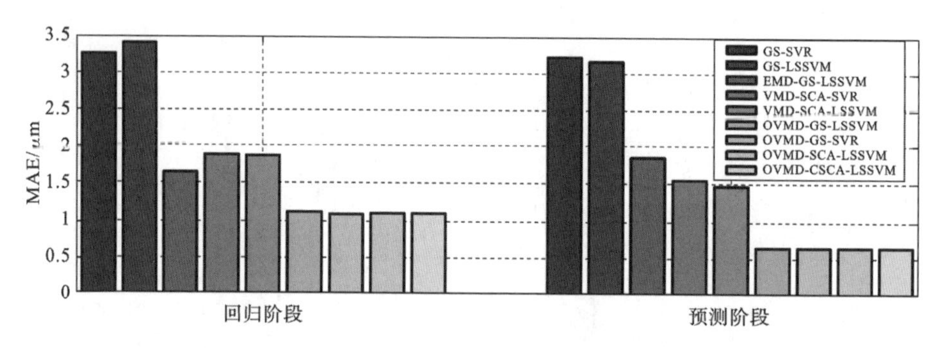

图 8-25 所有模型在回归阶段和预测阶段 MAE 指标结果对比

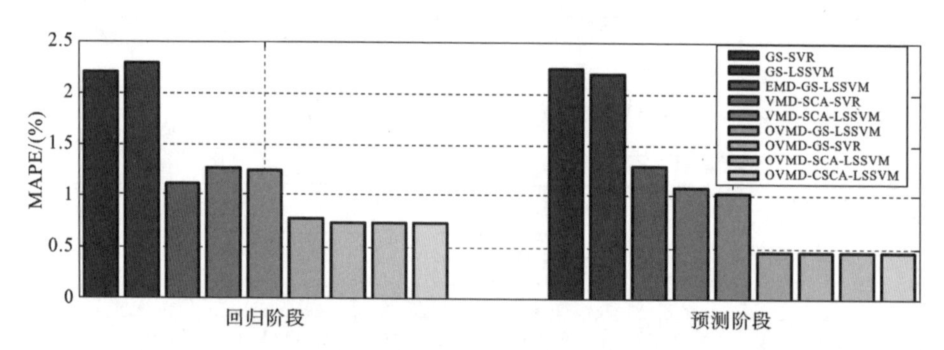

图 8-26 所有模型在回归阶段和预测阶段 MAPE 指标结果对比

8.4 基于多尺度主导成分混沌分析的水电机组状态趋势预测

前面两节所提方法均是对分量进行直接建模预测，为了进一步减小分量非平稳性对预测结果的影响，本节通过对分解所得分量进行主导成分分析，提出一种基于多尺度主导成分混沌分析与核极限学习机的水电机组状态趋势预测方法，其中模型参数由所提自适应变异灰狼算法进行优化，最后的实例分析表明该方法具有较好的预测精度。

8.4.1　多尺度主导成分混沌分析

由于原始振动信号的混沌特性及其固有复杂性，单一模型或无数据预处理模型的预测性能将受到严重限制。因此，采用 VMD 将监测到的振动信号初步分解为含有不同频率尺度的分量。考虑到 VMD 的分解效率及效果受其分解的模态总数和更新步长的限制，且分解后的分量中仍存在一定的非平稳性，因此进一步使用 SSA 提取出各子序列中的主导成分和残余成分，其中主导成分用作后续预测，残余成分则与 VMD 的残差累加作为新的预测分量。通过对各分量使用 SSA，能够进一步削弱其非平稳性，从而降低预测难度。在 SSA 的分组阶段，将求得的奇异值分为两组，即 $\{1,2,\cdots,s\}$ 和 $\{s+1,s+2,\cdots,l\}$，其中用于确定主导成分的参数 s 将影响主导成分的提取效果，进而对模型的预测精度产生影响。随后，使用 PSR 来构造预测器的输入、输出。这一过程中，延迟时间和嵌入维数对混沌动态相空间的重构效率有着较大影响。

综上所述，通过为上述各模块设置合适的参数，有望更好地实现多尺度主导成分混沌分析。为此，提出一种自适应变异灰狼算法来同步优化各模块参数，这将在后面的章节详细讨论。

8.4.2　核极限学习机

通过分析极限学习机(ELM)原理可知，其输入权值和偏置项是随机产生的，并在后续计算中不变化，因此其结果具有较强的随机性。此外，原始的 ELM 中仅考虑经验风险而未考虑结构风险，因此可能会导致过拟合。为了提高 ELM 的泛化能力和通用性，Huang 等提出了一种基于核函数的改进版本——核极限学习机(KELM)。KELM 同时考虑了最小训练误差和最小输出权范数，并在优化阶段引入了正则化系数 C。对于单输出节点网络，其训练误差和输出权值最小化的目标函数为

$$\begin{cases} L_{P_{\text{ELM}}} = \dfrac{1}{2}\ \|\boldsymbol{\beta}\|^2 + C\dfrac{1}{2}\sum_{i=1}^{N}\xi_i^2 \\ \text{s.t.}\ \ h(\boldsymbol{x}_i)^{\mathrm{T}}\boldsymbol{\beta} = t_i - \xi_i, \quad i = 1,2,\cdots,N \end{cases} \tag{8-8}$$

式中：ξ_i 表示训练样本 $\boldsymbol{x}_i$ 在输出节点的误差；$\boldsymbol{\beta}$ 为隐层连接到输出节点的权重。

基于 KKT 理论，KELM 训练过程等价于求解以下对偶优化问题：

$$L_{D_{\text{ELM}}} = \frac{1}{2}\ \|\boldsymbol{\beta}\|^2 + C\frac{1}{2}\sum_{i=1}^{N}\xi_i^2 - \sum_{i=1}^{N}\alpha_i[h(\boldsymbol{x}_i)^{\mathrm{T}}\boldsymbol{\beta} - t_i + \xi_i] \tag{8-9}$$

式中：α_i 对应于第 i 个训练样本的拉格朗日乘子。进一步得到 KKT 对应的最优求解条件如下：

$$\frac{\partial L_{D_{\text{ELM}}}}{\partial \boldsymbol{\beta}} = 0 \Rightarrow \boldsymbol{\beta} = \sum_{i=1}^{N}\alpha_i h(\boldsymbol{x}_i)^{\mathrm{T}} \Rightarrow \boldsymbol{\beta} = \boldsymbol{H}^{\mathrm{T}}\boldsymbol{\alpha} \tag{8-10}$$

$$\frac{\partial L_{D_{\mathrm{ELM}}}}{\partial \xi_i}=0 \Rightarrow \alpha_i=C\xi_i,\quad i=1,2,\cdots,N \tag{8-11}$$

$$\frac{\partial L_{D_{\mathrm{ELM}}}}{\partial \alpha_i}=0 \Rightarrow h(\boldsymbol{x}_i)\boldsymbol{\beta}-t_i+\xi_i=0,\quad i=1,2,\cdots,N \tag{8-12}$$

将式(8-10)和式(8-11)代入式(8-12)中，可得

$$\left(\frac{\boldsymbol{I}}{C}+\boldsymbol{H}\boldsymbol{H}^{\mathrm{T}}\right)\boldsymbol{\alpha}=\boldsymbol{T} \tag{8-13}$$

通过式(8-10)和式(8-13)可推导出输出权重 $\boldsymbol{\beta}$ 如下：

$$\boldsymbol{\beta}=\boldsymbol{H}^{\mathrm{T}}\left(\boldsymbol{H}\boldsymbol{H}^{\mathrm{T}}+\frac{\boldsymbol{I}}{C}\right)^{-1}\boldsymbol{T} \tag{8-14}$$

式中：$\boldsymbol{I}$ 表示 N 维单位矩阵。

另外，当隐层特征映射 $h(\cdot)$未知时，采用核矩阵能有效处理该情况，KELM 中对应的核矩阵计算如下：

$$\boldsymbol{\Omega}=\boldsymbol{H}\boldsymbol{H}^{\mathrm{T}}:\boldsymbol{\Omega}_{\mathrm{ELM}_{i,j}}=h(\boldsymbol{x}_i)\cdot h(\boldsymbol{x}_j)=K(\boldsymbol{x}_i,\boldsymbol{x}_j) \tag{8-15}$$

式中：$K(\cdot,\cdot)$为核函数，一般采用适用性较强的径向基核函数。

为了使模型具有更好的泛化性能，需要为模型赋予合适的正则化系数 C 和核参数。引入核函数后，得到 KELM 的输出表达式为

$$f(\boldsymbol{x})=h(\boldsymbol{x})\cdot\boldsymbol{\beta}=h(\boldsymbol{x})\cdot\boldsymbol{H}^{\mathrm{T}}\left(\boldsymbol{H}\boldsymbol{H}^{\mathrm{T}}+\frac{\boldsymbol{I}}{C}\right)^{-1}\boldsymbol{T}=\begin{bmatrix}K(\boldsymbol{x},\boldsymbol{x}_1)\\ \vdots \\ K(\boldsymbol{x},\boldsymbol{x}_N)\end{bmatrix}\left(\boldsymbol{\Omega}_{\mathrm{ELM}}+\frac{\boldsymbol{I}}{C}\right)^{-1}\boldsymbol{T} \tag{8-16}$$

8.4.3　自适应变异灰狼优化算法

灰狼优化算法(GWO)是 Mirjalili 等提出的一种群智能算法，其根据各种群适应度值优劣将狼群分为四个领导阶层，即 α、β、δ 和 ω。为了模拟狼群包围行为，使用如下数学模型描述：

$$\boldsymbol{D}=\left|\boldsymbol{C}\cdot\boldsymbol{X}_p(t)-\boldsymbol{X}(t)\right| \tag{8-17}$$

$$\boldsymbol{X}(t+1)=\boldsymbol{X}_p(t)-\boldsymbol{A}\cdot\boldsymbol{D} \tag{8-18}$$

以上两式中：t 表示迭代次数；$\boldsymbol{X}_p$ 表示猎物的位置；$\boldsymbol{X}$ 表示某一匹狼的位置。参数向量 $\boldsymbol{A}$ 和 $\boldsymbol{C}$ 由下式计算：

$$\boldsymbol{A}=2\boldsymbol{\mu}\cdot\boldsymbol{r}_1-\boldsymbol{\mu} \tag{8-19}$$

$$\boldsymbol{C}=2\boldsymbol{r}_2 \tag{8-20}$$

其中：$\boldsymbol{r}_1$ 和 $\boldsymbol{r}_2$ 为包含[0,1]内随机数的向量。在原始灰狼算法中，其收敛因子向量 $\boldsymbol{\mu}$ 中的元素随迭代次数的变化由 2 线性递减至 0，这种等步长的参数变化将会限制收敛效果。因此，本节引入如下二次凸函数来非线性减小收敛因子向量 $\boldsymbol{\mu}$ 中元素 μ_0：

$$\mu_0=2\times\left[1-\left(\frac{t}{T}\right)^2\right] \tag{8-21}$$

式中：t 和 T 分别表示当前迭代次数和最大迭代次数。

另外，在上述更新方式与原始更新方式下，收敛因子向量 $\boldsymbol{\mu}$ 随迭代次数变化的

对比如图 8-27 所示。由图 8-27 和式(8-21)分析可知，通过引入非线性衰减公式，收敛因子向量 $\boldsymbol{\mu}$ 能够随着迭代次数进行自适应的非线性变化，从而动态地调节灰狼优化算法的全局和局部搜索能力。

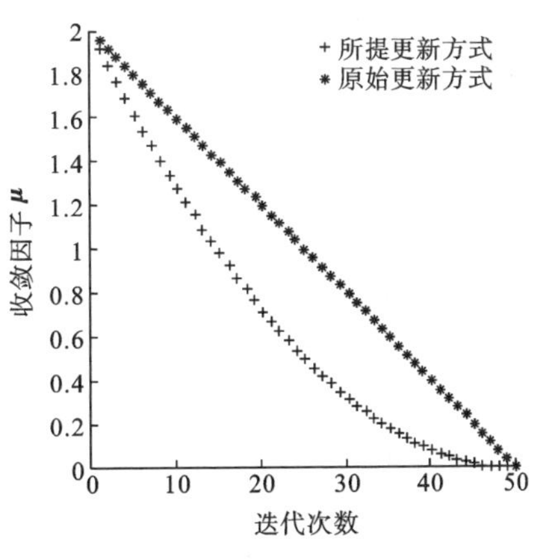

图 8-27　不同方法下收敛因子向量 $\boldsymbol{\mu}$ 随迭代次数变化的对比图

在灰狼优化算法的狩猎阶段，通常 α 狼起主导作用，β 和 δ 狼协同参与。因此，假定 α、β 和 δ 狼拥有更多关于猎物的信息，且三匹狼相应的位置更新公式定义如下：

$$\begin{cases} \boldsymbol{D}_\alpha = |\boldsymbol{C}_1 \times \boldsymbol{X}_\alpha - \boldsymbol{X}| \\ \boldsymbol{D}_\beta = |\boldsymbol{C}_2 \times \boldsymbol{X}_\beta - \boldsymbol{X}| \\ \boldsymbol{D}_\delta = |\boldsymbol{C}_3 \times \boldsymbol{X}_\delta - \boldsymbol{X}| \end{cases} \tag{8-22}$$

$$\begin{cases} \boldsymbol{X}_1 = \boldsymbol{X}_\alpha - \boldsymbol{A}_1 \cdot \boldsymbol{D}_\alpha \\ \boldsymbol{X}_2 = \boldsymbol{X}_\beta - \boldsymbol{A}_2 \cdot \boldsymbol{D}_\beta \\ \boldsymbol{X}_3 = \boldsymbol{X}_\delta - \boldsymbol{A}_3 \cdot \boldsymbol{D}_\delta \end{cases} \tag{8-23}$$

式中：$\boldsymbol{X}_1$、$\boldsymbol{X}_2$ 和 $\boldsymbol{X}_3$ 分别表示当前迭代次数下 α、β 和 δ 狼拥有的关于猎物位置的信息。原始灰狼优化算法通过简单的平均 $\boldsymbol{X}_1$、$\boldsymbol{X}_2$ 和 $\boldsymbol{X}_3$ 之和来获取下一代个体的位置，而这种简单的平均策略无法有效地揭示三匹狼重要性的差异。为此，本节提出如下自适应权重策略来更新下一代个体位置：

$$\begin{cases} w_\alpha = \dfrac{1}{\text{fitness}_\alpha(t)} \\ w_\beta = \dfrac{1}{\text{fitness}_\beta(t)} \\ w_\delta = \dfrac{1}{\text{fitness}_\delta(t)} \end{cases} \tag{8-24}$$

$$\boldsymbol{X}(t+1) = \frac{w_\alpha \cdot \boldsymbol{X}_1(t) + w_\beta \cdot \boldsymbol{X}_2(t) + w_\delta \cdot \boldsymbol{X}_3(t)}{w_\alpha + w_\beta + w_\delta} \tag{8-25}$$

式中：w 和 fitness 分别表示对应头狼的权重和适应度值。下一代种群的位置由三匹狼的适应度值加权决定。另外，为了使算法在迭代后期的种群更具多样性，对 α 狼的位置更新使用周期性变异操作，从而避免陷入局部最优。具体变异操作如下式：

$$\boldsymbol{X}_1(t) = \begin{cases} \boldsymbol{X}_1(t-1) \times [1 + M \times (0.5 - \text{rand}())], & t = nT_p \\ \boldsymbol{X}_\alpha(t) - \boldsymbol{A}_1 \cdot \boldsymbol{D}_\alpha(t), & t \neq nT_p \end{cases} \tag{8-26}$$

式中：$n=1,2,\cdots$；rand()为符合均匀分布 $U(0,\ 1)$ 的随机数；M 和 T_p 分别表示变异程度系数和变异周期。基于上述变异操作，α 狼位置将定期突变，从而使算法具有跳出局部最优的能力。

为了验证基于自适应策略和变异算子，即自适应变异灰狼优化算法（AMGWO）的有效性，选用表 8-12 所示的基准函数进行测试分析。同时，三种常用的群智能算法，即粒子群优化算法（PSO）、正弦余弦算法（SCA）和灰狼优化算法（GWO）将与 AMGWO 进行对比。所有算法的种群规模和最大迭代次数分别设置为 50 和 200，试验结果取 30 次随机化初始种群下的平均值。所得各算法在不同测试函数下的迭代曲线如图 8-28 所示。

表 8-12　优化性能测试基准函数

函数	维数	范围	目标值
单峰基准问题			
$F7=\sum_{i=1}^{n} ix_i^4+\mathrm{rand}[0,1)$	30	[−1.28,1.28]	0
多峰基准问题			
$F9=\sum_{i=1}^{n}[x_i^2-10\cos(2\pi x_i)+10]$	30	[−5.12,5.12]	0
$F11=\frac{1}{4000}\sum_{i=1}^{n}x_i^2-\prod_{i=1}^{n}\cos\left(\frac{x_i}{\sqrt{i}}\right)+1$	30	[−600,600]	0
定维多模态基准问题			
$F21=-\sum_{i=1}^{5}[(\boldsymbol{X}-\boldsymbol{a}_i)(\boldsymbol{X}-\boldsymbol{a}_i)^{\mathrm{T}}+c_i]^{-1}$	4	[0,10]	−10.1532

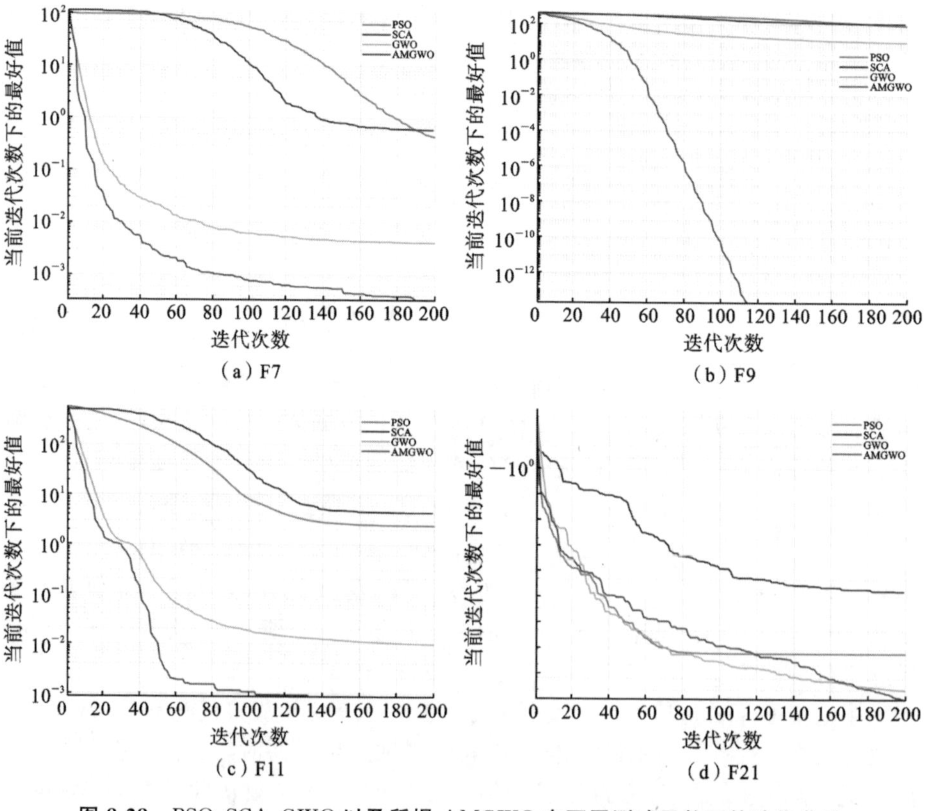

(a) F7

(b) F9

(c) F11

(d) F21

图 8-28　PSO、SCA、GWO 以及所提 AMGWO 在不同测试函数下的迭代曲线

由图 8-28 可知，与其他算法相比，所提 AMGWO 具有更快的收敛速度和更优解。此外，与原始 GWO 相比，所提基于自适应策略和变异算子的 AMGWO 能有效避免在优化过程中过早收敛。同时，为了更清晰地展示所提 AMGWO 算法的实现流程，将其伪代码整理如表 8-13 所示。

表 8-13　所提 AMGWO 算法实现流程的伪代码

AMGWO 算法的伪代码	
行	参数：
1	maxiter：最大迭代次数　$\boldsymbol{X}_\beta$：β 狼位置 search_agents：种群规模　$\boldsymbol{X}_\delta$：δ 狼位置 t：当前迭代次数　T_p：变异周期 $\boldsymbol{X}_\alpha$：α 狼位置　M：变异程度系数
2	初始化种群 $\boldsymbol{X}_i(i=1,2,\cdots,\text{search\_agents})$
3	初始化 $\boldsymbol{\mu}$、$\boldsymbol{A}$、$\boldsymbol{C}$
4	计算每个种群的适应度值
5	$t=0$
6	while ($t<$maxiter)
7	for 各种群：
8	利用式(8-24)和式(8-25)更新当前代数的种群位置
9	end for：
10	根据式(8-21)、式(8-19)和式(8-20)分别更新 $\boldsymbol{\mu}$、$\boldsymbol{A}$ 和 $\boldsymbol{C}$
11	计算各种群的适应度值
12	使用式(8-22)和式(8-23)保存 α、β 和 δ 狼的位置信息，并每隔 T_p 次迭代对 α 狼的位置进行如下变异操作：
13	if $\text{mod}(t+T_p,\ T_p)=0$
14	$\boldsymbol{X}_1(t)=\boldsymbol{X}_1(t-1)\times(1+M\times(0.5-\text{rand}()))$
15	else：
16	$\boldsymbol{X}_1=\boldsymbol{X}_\alpha-\boldsymbol{A}_1\cdot\boldsymbol{D}_\alpha$
17	end if
18	end else
19	$t=t+1$
20	end while
21	返回 $\boldsymbol{X}_\alpha$

8.4.4 基于多尺度主导成分混沌分析与优化核极限学习机的预测模型

对所提基于多尺度主导成分混沌分析与优化核极限学习机(KELM)的混合振动趋势预测模型采用如下参数优化策略:VMD的模态数和更新步长由网格搜索最小化LSEI(见式(8-7))确定。使用所提AMGWO算法对各分量预测模型中KELM与PSR的参数进行同步优化,其种群编译策略如图8-29所示。所提多尺度主导成分混沌分析将SSA提取出的残余分量与VMD残差累加作为新增的预测分量,故待预测分量总数为$K+1$。同时,算法内使用均方根误差(root mean squared error,RMSE)作为目标函数。

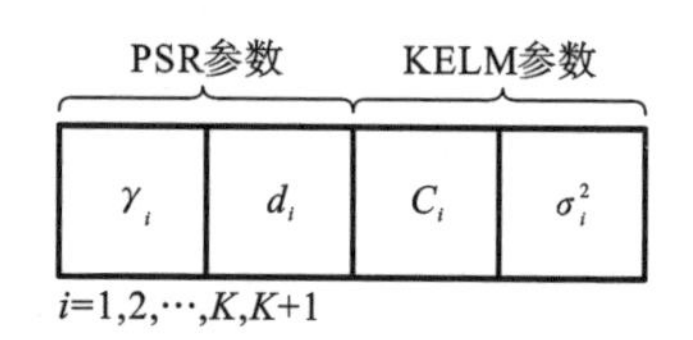

图8-29 所提模型中AMGWO算法的种群编译策略

综上,所提混合振动趋势预测模型的具体步骤如下。

步骤1:搜集原始振动监测信号。

步骤2:通过网格搜索最小化LSEI确定VMD模态数K和更新步长τ。

步骤3:将原始振动信号经VMD分解成K个模态数,并计算其残差m_r。

步骤4:使用SSA提取出各子序列的主导成分和残余成分,并将所有残余成分与m_r累加得到新增预测分量。

步骤5:使用AMGWO优化各分量预测模型的PSR和KELM参数,进而获得最优参数集($\gamma_i,d_i,C_i,\sigma_i^2$)。

步骤6:使用训练好的模型对各模态分量分别进行预测。

步骤7:将所有分量的预测值累加,得到最终振动趋势的预测值。

所提混合振动趋势预测模型的流程如图8-30所示。

8.4.5 应用实例

为了验证所提混合预测模型的有效性,本节选用二滩水电站某机组上导Y方向摆度数据进行分析,数据监测位置如图8-31所示。试验中选取2011年2月24日至2011年3月4日之间的216个上导Y方向摆度监测数据,其中平均时间间隔为1小时。上导Y方向摆度监测数据如图8-32所示,其中原始数据的最大值和最小值用实点标记。另外,该振动信号的详细统计信息显示在图8-32的右下角,包括平均值(mean)、最大值(max.)、最小值(min.)、标准差(std.)、偏斜度(skew.)和峰度(kurt.)。由图8-32可知,该信号具有较强的非线性性和非平稳性,这将在很大程度上限制单一模型的预测精度。建模前,使用相空间重构(PSR)将振动序列重构为相

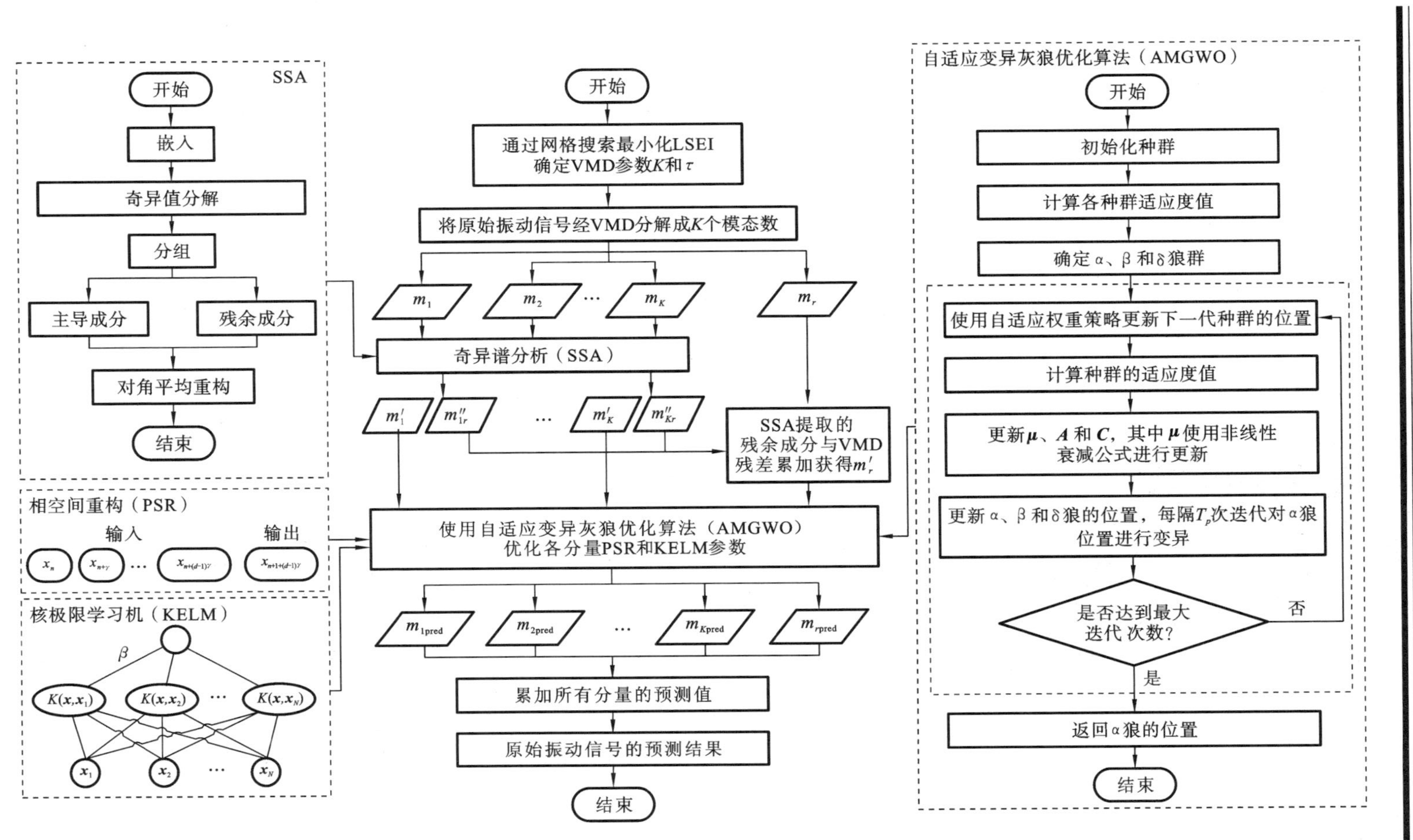

图8-30　所提混合振动趋势预测模型的流程

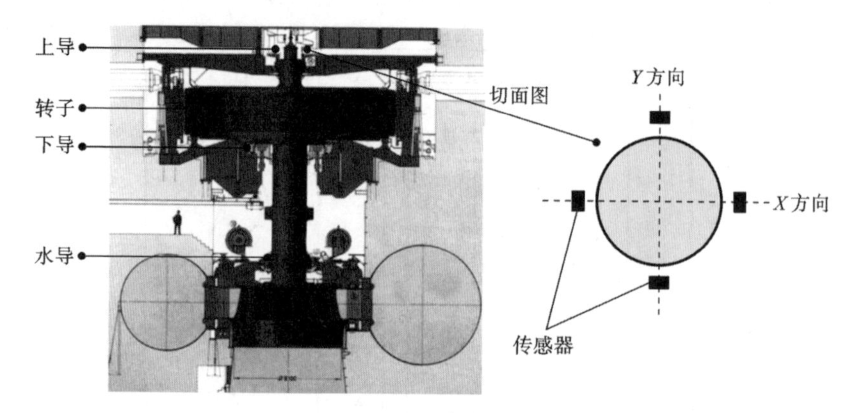

图 8-31 上导 Y 方向摆度数据监测位置

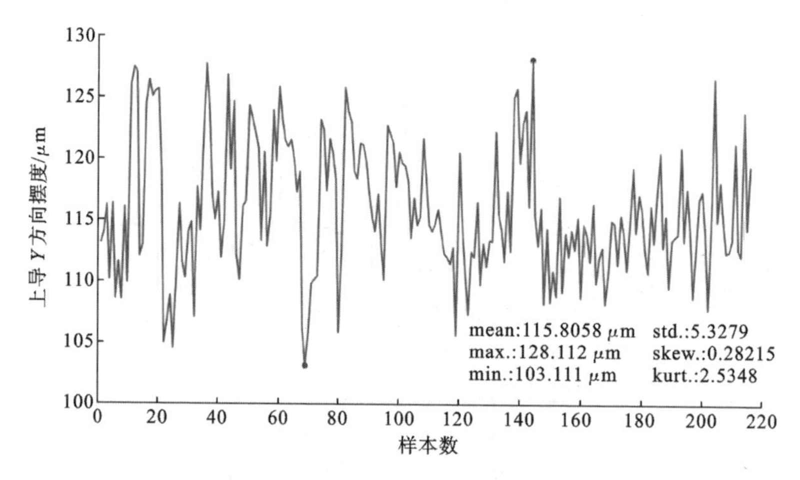

图 8-32 上导 Y 方向摆度监测数据

空间矩阵并用作预测模型输入。其中，相空间矩阵后 70 个样本作为测试集，剩余样本用作训练集。

为了验证所提混合预测模型的有效性与优越性，选取 6 组相关模型进行对比试验。其中，基准对比模型支持向量回归(SVR)和核极限学习机(KELM)均未对数据进行预分解处理，而是直接对原始振动信号进行预测；EMD-KELM 和 VMD-KELM 采用时频信号分解，并利用 KELM 对各子序列进行预测，用于初步比较 EMD 和 VMD 的性能；EMD-SSA-PSR-KELM 和 VMD-SSA-PSR-KELM 模型在使用时频信号分解预处理的基础上实现了主导成分混沌分析，进而验证主导成分混沌分析的可行性和必要性。上述对比模型中，SVR 和 KELM 的参数均由网格搜索获得。

采用第 8.2.3 节所提 RMSE、MAE 和 MAPE 指标度量预测值与实际值之间的偏差。此外，为了充分定量比较所提模型与对比模型间的性能差异，进一步采用上述指标的下降比率，即 P_{RMSE}、P_{MAE} 和 P_{MAPE}。三种下降比率的定义如表 8-14 所示。

对比模型中，SVR 和 KELM 的正则化系数 C 和核参数 σ^2 都使用网格搜索进行寻

表 8-14 预测模型定量评估指标

指标	定义	描述
P_{RMSE}	均方根误差下降率	$P_{\mathrm{RMSE}}=\left(\frac{\mathrm{RMSE}_a-\mathrm{RMSE}_b}{\mathrm{RMSE}_a}\right)\times 100\%$
P_{MAE}	平均绝对误差下降率	$P_{\mathrm{MAE}}=\left(\frac{\mathrm{MAE}_a-\mathrm{MAE}_b}{\mathrm{MAE}_a}\right)\times 100\%$
P_{MAPE}	绝对百分比误差下降率	$P_{\mathrm{MAPE}}=\left(\frac{\mathrm{MAPE}_a-\mathrm{MAPE}_b}{\mathrm{MAPE}_a}\right)\times 100\%$

优,且分别在[2^{-8},2^{8}]和[2^{-5},2^{-5}]内以指数项步长 0.5 进行搜索。对于含有 SSA 和 PSR 的对比模型,设定 SSA 的参数即 Hankel 矩阵窗口长度 l 和分组系数 s 分别为 100 和 21,PSR 的延迟时间 γ 和嵌入维数 d 分别设为 1 和 10。本次试验中,所有基于 VMD 的模型都具有统一的参数,即模态数 K 和更新步长 τ 通过网格搜索法提前确定,其中 K 在[2,10]内以步长 1 搜索,τ 则在[0,1]内以步长 0.1 搜索。在所提模型中,所有分量预测模型的 PSR 和 KELM 中的 4 个参数 γ、d、C、σ^2 由所提 AMGWO算法进行优化。设置 AMGWO 中的种群规模、最大迭代数、变异周期和变异程度系数分别为 30、50、5 和 1,以及 4 个待优化参数的范围分别为[1,5]、[2,25]、[0.001,1000]及[0.001,1000]。所提模型中 VMD 和 SSA 的参数设置与其他对比模型一致。表 8-15 展示了所提方法中各分量预测模型 PSR 和 KELM 参数的最优值,图 8-33 中分别展示了原始振动信号经过 EMD 和 VMD 后得到的子序列。从图 8-33 中可以看出,具有较强非线性和非平稳性的原始振动信号被分解成多个具有主要特征趋势的子序列,这将大大降低预测难度。

表 8-15 所提模型中各分量预测模型中 PSR 和 KELM 的最优参数

参数	预测分量(K=10,τ=1)										
	m_1	m_2	m_3	m_4	m_5	m_6	m_7	m_8	m_9	m_{10}	m_r
γ	1	1	1	1	1	1	1	1	1	2	3
d	3	5	4	10	6	10	22	4	2	2	17
C	1000	1000	1000	1000	1000	1000	1000	1000	1000	1000	11.7
σ^2	1.543	12.510	7.087	3.453	8.908	2.614	40.430	2.401	163.3	169.2	442

所有模型预测结果的评估指标 RMSE、MAE 和 MAPE 以及所提方法与各对比模型相比之下的各指标下降率分别如表 8-16 和表 8-17 所示。通过对两表中试验结果的详细分析,可以得出如下结论。

(1) 一方面,与 SVR 模型相比,KELM 模型所获得的评估指标 RMSE、MAE 和 MAPE 分别为 3.8864 μm、3.0813 μm、2.6974%,均小于 SVR 的指标值。另外,这三项指标的下降率分别为 9.51%、11.14%、11.83%,从中能够初步验证 KELM 模型

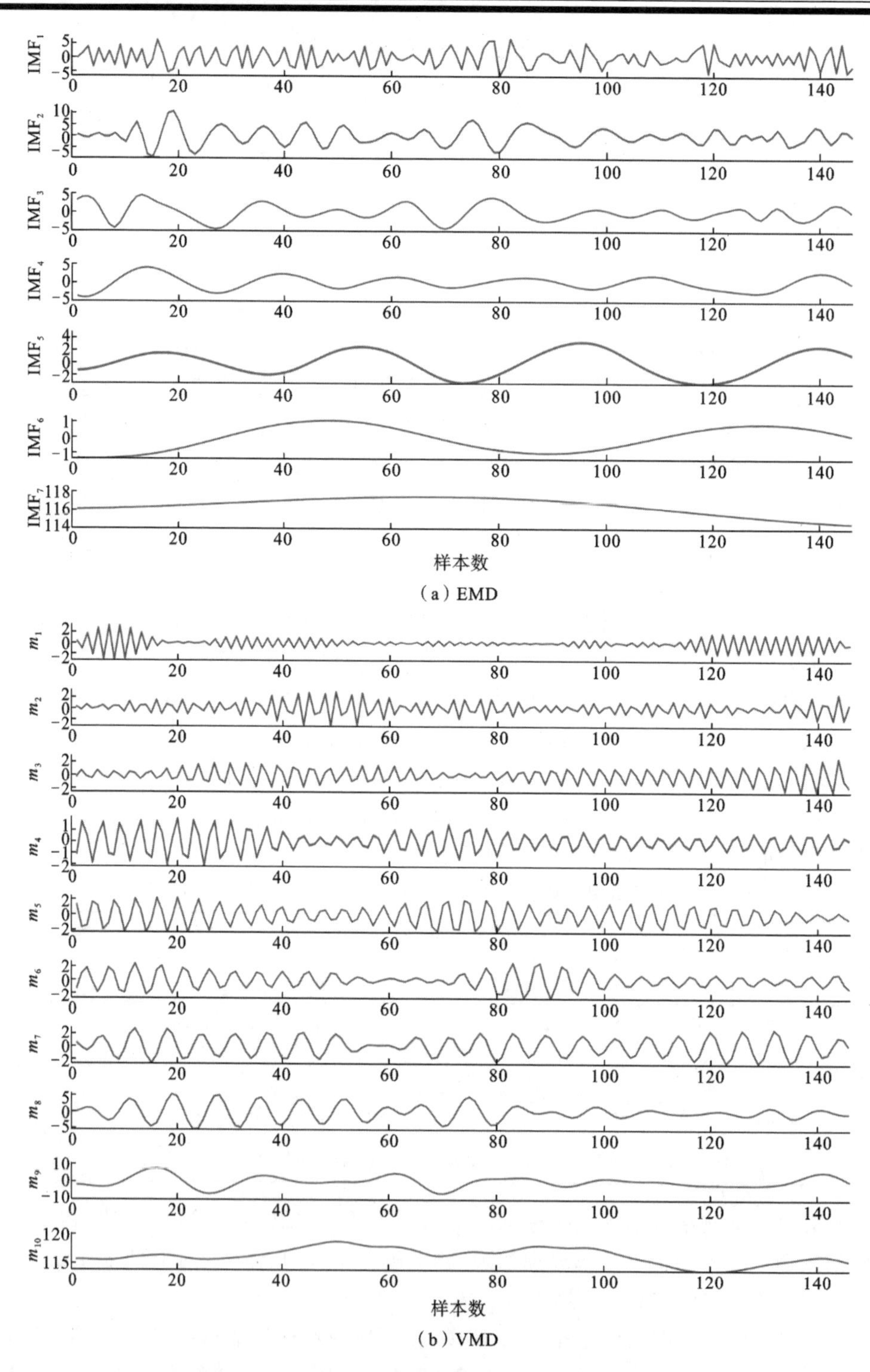

图 8-33　原始信号经过不同方法分解得到的子序列

表 8-16　所有混合预测模型对测试集数据的评价指标

模型	指标		
	RMSE/μm	MAE/μm	MAPE/(%)
SVR	4.2948	3.4677	3.0594
KELM	3.8864	3.0813	2.6974
EMD-KELM	2.6751	2.1658	1.8931
VMD-KELM	0.7082	0.6046	0.5300
EMD-SSA-PSR-KELM	1.5310	1.1842	1.0358
VMD-SSA-PSR-KELM	0.4936	0.3893	0.3431
所提模型	0.2454	0.2034	0.1791

表 8-17　所提混合模型与各对比模型相比之下的各指标下降率

对比模型	指标下降率		
	P_{RMSE}/(%)	P_{MAE}/(%)	P_{MAPE}/(%)
SVR	94.29	94.13	94.15
KELM	93.69	93.40	93.36
EMD-KELM	90.83	90.61	90.54
VMD-KELM	65.35	66.36	66.21
EMD-SSA-PSR-KELM	83.97	82.82	82.71
VMD-SSA-PSR-KELM	50.28	47.75	47.80

具有更好的预测性能。另一方面，相较于 SVR 模型，KELM 模型所获得的性能提升并不明显，这归结于原始振动信号中包含的强非平稳性和非线性性严重限制了预测模型的能力。因此，对原始信号采用时频信号预处理将是提高预测性能的关键。

(2) 通过比较 KELM 模型、EMD-KELM 模型和 VMD-KELM 模型三者的试验结果，可以进一步验证采用时频信号预处理策略可以显著提高模型预测精度。与 KELM 模型相比，EMD-KELM 模型获得的三项评估指标分别为 2.6751 μm、2.1658 μm 和 1.8931%，对应下降率分别为 31.17%、29.71%、29.82%。与 KELM 模型相比，VMD-KELM 模型所得到的 P_{RMSE}、P_{MAE} 和 P_{MAPE} 值分别为 81.78%、80.38%、80.35%，均远大于 EMD-KELM 模型所获得的指标下降率。因此，基于信号分解的信号预处理策略可以显著降低预测误差，而基于 VMD 的模型预测性能更优。

(3) 在实现时频分解的基础上，所提主导成分混沌分析将 SSA 和 PSR 融合，能够进一步提高预测精度。通过对比 EMD-KELM 模型和 EMD-SSA-PSR-KELM 模型，后者所得各项评估指标为 1.5310 μm、1.1842 μm、1.0358%，与 EMD-KELM 模型相比，各项指标下降率分别为 42.77%、45.32%和 45.29%。类似地，与 VMD-KELM 模型相比，VMD-SSA-PSR-KELM 模型的性能更优，所得三项指标依次为 0.4936 μm、0.3893 μm、0.3431%，各项指标平均下降率为 33.72%。

(4) 进一步将 VMD-SSA-PSR-KELM 模型和所提模型比较，两者具有相同的结构，而所提混合预测模型中 PSR、KELM 的参数由 AMGWO 同步优化所得。所提混合预测模型的指标 RMSE、MAE 和 MAPE 分别为 0.2454 μm、0.2034 μm、0.1791%。与 VMD-SSA-PSR-KELM 模型相比，所提混合预测模型的对应指标下降率分别为 50.28%、47.75%和 47.80%。因此，所提 AMGWO 算法能有效地优化该混合模型参数，从而最大化各辅助模块作用，提升模型的预测性能。

另外，为了更加直观地观察模型的预测结果，图 8-34 中依次展示了各试验模型的预测值结果。从图中可以看出，所提混合预测模型的拟合曲线最贴近实际值，其误差曲线在零附近波动范围最小。通过比较图 8-34(d)、(f)和(c)、(e)可以看出，基于主导成分混沌分析的模型误差曲线更加趋近于零附近且波动更小，进一步验证了所提主导成分混沌分析的有效性。

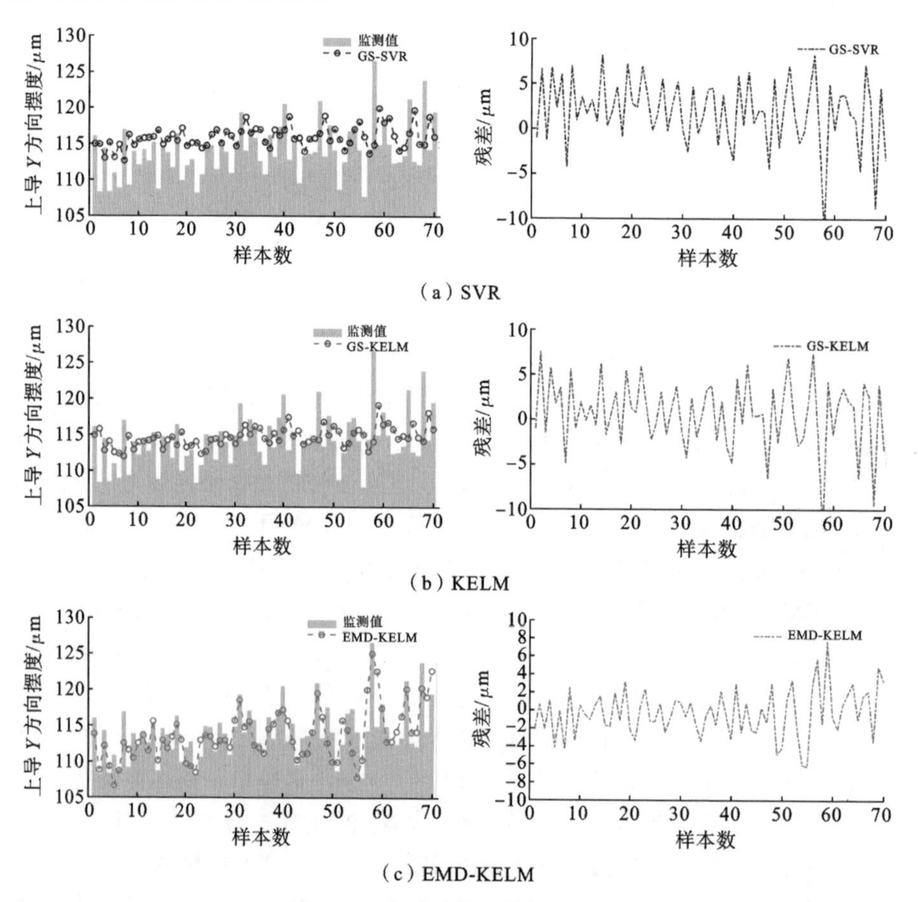

(a) SVR

(b) KELM

(c) EMD-KELM

图 8-34 各试验模型的预测结果

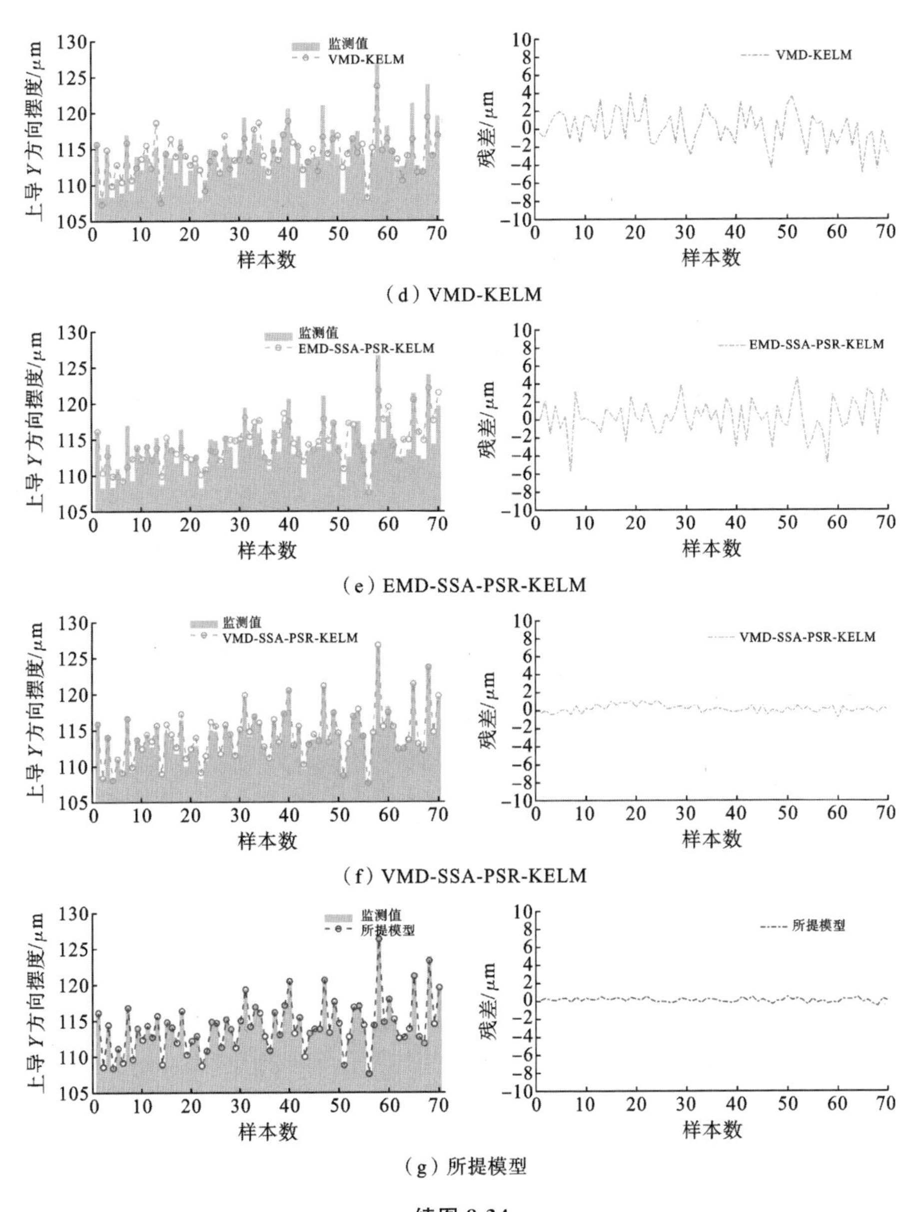

(d) VMD-KELM

(e) EMD-SSA-PSR-KELM

(f) VMD-SSA-PSR-KELM

(g) 所提模型

续图 8-34

图 8-35 为各模型的评估指标直方图，其更加直观地展示了各模型评估指标的变化趋势。图 8-35(c)同时展示了 MAPE 的直方图及其点线图。从图 8-35 中可以看出所提混合预测模型的所有指标均为最小，与所提混合预测模型具有相同结构的 VMD-SSA-PSR-KELM 模型则实现次优。同时，基于 VMD 的模型均获得更低的指标值，如 VMD-KELM、VMD-SSA-PSR-KELM 和所提混合预测模型。

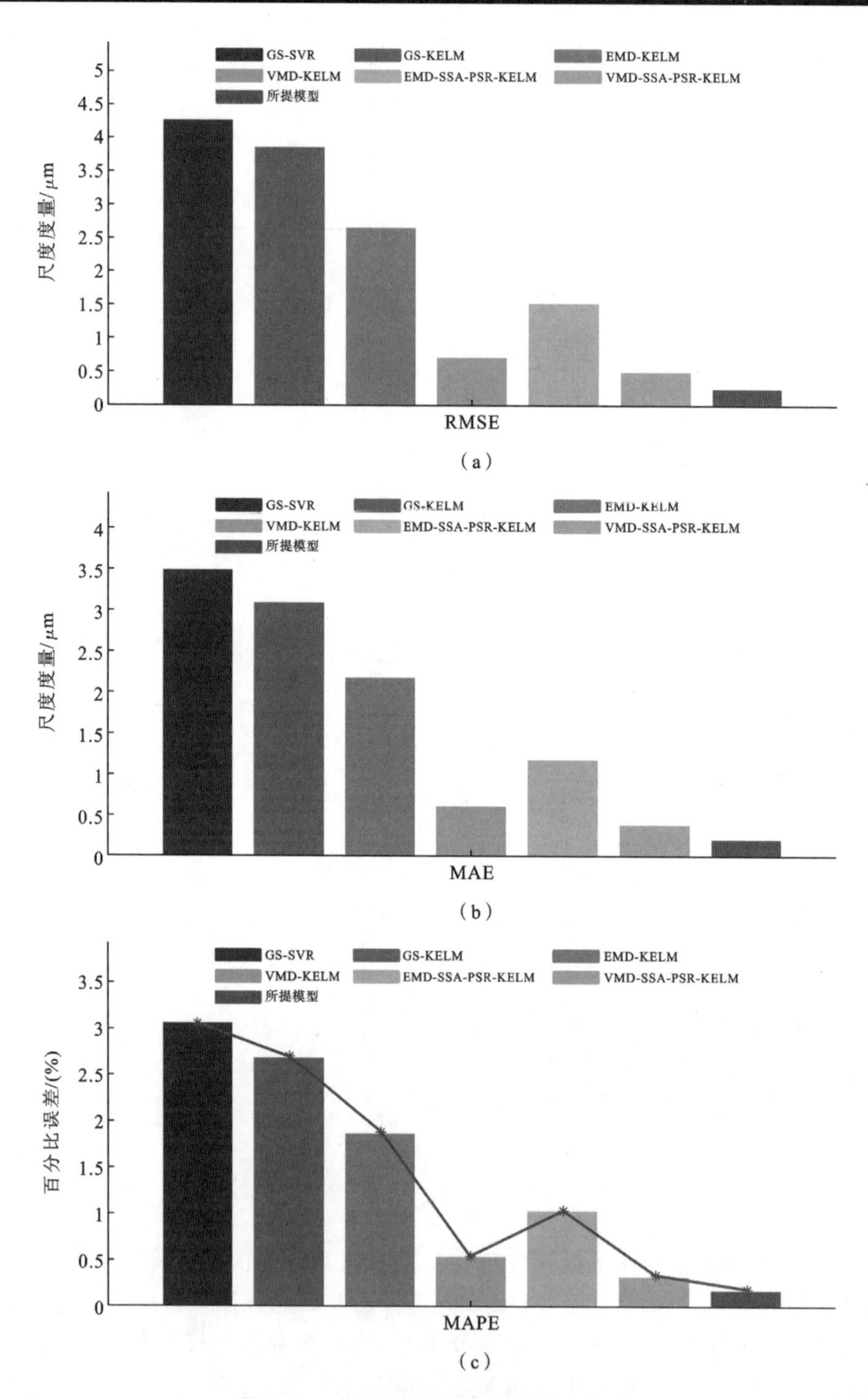

图 8-35 各试验模型的评估指标直方图

参 考 文 献

[1] 吴蕴臻,张秋野,郭海庆. 优先发展我国水电能源的思考[J]. 水利经济,2011,29(3):28-33.

[2] 国务院办公厅. 能源发展战略行动计划(2014—2020 年)[R]. In 2014.

[3] LAIRD T. An economic strategy for turbine generator condition based maintenance[C]. In Electrical Insulation,2004. Conference Record of the 2004 IEEE International Symposium on,2004. 440-445.

[4] 张孝远. 融合支持向量机的水电机组混合智能故障诊断研究[D]. 华中科技大学,2012.

[5] 刘晓亭,冯辅周. 水电机组运行设备监测诊断技术及应用[M]. 北京:中国水利水电出版社,2010.

[6] 安周鹏,肖志怀,孙召辉,等. 改进小波阈值降噪算法在水电机组信号处理中的应用[J]. 中国农村水利水电,2014,(12):165-168.

[7] ONODA T, ITO N, HIRONOBU Y. Unusual condition monitoring based on support vector machines for hydroelectric power plants. In Evolutionary Computation[C],2008. CEC 2008. (IEEE World Congress on Computational Intelligence). IEEE Congress on,2008. 2254-2261.

[8] 胡爱军,马万里,唐贵基. 基于集成经验模态分解和峭度准则的滚动轴承故障特征提取方法[J]. 中国电机工程学报,2012,32 (11):106-111.

[9] HAN L,LI C,GUO S,et al. Feature extraction method of bearing AE signal based on improved FAST-ICA and wavelet packet energy[J]. Mechanical Systems and Signal Processing,2015,62: 91-99.

[10] BIN G,LIAO C,LI X. The method of fault feature extraction from acoustic emission signals using Wigner-Ville distribution[J]. Advanced Materials Research,2011,216 (2):732-737.

[11] 廖传军,李学军,刘德顺. STFT 在 AE 信号特征提取中的应用[J]. 仪器仪表学报,2008,29 (9):1862-1867.

[12] 吴昭同,杨世锡. 旋转机械故障特征提取与模式分类新方法[M]. 北京:科学

出版社,2012.

[13] KOTNIK B,KAČIČ Z. A noise robust feature extraction algorithm using joint wavelet packet subband decomposition and AR modeling of speech signals[J]. Signal Processing,2007,87 (6):1202-1223.

[14] 沈东,褚福涛,陈思. 水轮发电机组振动故障诊断与识别[J]. 水动力学研究与进展,2000,15 (1):129-133.

[15] 王玲花. 水轮发电机组振动及分析[M]. 郑州:黄河水利出版社,2011.

[16] 王东,张思青,马国华,等. 水轮机卡门涡研究进展[J]. 水电自动化与大坝监测,2013,(4):13-16.

[17] 肖汉. 水电机组智能故障诊断的多元征兆提取方法[D]. 华中科技大学, 2014.

[18] 肖汉,周建中,肖剑,等. 滑动轴承-转子系统不平衡-不对中-碰摩耦合故障动力学建模及响应信号分解[J]. 振动与冲击,2013,32 (23):159-165.

[19] 吴彬宏,舒建红. 桐柏抽水蓄能电厂机组负序电流保护改进[J]. 水电自动化与大坝监测,2010,34 (4):31-33.

[20] 马海涛. 18MW 水轮发电机磁极变形及定子铁芯松动原因分析和处理[J]. 水电站机电技术,2013,(1):35-37.

[21] YU F,LU G. Short-time Fourier transform and wavelet transform with Fourier-domain processing[J]. Applied optics,1994,33 (23):5262-5270.

[22] 胡晓依,何庆复,王华胜,等. 基于 STFT 的振动信号解调方法及其在轴承故障检测中的应用[J]. 振动与冲击,2008,27 (2):82-86.

[23] 郭远晶,魏燕定,周晓军. 基于 STFT 时频谱系数收缩的信号降噪方法[J]. 振动、测试与诊断,2015,35 (6):1090-1097.

[24] GAO H,LIANG L,CHEN X,et al. Feature extraction and recognition for rolling element bearing fault utilizing short-time Fourier transform and non-negative matrix factorization[J]. Chinese Journal of Mechanical Engineering,2015,28 (1):96-105.

[25] ZHONG J,HUANG Y. Time-frequency representation based on an adaptive short-time Fourier transform[J]. Signal Processing,IEEE Transactions on, 2010,58 (10):5118-5128.

[26] CHEN H,CHUA P,LIM G. Adaptive wavelet transform for vibration signal modelling and application in fault diagnosis of water hydraulic motor[J]. Mechanical Systems and Signal Processing,2006,20 (8):2022-2045.

[27] JENA D,PANIGRAHI S,KUMAR R. Gear fault identification and localization using analytic wavelet transform of vibration signal[J]. Measurement,

2013,46 (3):1115-1124.

[28] KHAZAEE M,AHMADI H,OMID M,et al. Feature-level fusion based on wavelet transform and artificial neural network for fault diagnosis of planetary gearbox using acoustic and vibration signals[J]. Insight-Non-Destructive Testing and Condition Monitoring,2013,55 (6):323-330.

[29] YADAV S K,SINHA R,BORA P K. Electrocardiogram signal denoising using non-local wavelet transform domain filtering. Signal Processing[J], IET,2015,9 (1):88-96.

[30] KAR C,MOHANTY A. Monitoring gear vibrations through motor current signature analysis and wavelet transform[J]. Mechanical systems and signal processing,2006,20 (1):158-187.

[31] DONOHO D L. De-noising by soft-thresholding[J]. Information Theory, IEEE Transactions on,1995,41 (3):613-627.

[32] 林京. 基于最大似然估计的小波阈值消噪技术及信号特征提取[J]. 仪器仪表学报,2005,26 (9):923-927.

[33] 李郁侠,陈继尧,王伟,等. 基于小波包的水力机组振动故障信号消噪方法研究[J]. 西北农林科技大学学报:自然科学版,2007,35 (12):227-230.

[34] SMITH J S. The local mean decomposition and its application to EEG perception data [J]. Journal of The Royal Society Interface, 2005, 2 (5): 443-454.

[35] 李康. 水电站地下式厂房多机组段振动特性研究[D]. 天津大学,2017.

[36] 尹召杰,许同乐,郑店坤. LMD 支持向量机电机轴承故障诊断研究[J]. 哈尔滨理工大学学报,2018,23(5):39-43.

[37] 张亢,程军圣. 基于 LMD 和阶次跟踪分析的滚动轴承故障诊断[J]. 振动.测试与诊断,2016,36(3):586-591.

[38] 唐贵基,王晓龙. 基于局部均值分解和切片双谱的滚动轴承故障诊断研究[J]. 振动与冲击,2013,32(24):83-88.

[39] HUANG N E,SHEN Z,LONG S R,et al. The empirical mode decomposition and the Hilbert spectrum for nonlinear and non-stationary time series analysis[J]. Proceedings of the Royal Society of London A:Mathematical, Physical and Engineering Sciences,1998,454 (1971):903-995.

[40] 于德介,程军圣,杨宇. 机械故障诊断的 Hilbert-Huang 变换方法[M]. 北京:科学出版社,2006.

[41] JENITTA J,RAJESWARI A. Denoising of ECG signal based on improved adaptive filter with EMD and EEMD[C]. In Information & Communication Technologies (ICT),2013 IEEE Conference on,2013. 957-962.

[42] LI H, WANG X, CHEN L, et al. Denoising and R-peak detection of electrocardiogram signal based on EMD and improved approximate envelope[J]. Circuits, Systems, and Signal Processing, 2014, 33 (4): 1261-1276.

[43] 赵志宏，杨绍普，申永军. 一种改进的 EMD 降噪方法[J]. 振动与冲击，2009，28 (12): 35-37.

[44] SAIDI L, ALI J B, FNAIECH F. Bi-spectrum based-EMD applied to the non-stationary vibration signals for bearing faults diagnosis[J]. ISA transactions, 2014, 53 (5): 1650-1660.

[45] VAN M, KANG H J, SHIN K S. Rolling element bearing fault diagnosis based on non-local means de-noising and empirical mode decomposition[J]. Science, Measurement & Technology, IET, 2014, 8 (6): 571-578.

[46] HUANG N E. Introduction to the Hilbert-Huang Transform and its related mathematical problems[M]. Hilbert-Huang transform and its applications, interdisciplinary mathematical sciences, 2005.

[47] LEI Y, LIN J, HE Z, et al. A review on empirical mode decomposition in fault diagnosis of rotating machinery[J]. Mechanical Systems and Signal Processing, 2013, 35 (1): 108-126.

[48] DRAGOMIRETSKIY K, ZOSSO D. Variational mode decomposition[J]. Signal Processing, IEEE Transactions on, 2014, 62 (3): 531-544.

[49] 刘长良，武英杰，甄成刚. 基于变分模态分解和模糊 C 均值聚类的滚动轴承故障诊断[J]. 中国电机工程学报，2015，35 (13): 3358-3365.

[50] 唐贵基，王晓龙. 参数优化变分模态分解方法在滚动轴承早期故障诊断中的应用[J]. 西安交通大学学报，2015，49 (5): 73-81.

[51] AN X, ZENG H. Pressure fluctuation signal analysis of a hydraulic turbine based on variational mode decomposition[J]. Proceedings of the Institution of Mechanical Engineers, Part A: Journal of Power and Energy, 2015, 229 (8): 978-991.

[52] AN X, YANG J. Denoising of hydropower unit vibration signal based on variational mode decomposition and approximate entropy[J]. Transactions of the Institute of Measurement and Control, 2016, 38 (3): 282-292.

[53] STEWART G W. On the early history of the singular value decomposition [J]. SIAM review, 1993, 35 (4): 551-566.

[54] 孙丽玲，王续，许伯强. 基于 SVD 滤波技术与快速四阶累积量 ESPRIT 算法的异步电动机转子断条故障检测新方法[J]. 电工技术学报，2015，30 (10): 147-156.

[55] 陈恩利，张玺，申永军，等. 基于 SVD 降噪和盲信号分离的滚动轴承故障诊断

[J]. 振动与冲击,2012,31 (23):185-190.

[56] YANG W X,PETER W T. Development of an advanced noise reduction method for vibration analysis based on singular value decomposition[J]. Ndt & E International,2003,36 (6):419-432.

[57] ASHTIANI M,SHAHRTASH S. Partial discharge de-noising employing adaptive singular value decomposition[J]. Dielectrics and Electrical Insulation,IEEE Transactions on,2014,21 (2):775-782.

[58] JIANG F,ZHU Z,LI W,et al. Fault diagnosis of rotating machinery based on noise reduction using empirical mode decomposition and singular value decomposition[J]. Journal of Vibroengineering,2015,17 (1):164-174.

[59] CHENG J,YU D,TANG J,et al. Application of SVM and SVD technique based on EMD to the fault diagnosis of the rotating machinery[J]. Shock and Vibration,2009,16 (1):89-98.

[60] 肖剑. 水电机组状态评估及智能诊断方法研究[D]. 华中科技大学,2014.

[61] LEI Y,HE Z,ZI Y. A new approach to intelligent fault diagnosis of rotating machinery[J]. Expert Systems with Applications,2008,35 (4):1593-1600.

[62] 王建国,吴林峰,秦绪华. 基于自相关分析和 LMD 的滚动轴承振动信号故障特征提取[J]. 中国机械工程,2014,25 (2):186-191.

[63] 谷小红,张光新,侯迪波,等. 小波包分解与能量特征提取相结合的水管泄漏位置的确定[J]. 四川大学学报:工程科学版,2005,37 (6):145-149.

[64] EL BADAOUI M,GUILLET F,DANIERE J. New applications of the real cepstrum to gear signals,including definition of a robust fault indicator[J]. Mechanical Systems and Signal Processing,2004,18 (5):1031-1046.

[65] 杜永祚,秦志英. 旋转机械动态信号全息谱分析[J]. 振动、测试与诊断,2002,22 (2):81-88.

[66] FEI C,BAI G,TANG W,et al. Quantitative diagnosis of rotor vibration fault using process power spectrum entropy and support vector machine method[J]. Shock and Vibration,2014,2014:1-9.

[67] BAFROUI H H,OHADI A. Application of wavelet energy and Shannon entropy for feature extraction in gearbox fault detection under varying speed conditions[J]. Neurocomputing,2014,133(8):437-445.

[68] 赵荣珍,杨文瑛,马再超,等. 信息熵与经验模态分解集成的转子故障信号量化特征提取[J]. 兰州理工大学学报,2013, 39(1):19-24.

[69] 孙健,李洪儒,王卫国,等. 基于形态非抽样融合与 DCT 高阶奇异熵的液压泵退化特征提取[J]. 振动与冲击,2015,34 (22):54-61.

[70] 王猛,谈克雄,高文胜,等. 局部放电脉冲形波的自回归模型参数识别法[J].

高电压技术,2001,27 (3):1-3.

[71] 张玲玲,赵懿冠,肖云魁,等. 基于小波包-AR谱的变速器轴承故障特征提取[J]. 振动、测试与诊断,2011,31 (4):492-495.

[72] 贾嵘,王小宇,张丽,等. 基于EMD和AR模型的水轮机尾水管动态特征信息提取[J]. 电力系统自动化,2006,30 (22):77-80.

[73] 李健宝,彭涛. 基于时变自回归参数模型的滚动轴承智能故障诊断[J]. 中国机械工程,2010,(22):2657-2661.

[74] 潘罗平. 基于健康评估和劣化趋势预测的水电机组故障诊断系统研究[D]. 中国水利水电科学研究院,2013.

[75] FERDOUS R,KHAN F,SADIQ R,et al. Fault and event tree analyses for process systems risk analysis: uncertainty handling formulations[J]. Risk Analysis, 2011,31 (1):86-107.

[76] PURBA J H. Fuzzy probability on reliability study of nuclear power plant probabilistic safety assessment: A review[J]. Progress in Nuclear Energy, 2014,76:73-80.

[77] HURDLE E E, BARTLETT L, ANDREWS J. System fault diagnostics using fault tree analysis[J]. Proceedings of the Institution of Mechanical Engineers,Part O: Journal of Risk and Reliability,2007,221 (1):43-55.

[78] ZHANG P,CHAN K. Reliability evaluation of phasor measurement unit using Monte Carlo dynamic fault tree method[J]. Smart Grid,IEEE Transactions on,2012,3 (3):1235-1243.

[79] 于德介,赵丹,周安美. 基于本体故障树的关键机组诊断决策研究[J]. 湖南大学学报:自然科学版,2013,40 (8):46-51.

[80] NAN C,KHAN F,IQBAL M T. Real-time fault diagnosis using knowledge-based expert system[J]. process safety and environmental protection,2008, 86 (1): 55-71.

[81] ZHI L,BIN W,XING H,et al. Expert system of fault diagnosis for gear box in wind turbine[J]. Systems Engineering Procedia,2012,4:189-195.

[82] WU J,LIU C. An expert system for fault diagnosis in internal combustion engines using wavelet packet transform and neural network[J]. Expert systems with applications,2009,36 (3):4278-4286.

[83] 邢立坤,汪军,徐洁. 故障诊断专家系统在水电厂的应用[J]. 水电厂自动化, 2013,34 (2):22-24.

[84] CASTEJÓN C,LARA O,GARCÍA-PRADA J. Automated diagnosis of rolling bearings using MRA and neural networks[J]. Mechanical Systems and Signal Processing,2010,24 (1):289-299.

[85] 符向前,刘光临,蒋劲,等. 基于不变性矩的径向基函数神经网络转子轴心轨迹自动识别[J]. 武汉大学学报:工学版,2003,36 (2):133-136.

[86] 彭文季,罗兴锜. 基于小波神经网络的水电机组振动故障诊断研究[J]. 水力发电学报,2007,26 (1):123-128.

[87] 陈林刚,韩凤琴,桂中华. 基于神经网络的水电机组智能故障诊断系统[J]. 电网技术,2006,30 (1):40-43.

[88] VAPNIK V N, VAPNIK V. Statistical learning theory[M]. Wiley New York,1998.

[89] 张孝远,周建中,黄志伟,等. 基于粗糙集和多类支持向量机的水电机组振动故障诊断[J]. 中国电机工程学报,2010,30 (20):88-93.

[90] 彭文季,罗兴锜,郭鹏程,等. 基于最小二乘支持向量机和信息融合技术的水电机组振动故障诊断[J]. 中国电机工程学报,2007,27 (23):86-92.

[91] SALAHSHOOR K, KORDESTANI M, KHOSHRO M S. Fault detection and diagnosis of an industrial steam turbine using fusion of SVM (support vector machine) and ANFIS (adaptive neuro-fuzzy inference system) classifiers[J]. Energy,2010,35 (12):5472-5482.

[92] WENYI L,ZHENFENG W,JIGUANG H,et al. Wind turbine fault diagnosis method based on diagonal spectrum and clustering binary tree SVM[J]. Renewable Energy,2013,50:1-6.

[93] 杨智明. 面向不平衡数据的支持向量机分类方法研究[D]. 哈尔滨工业大学,2009.

[94] TAX D M,DUIN R P. Support vector domain description[J]. Pattern recognition letters,1999,20 (11):1191-1199.

[95] ZHU M, WANG Y, CHENG S, et al. Sphere-structured support vector machines for multi-class pattern recognition[C]. In Rough Sets,Fuzzy Sets, Data Mining,and Granular Computing,Springer:2003. 589-593.

[96] 袁胜发,褚福磊. 球结构支持向量机在转轴碰摩位置识别中的应用[J]. 振动与冲击,2009,28 (8):70-73.

[97] CUI J. Faults Classification Of Power Electronic Circuits Based On A Support Vector Data Description Method[J]. Metrology and Measurement Systems,2015,22 (2):205-220.

[98] ZHANG Y,LIU X,XIE F,et al. Fault classifier of rotating machinery based on weighted support vector data description[J]. Expert Systems with Applications,2009,36 (4):7928-7932.

[99] WANG Y,KANG S,JIANG Y,et al. Classification of fault location and the degree of performance degradation of a rolling bearing based on an improved

hyper-sphere-structured multi-class support vector machine[J]. Mechanical Systems and Signal Processing,2012,29:404-414.

[100] MARCELLINO M,STOCK J H,WATSON M W. A comparison of direct and iterated multistep AR methods for forecasting macroeconomic time series[J]. Journal of econometrics,2006,135 (1):499-526.

[101] GAN M,PHILIP CHEN C,CHEN L,et al. Exploiting the interpretability and forecasting ability of the RBF-AR model for nonlinear time series[J]. International Journal of Systems Science,2016,47 (8):1868-1876.

[102] 徐峰,王志芳. AR 模型应用于振动信号趋势预测的研究[J]. 清华大学学报: 自然科学版,1999,39 (4):57-59.

[103] 杨皓,黄东胜. AR 模型应用于振动信号趋势预测的研究[J]. 南京工程学院学报:自然科学版,2007,5 (2):45-49.

[104] 吴庚申,梁平,龙新峰. 基于 ARMA 的汽轮机转子振动故障序列的预测[J]. 华南理工大学学报:自然科学版,2005,33 (7):67-73.

[105] ÁLVAREZ-VIGIL A E,GONZÁLEZ-NICIEZA C,GAYARRE F L,et al. Predicting blasting propagation velocity and vibration frequency using artificial neural networks[J]. International Journal of Rock Mechanics and Mining Sciences,2012,55: 108-116.

[106] AZADEH A,GHADERI S,TARVERDIAN S,et al. Integration of artificial neural networks and genetic algorithm to predict electrical energy consumption[J]. Applied Mathematics and Computation, 2007, 186 (2): 1731-1741.

[107] 练继建,张辉东,王海军. 水电站厂房结构振动响应的神经网络预测[J]. 水利学报,2007,38 (3):361-364.

[108] 田源,张彼德,刘代伟,等. 基于果蝇优化算法的 GRNN 水电机组状态趋势预测[J]. 水电能源科学,2012,30 (12):127-129.

[109] SOUALHI A,MEDJAHER K,ZERHOUNI N. Bearing Health Monitoring Based on Hilbert-Huang Transform,Support Vector Machine,and Regression[J]. Instrumentation and Measurement,IEEE Transactions on,2015, 64 (1):52-62.

[110] YAQUB M F,GONDAL I,KAMRUZZAMAN J. Multi-step support vector regression and optimally parameterized wavelet packet transform for machine residual life prediction[J]. Journal of Vibration and Control,2013, 19 (7):963-974.

[111] 邹敏,周建中,刘忠,等. 基于支持向量机的水电机组状态趋势预测研究[J]. 水力发电,2007,33 (2):63-65.

[112] 周叶,唐澍,潘罗平,等. 基于支持向量机的水电机组轴系运行故障诊断及预测研究[J]. 水利学报,2013,44(S1):111-115.
[113] JOLLIFFE I. Principal component analysis[J]. Journal of Marketing Research,2002,25(4):513.
[114] 胡云鹏. 基于主元分析的冷水机组传感器故障检测效率研究[D]. 华中科技大学,2013.
[115] WOLD S. Cross-validatory estimation of the number of components in factor and principal components models[J]. Technometrics,1978,20 (4):397-405.
[116] AKAIKE H. A new look at the statistical model identification. Automatic Control[J],IEEE Transactions on,1974,19 (6):716-723.
[117] JACKSON J E. A user's guide to principal components[M]. John Wiley & Sons,2005.
[118] 邹敏. 基于支持向量机的水电机组故障诊断研究[D]. 华中科技大学,2007.
[119] 彭文季,罗兴锜. 基于粗糙集和支持向量机的水电机组振动故障诊断[J]. 电工技术学报,2006,21 (10):117-122.
[120] HSU C W,LIN C J. A comparison of methods for multiclass support vector machines[J]. Neural Networks, IEEE Transactions on, 2002, 13 (2): 415-425.
[121] 苏立,南海鹏,余向阳,等. 基于改进阈值函数的小波降噪分析在水电机组振动信号中的应用[J]. 水力发电学报,2012,31 (3):246-251.
[122] LAHMIRI S,BOUKADOUM M. Biomedical image denoising using variational mode decomposition[C]. In Biomedical Circuits and Systems Conference (BioCAS),2014 IEEE,2014; 340-343.
[123] 从飞云. 基于滑移向量序列奇异值分解的滚动轴承故障诊断研究[D]. 上海交通大学,2012.
[124] 雷达,钟诗胜. 基于奇异值分解和经验模态分解的航空发动机健康信号降噪[J]. 吉林大学学报:工学版,2013,(3):764-770.
[125] ZHAO X,YE B. Selection of effective singular values using difference spectrum and its application to fault diagnosis of headstock[J]. Mechanical Systems and Signal Processing,2011,25 (5):1617-1631.
[126] QIAO Z,PAN Z. SVD principle analysis and fault diagnosis for bearings based on the correlation coefficient[J]. Measurement Science and Technology,2015,26 (8):085014.
[127] 余发军,周凤星. 基于 EEMD 和自相关函数特性的自适应降噪方法[J]. 计算机应用研究,2015,32 (1):206-209.

[128] 田光明. 基于能量峰区域时频滤波的信号估计[J]. 信号处理,2004,20 (3):263-267.

[129] ZOU J,CHEN J. A comparative study on time-frequency feature of cracked rotor by Wigner-Ville distribution and wavelet transform[J]. Journal of Sound and Vibration,2004,276 (1):1-11.

[130] 汪源源. 现代信号处理理论和方法[M]. 上海:复旦大学出版社,2003.

[131] CHENG J,YU D,YANG Y. A fault diagnosis approach for gears based on IMF AR model and SVM[J]. EURASIP Journal on Advances in Signal Processing,2008,2008(1):647135.

[132] HYTTI H,TAKALO R,IHALAINEN H. Tutorial on multivariate autoregressive modelling[J]. Journal of clinical monitoring and computing,2006,20 (2):101-108.

[133] 杨叔子,吴雅. 时间序列分析的工程应用[M]. 武汉:华中理工大学出版社,1991.

[134] 薛建中,郑崇勋,闫相国. 快速多变量自回归模型的意识任务的特征提取与分类[J]. 西安交通大学学报,2003,37 (8):861-864.

[135] NEUMAIER A, SCHNEIDER T. Estimation of parameters and eigenmodes of multivariate autoregressive models[J]. ACM Transactions on Mathematical Software (TOMS),2001,27 (1):27-57.

[136] LOPARO K. Bearings vibration data set[D]. case western reserve university,2003.

[137] ZHANG X, ZHOU J. Multi-fault diagnosis for rolling element bearings based on ensemble empirical mode decomposition and optimized support vector machines[J]. Mechanical Systems and Signal Processing,2013,41 (1):127-140.

[138] 王辉斌,吴长利,邹桂丽,等. 水轮机故障声学诊断技术研究及其应用探讨[J]. 大电机技术,2010,(3):45-50.

[139] 符向前,蒋劲,孙慕群,等. 水电机组故障诊断系统中的模糊诊断技术研究[J]. 华中科技大学学报:自然科学版,2006,34 (1):81-83.

[140] 张晓丹,赵海,谢元芒,等. 用于水电厂设备的故障诊断的贝叶斯网络模型[J]. 东北大学学报 (自然科学版),2006,27 (3):276-279.

[141] VAPNIK V. The nature of statistical learning theory[M]. Springer Science & Business Media,2013.

[142] LIU S,CHEN P,Wang B. A New Weighted Hyper-Sphere Support Vector Machine[C]. In Natural Computation,2008. ICNC'08. Fourth International Conference on,2008. 18-21.

[143] CHA M,KIM J S,BAEK J G. Density weighted support vector data description[J]. Expert Systems with Applications,2014,41 (7):3343-3350.

[144] CHIANG J H,HAO P Y. A new kernel-based fuzzy clustering approach: support vector clustering with cell growing[J]. Fuzzy Systems, IEEE Transactions on,2003,11 (4):518-527.

[145] COVER T M,HART P E. Nearest neighbor pattern classification[J]. Information Theory,IEEE Transactions on,1967,13 (1):21-27.

[146] WANG J,NESKOVIC P,COOPER L N. Improving nearest neighbor rule with a simple adaptive distance measure[J]. Pattern Recognition Letters, 2007,28 (2):207-213.

[147] NI J,LI L,QIAO F,et al. A GS-MPSO-WKNN method for missing data imputation in wireless sensor networks monitoring manufacturing conditions[J]. Transactions of the Institute of Measurement and Control,2014, 36 (8):1083-1092.

[148] SAMET H. K-nearest neighbor finding using MaxNearestDist[J]. Pattern Analysis and Machine Intelligence, IEEE Transactions on, 2008, 30 (2): 243-252.

[149] LICHMAN M. UCI Machine Learning Repository [http: //archive. ics. uci. edu/ml]. Irvine, CA: University of California. School of Information and Computer Science,2013.

[150] 于达仁,胡清华,鲍文. 融合粗糙集和模糊聚类的连续数据知识发现[J]. 中国电机工程学报,2004,24 (6):205-210.

[151] JIA R,HUANG G. Hydroelectric generating unit vibration fault diagnosis via BP neural network based on particle swarm optimization[C]. Sustainable Power Generation and Supply,2009.

[152] 王荣荣. 基于变精度粗糙集与神经网络的水电机组振动故障诊断研究[D]. 西安理工大学,2007.

[153] JARDINE A K,LIN D,BANJEVIC D. A review on machinery diagnostics and prognostics implementing condition-based maintenance[J]. Mechanical systems and signal processing,2006,20 (7):1483-1510.

[154] ZHANG X,ZHOU J,GUO J,et al. Vibrant fault diagnosis for hydroelectric generator units with a new combination of rough sets and support vector machine [J]. Expert Systems with Applications, 2012, 39 (3): 2621-2628.

[155] HENG A,ZHANG S,TAN A,et al. Rotating machinery prognostics:State of the art,challenges and opportunities[J]. Mechanical Systems and Signal

Processing,2009,23 (3):724-739.

[156] 刘颖,严军. 基于时间序列 ARMA 模型的振动故障预测[J]. 化工自动化及仪表,2011,38(7):841-843.

[157] YESILYURT I,GURSOY H. Estimation of elastic and modal parameters in composites using vibration analysis[J]. Journal of Vibration and Control,2015,21 (3):509-524.

[158] 杨晓红,杨晓静,朱霄殉. 基于小波变换的支持向量回归机振动数据短期预测[J]. 汽轮机技术,2011 (1):77-80.

[159] FEI S. Kurtosis forecasting of bearing vibration signal based on the hybrid model of empirical mode decomposition and RVM with artificial bee colony algorithm [J]. Expert Systems with Applications, 2015, 42 (11): 5011-5018.

[160] 刘义艳,贺栓海,巨永锋,等. 基于 EEMD 和 SVR 的单自由度结构状态趋势预测[J]. 振动与冲击,2012,31 (5):60-64.

[161] WU Z,HUANG N E. Ensemble empirical mode decomposition:a noise-assisted data analysis method[J]. Advances in adaptive data analysis,2009,1 (1):1-41.

[162] ZHAO X,CHEN X. Auto regressive and ensemble empirical mode decomposition hybrid model for annual runoff forecasting[J]. Water Resources Management,2015,29 (8):2913-2926.

[163] FAN G,QING S,WANG H,et al. Support vector regression model based on empirical mode decomposition and auto regression for electric load forecasting[J]. Energies,2013,6 (4):1887-1901.

[164] 王江萍. 机械设备故障诊断技术及应用[M]. 西安:西北工业大学出版社,2001.

[165] TAKENS F. Detecting strange attractors in turbulence[M]. Springer,1981.

[166] 徐小力,王红军. 大型旋转机械运行状态趋势预测[M]. 北京:科学出版社,2011.

[167] SMOLA A J,SCHÖLKOPF B. A tutorial on support vector regression[J]. Statistics and computing,2004,14 (3):199-222.

[168] 吕金虎,陆君安,陈士华. 混沌时间序列分析及其应用[M]. 武汉:武汉大学出版社,2002.

[169] OSUNA E,FREUND R,GIROSI F. An improved training algorithm for support vector machines[C]//Neural networks for signal processing Ⅶ. Proceedings of the 1997 IEEE signal processing society workshop. IEEE,1997:276-285.

[170] PLATT J C. Fast training of support vector machines using sequential minimal optimization. in. Advances in kernel methods: support vector learning, MIT Press, 1999, 185-208.

[171] SUYKENS J A K. Least Squares Support Vector machines[M]. World Scientific, 2002.

[172] 杨茂,黄鑫,苏欣. 基于ANFIS的光伏输出功率超短期预测方法研究[J]. 东北电力大学学报,2018,38(4):14-18.

[173] XUE X, ZHOU J, XU Y, et al. An adaptively fast ensemble empirical mode decomposition method and its applications to rolling element bearing fault diagnosis[J]. Mechanical Systems and Signal Processing, 2015, 62-63: 444-459.

[174] HYNDMAN R J, KOEHLER A B. Another look at measures of forecast accuracy[J]. International journal of forecasting, 2006, 22 (4): 679-688.

[175] DICKEY D A, FULLER W A. Likelihood ratio statistics for autoregressive time series with a unit root[J]. Econometrica: Journal of the Econometric Society, 1981, 49 (4): 1057-1072.

[176] TANG L, YU L, HE K. A novel data-characteristic-driven modeling methodology for nuclear energy consumption forecasting[J]. Applied Energy, 2014, 128: 1-14.

[177] HUANG G B, ZHU Q Y, SIEW C K. Extreme learning machine: theory and applications[J]. Neurocomputing, 2006, 70: 489-501.

[178] MAO W, HE J, LI Y, et al. Bearing fault diagnosis with auto-encoder extreme learning machine: A comparative study[J]. Proceedings of The Institution of Mechanical Engineers Part C-Journal of Mechanical Engineering Science, 2017, 231(8): 1560-1578.

[179] SHAO H, JIANG H, LI X, et al. Intelligent fault diagnosis of rolling bearing using deep wavelet auto-encoder with extreme learning machine[J]. Knowledge-Based Systems, 2018, 140: 1-14.

[180] LIANG M, SU D, HU D, et al. A novel faults diagnosis method for rolling element bearings based on ELCD and extreme learning machine[J]. Shock and Vibration, 2018, 2018: 1-10.

[181] 黄勤芳,程艳,陈伟珍. 改进极限学习机在滚动轴承振动故障诊断中的应用[J]. 机械设计与制造,2016,2016(1):80-83.

[182] 皮骏,马圣,贺嘉诚,等. 基于IGA-ELM网络的滚动轴承故障诊断[J]. 航空学报,2018,39(9):422025.

[183] 毛成,王江淮,李小军,等. 基于极限学习机算法的水轮机组振动保护定值整

定方法研究[J]. 华电技术,2015,37(11):1-4.

[184] 郑近德,潘海洋,童宝宏,等. 基于VPMELM的滚动轴承劣化状态辨识方法[J]. 振动与冲击,2017,36(7):57-61.

[185] 王付广,李伟,郑近德,等. 基于多频率尺度模糊熵和ELM的滚动轴承剩余寿命预测[J]. 噪声与振动控制,2018,38(1):188-192.

[186] 王新,汪东甲. 基于变分模态分解和极限学习机轴承寿命预测[J]. 制造业自动化,2018,40(11):36-39.

[187] 何群,李磊,江国乾,等. 基于PCA和多变量极限学习机的轴承剩余寿命预测[J]. 中国机械工程,2014,25(7):984-989.

[188] LIU Y, HE B, LIU F, et al. Remaining useful life prediction of rolling bearings using PSR, JADE, and extreme learning machine[J]. Mathematical Problems in Engineering,2016,2016:8623530.

[189] HUANG G B,ZHOU H, DING X,et al. Extreme learning machine for regression and multiclass classification[J]. IEEE Transactions on Systems, Man,and Cybernetics,Part B,2012,42 (2):513-529.

[190] DUAN L,DONG S,CUI S,et al. Extreme learning machine with gaussian kernel based relevance feedback scheme for image retrieval[J]. In Proceedings of ELM-2015 Volume 1; Springer,2016; pp. 397-408.

[191] LI Q,CHEN H,HUANG H,et al. An Enhanced Grey Wolf Optimization Based Machine for Medical Diagnosis[J]. Computational and Mathematical Methods in Medicine. 2017,2017:9512741.

[192] FU W,TAN J,XU Y,et al. Fault diagnosis for rolling bearings based on fine-sorted dispersion entropy and svm optimized with mutation SCA-PSO [J]. Entropy,2019,21:404.

[193] TAN J,FU W,WANG K,et al. Fault diagnosis for rolling bearing based on semi-supervised clustering and support vector data description with adaptive parameter optimization and improved decision strategy[J]. Applied Sciences,2019,9:1676.

[194] NIU T,WANG J,ZHANG K,et al. Multi-step-ahead wind speed forecasting based on optimal feature selection and a modified bat algorithm with the cognition strategy[J]. Renewable energy,2018,118:213-229.

[195] FARIS H,ALJARAH I,AL-BETAR M A,et al. Grey wolf optimizer:a review of recent variants and applications[J]. Neural computing and applications,2018,30(2):413-435.

[196] MITTAL N,SINGH U,SOHI B S. Modified grey wolf optimizer for global engineering optimization[J]. Applied Computational Intelligence and Soft

Computing,2016,2016:8.

[197] FU W,WANG K,LI C,et al. Multi-step short-term wind speed forecasting approach based on multi-scale dominant ingredient chaotic analysis, improved hybrid GWO-SCA optimization and ELM[J]. Energy Conversion and Management. 2019,187:356-377.

[198] PEHLIVANOGLU Y V. A new particle swarm optimization method enhanced with a periodic mutation strategy and neural networks[J]. IEEE Transactions on Evolutionary Computation,2012,17(3):436-452.

[199] FU W,WANG K,LI C,et al. Vibration trend measurement for a hydropower generator based on optimal variational mode decomposition and an LSSVM improved with chaotic sine cosine algorithm optimization[J]. Measurement Science and Technology,2019,30(1):015012.

[200] ZHANG C,ZHOU J,LI C,et al. A compound structure of ELM based on feature selection and parameter optimization using hybrid backtracking search algorithm for wind speed forecasting[J]. Energy Conversion and Management. 2017,143:360-376.

[201] 安周鹏,肖志怀,陈宇凡,等. 小波包能量谱和功率谱分析在水电机组故障诊断中的应用[J]. 水力发电学报,2015,34(6):182-190.

[202] 赵林明,楚清河,代秋平,等. 基于小波分析与人工神经网络的水轮机压力脉动信号分析[J]. 水利学报,2011,42(9):1075-1079.

[203] 徐艳春,方绍晨. EMD自相关阈值去噪法在水电机组振动信号中的研究[J]. 中国农村水利水电,2017,(7):189-195.

[204] 于晓东,潘罗平,安学利. 基于VMD和排列熵的水轮机压力脉动信号去噪算法[J]. 水力发电学报,2017,36(8):78-85.

[205] 付文龙. 水电机组振动信号分析与智能故障诊断方法研究[D]. 华中科技大学,2016.

[206] MIRJALILI S. SCA:a sine cosine algorithm for solving optimization problems[J]. Knowledge-Based Systems,2016,96:120-133.

[207] MIRJALILI S, MIRJALILI S M, LEWIS A. Grey wolf optimizer[J]. Advances in engineering software,2014,69:46-61.

[208] EL-THALJI I,JANTUNEN E. A summary of fault modelling and predictive health monitoring of rolling element bearings[J]. Mechanical systems and signal processing,2015,60:252-272.

[209] GANAPATHY S. Multivariate autoregressive spectrogram modeling for noisy speech recognition[J]. IEEE signal processing letters,2017,24(9):1373-1377.

[210] Bearing Data Center of the Case Western Reserve University available online. http://csegroups. case. edu/bearingdatacenter/pages/download-data-file.

[211] SINGH N,SINGH S B. A novel hybrid GWO-SCA approach for optimization problems[J]. Engineering Science and Technology, an International Journal,2017,20(6):1586-1601.

[212] ZHAO H,SUN M,DENG W,et al. A new feature extraction method based on EEMD and multi-scale fuzzy entropy for motor bearing[J]. Entropy, 2016,19(1):14.

[213] ESWARAMOORTHY S,SIVAKUMARAN N,SEKARAN S. Grey wolf optimization based parameter selection for support vector machines[J]. COMPEL-The international journal for computation and mathematics in electrical and electronic engineering,2016,35(5):1513-1523.

[214] LUO M,LI C,ZHANG X,et al. Compound feature selection and parameter optimization of ELM for fault diagnosis of rolling element bearings[J]. ISA transactions,2016,65:556-566.

[215] ELAZIZ M A,OLIVA D,XIONG S. An improved opposition-based sine cosine algorithm for global optimization[J]. Expert Systems with Applications,2017,90:484-500.

[216] WANG C,KANG Y,SHEN P,et al. Applications of fault diagnosis in rotating machinery by using time series analysis with neural network[J]. Expert Systems with Applications,2010,37(2):1696-1702.

[217] 陈聪,马良,刘勇. 函数优化的量子正弦余弦算法[J]. 计算机应用研究,2017(11):19-23.

[218] ZANIN M,ZUNINO L,ROSSO O A,et al. Permutation entropy and its main biomedical and econophysics applications:a review[J]. Entropy,2012,14(8):1553-1577.

[219] LI C,AN X,LI R. A chaos embedded GSA-SVM hybrid system for classification[J]. Neural Computing and Applications,2015,26(3):713-721.

[220] ZHAO S,LIANG L,XU G,et al. Quantitative diagnosis of a spall-like fault of a rolling element bearing by empirical mode decomposition and the approximate entropy method[J]. Mechanical Systems and Signal Processing,2013,40(1):154-177.

[221] LIU X,TIAN Y,LEI X,et al. Deep forest based intelligent fault diagnosis of hydraulic turbine[J]. Journal of Mechanical Science and Technology,2019,33(5):2049-2058.

[222] FU W,ZHOU J,ZHANG Y,et al. A state tendency measurement for a hydro-turbine generating unit based on aggregated EEMD and SVR. Measurement Science and Technology,2015,26(12):125008.

[223] ZHOU J,FU W,ZHANG Y,et al. Fault diagnosis of generator unit based on a novel weighted support vector data description with fuzzy adaptive threshold decision. Transactions of the Institute of Measurement and Control,2018,40(1):71-79.

[224] FU W,TAN J,LI C,et al. A Hybrid Fault Diagnosis Approach for Rotating Machinery with the Fusion of Entropy-Based Feature Extraction and SVM Optimized by a Chaos Quantum Sine Cosine Algorithm. Entropy,2018,20(9):626.

[225] 程晓宜,陈启卷,王卫玉,等. 基于多维特征和多分类器的水电机组故障诊断[J]. 水力发电学报,2019,38(4):179-186.

[226] 李辉,李欣同,贾嵘,等. 基于分形和概率神经网络的水电机组故障诊断[J]. 水力发电学报,2019,38(3):92-100.

[227] 付杰. 基于经验模态分解和神经网络的水电机组振动故障诊断[D]. 武汉大学,2018.

[228] 徐艳春,方绍晨,刘宇龙. 基于 ADE-WNN 的水电机组振动故障诊断方法[J]. 电力科学与技术学报,2017,32(4):84-89.

[229] 胡勇健,肖志怀. 水电机组基于贝叶斯网络的故障树故障诊断分析研究[J]. 中国农村水利水电,2017,8:202-205+208.

[230] 唐拥军,周喜军,张飞. 噪声分析在水电机组故障诊断中的应用[J]. 中国农村水利水电,2017,8:206-208.

[231] 李辉,焦毛,杨晓萍,等. 基于 EEMD 和 SOM 神经网络的水电机组故障诊断[J]. 水力发电学报,2017,36(7):83-91.

[232] 程加堂,段志梅,熊燕. QAPSO-BP 算法及其在水电机组振动故障诊断中的应用[J]. 振动与冲击,2015,34(23):177-181,201.

[233] 肖汉,付俊芳,蔡大泉,等. 基于群智能加权核聚类的水电机组故障诊断[J]. 振动、测试与诊断,2015,35(4):649-654,795.

[234] 易辉,梅磊,李丽娟,等. 基于多分类相关向量机的水电机组振动故障诊断[J]. 中国电机工程学报,2014,34(17):2843-2850.

[235] 刘明华,南海鹏,余向阳. 基于核主元分析的水轮机调节系统故障诊断[J]. 水力发电学报,2013,32(5):261-268.

[236] 肖剑,周建中,张孝远,等. 基于 Levy-ABC 优化 SVM 的水电机组故障诊断方法[J]. 振动、测试与诊断,2013,33(5):839-844,914.

[237] 田源,张彼德,邹江平,等. 基于多分类器组合的水电机组故障诊断[J]. 水力

发电,2013,39(4):51-54,94.

[238] 程江洲,朱偲,方炬,等. 基于模糊认知贝叶斯网络模型的水电机组故障诊断[J]. 水电能源科学,2018,36(8):135-138.

[239] 杜义,周建中,单亚辉,等. 基于EMD-BPNN的水电机组空蚀故障诊断[J]. 水电能源科学,2018,36(3):157-160.

[240] 罗萌. 水电机组振动故障诊断与趋势预测研究[D]. 华中科技大学,2017.

[241] 薛小明. 基于时频分析与特征约简的水电机组故障诊断方法研究[D]. 华中科技大学,2016.

[242] 何洋洋,贾嵘,李辉,等. 基于随机共振和多维度排列熵的水电机组振动故障诊断[J]. 水力发电学报,2015,34(12):123-130.

[243] 胡勇健,肖志怀,周云飞,等. 基于贝叶斯网络Noisy Or模型的水电机组故障诊断研究[J]. 水力发电学报,2015,34(6):197-203.

[244] 郭鹏程,孙龙刚,李辉,等. 基于多重分形谱和改进BP神经网络的水电机组振动故障诊断研究[J]. 水力发电学报,2014,33(3):299-305.

[245] 徐洪泉,陆力,潘罗平,等. "仿医疗"的水电机组故障诊断系统[J]. 水力发电学报,2014,33(3):306-310.

[246] 卢娜,肖志怀,曾洪涛,等. 基于径向基多小波神经网络的水电机组故障诊断[J]. 武汉大学学报:工学版,2014,47(3):388-393.

[247] 刘明华,南海鹏,余向阳. 基于PCA-SDG的水轮机调节系统故障诊断[J]. 排灌机械工程学报,2013,31(12):1065-1071.

[248] 张彼德,田源,邹江平,等. 基于Choquet模糊积分的水电机组振动故障诊断[J]. 振动与冲击,2013,32(12):61-66.

[249] 田振清,周越. 信息熵基本性质的研究[J]. 内蒙古师范大学学报(自然科学汉文版),2002,31(4):347-350.

[250] ZHAO W,WANG L. SVM multi-class classification based on binary tree for fault diagnosis of hydropower units[J]. Information-An International Interdisciplinary Journal,2012,15(11 A):4615-4620.

[251] FU X,LIN Y,XU H,et al. A novel diagnosis method for hydropower unit rotor with coupling faults[J]. Journal of Optoelectronics and Advanced Materials,2014,16(7-8):978-984.

[252] WU Y,LI S,LIU S,et al. Vibration of hydraulic machinery[M]. Dordrecht:Springer,2013.